U0390796

21世纪高等学校计算机专业实用规划教材

云计算技术架构与实践

李天目 韩进 编著

清华大学出版社

北京

内 容 简 介

本书是系统介绍云计算技术架构与实践的专业图书,全书分为5篇16章,第一篇分析云计算的概念及其渊源,第二篇提出云计算关键技术,第三篇描述云计算体系架构,第四篇论述云计算安全,第五篇阐述云计算编程实践,主要内容包括云计算概述、云计算的发展渊源、云计算的学习内容、虚拟化、分布式计算、Web 2.0、绿色数据中心、基础设施即服务、平台即服务、软件即服务、云计算的数据安全、云计算的虚拟化安全、云计算的服务传递安全、基于 Hadoop 系统编程、GAE 实验等。

本书密切关注云计算发展前沿,内容丰富,既有理论深度,又有使用价值,可作为高年级本科生和研究生教材,也可作为广大科学技术人员和计算机爱好者的学习参考书。

图书在版编目(CIP)数据

云计算技术架构与实践/李天目等编著.--北京:清华大学出版社,2013(2019.1重印)
21 世纪高等学校计算机专业实用规划教材
ISBN 978-7-302-32437-9

Ⅰ.①云… Ⅱ.①李… Ⅲ.①计算机网络-高等学校-教材 Ⅳ.①TP393

中国版本图书馆 CIP 数据核字(2013)第 105116 号

责任编辑:魏江江 王冰飞
封面设计:何凤霞
责任校对:时翠兰
责任印制:李红英

出版发行:清华大学出版社
   网 址:http://www.tup.com.cn,http://www.wqbook.com
   地 址:北京清华大学学研大厦 A 座   邮 编:100084
   社 总 机:010-62770175   邮 购:010-62786544
   投稿与读者服务:010-62776969,c-service@tup.tsinghua.edu.cn
   质量反馈:010-62772015,zhiliang@tup.tsinghua.edu.cn
   课件下载:http://www.tup.com.cn,010-62795954
印 装 者:北京建宏印刷有限公司
经 销:全国新华书店
开 本:185mm×260mm   印 张:17.25   字 数:403 千字
版 次:2014 年 1 月第 1 版   印 次:2019 年 1 月第 4 次印刷
印 数:3801~4000
定 价:33.00 元

产品编号:047269-01

出版说明

随着我国改革开放的进一步深化,高等教育也得到了快速发展,各地高校紧密结合地方经济建设发展需要,科学运用市场调节机制,加大了使用信息科学等现代科学技术提升、改造传统学科专业的投入力度,通过教育改革合理调整和配置了教育资源,优化了传统学科专业,积极为地方经济建设输送人才,为我国经济社会的快速、健康和可持续发展以及高等教育自身的改革发展做出了巨大贡献。但是,高等教育质量还需要进一步提高以适应经济社会发展的需要,不少高校的专业设置和结构不尽合理,教师队伍整体素质亟待提高,人才培养模式、教学内容和方法需要进一步转变,学生的实践能力和创新精神亟待加强。

教育部一直十分重视高等教育质量工作。2007 年 1 月,教育部下发了《关于实施高等学校本科教学质量与教学改革工程的意见》,计划实施"高等学校本科教学质量与教学改革工程(简称'质量工程')",通过专业结构调整、课程教材建设、实践教学改革、教学团队建设等多项内容,进一步深化高等学校教学改革,提高人才培养的能力和水平,更好地满足经济社会发展对高素质人才的需要。在贯彻和落实教育部"质量工程"的过程中,各地高校发挥师资力量强、办学经验丰富、教学资源充裕等优势,对其特色专业及特色课程(群)加以规划、整理和总结,更新教学内容、改革课程体系,建设了一大批内容新、体系新、方法新、手段新的特色课程。在此基础上,经教育部相关教学指导委员会专家的指导和建议,清华大学出版社在多个领域精选各高校的特色课程,分别规划出版系列教材,以配合"质量工程"的实施,满足各高校教学质量和教学改革的需要。

本系列教材立足于计算机专业课程领域,以专业基础课为主、专业课为辅,横向满足高校多层次教学的需要。在规划过程中体现了如下一些基本原则和特点。

(1) 反映计算机学科的最新发展,总结近年来计算机专业教学的最新成果。内容先进,充分吸收国外先进成果和理念。

(2) 反映教学需要,促进教学发展。教材要适应多样化的教学需要,正确把握教学内容和课程体系的改革方向,融合先进的教学思想、方法和手段,体现科学性、先进性和系统性,强调对学生实践能力的培养,为学生知识、能力、素质协调发展创造条件。

(3) 实施精品战略,突出重点,保证质量。规划教材把重点放在公共基础课和专业基础课的教材建设上;特别注意选择并安排一部分原来基础比较好的优秀教材或讲义修订再版,逐步形成精品教材;提倡并鼓励编写体现教学质量和教学改革成果的教材。

(4) 主张一纲多本,合理配套。专业基础课和专业课教材配套,同一门课程有针对不同层次、面向不同应用的多本具有各自内容特点的教材。处理好教材统一性与多样化、基本教材与辅助教材、教学参考书,文字教材与软件教材的关系,实现教材系列资源配套。

(5) 依靠专家,择优选用。在制定教材规划时要依靠各课程专家在调查研究本课程教材建设现状的基础上提出规划选题。在落实主编人选时,要引入竞争机制,通过申报、评审确定主题。书稿完成后要认真实行审稿程序,确保出书质量。

繁荣教材出版事业,提高教材质量的关键是教师。建立一支高水平教材编写梯队才能保证教材的编写质量和建设力度,希望有志于教材建设的教师能够加入到我们的编写队伍中来。

21世纪高等学校计算机专业实用规划教材

联系人:魏江江 weijj@tup.tsinghua.edu.cn

前　言

云计算这个名词是由 Google 首席执行官埃里克·施密特(Eric Schmidt)于 2006 年 8 月 9 日在搜索引擎大会(SES San Jose,2006)上首次提出的。从此,云计算腾空出世,一时间风起云涌,越来越受到业界的关注和热捧,不仅 Google、Amazon 等互联网公司大举开辟这一新的业务领域,推陈出新,抢占领先位置,IBM、Oracle、Microsoft 等传统的 IT 业巨头也被迫转型,不断调整公司组织和产品体系,开展大量的市场并购和技术研发工作,进行商业模式的创新,以图保持在 IT 市场上的地位,抵御互联网公司的进攻;同时在学术界,关于云计算的科研工作如火如荼,越来越多的学者投入到云计算研究中,相关文献争相发表。

当前,云计算的应用已经带来了深远的影响,必然彻底改变 IT 产业的架构和运行方式。在云计算变革中,传统互联网数据中心(IDC)已逐渐被成本更低、效率更高的云计算数据中心所取代,绝大多数软件将以服务方式呈现,甚至连大多数游戏都在“云”里运行,呼叫中心、网络会议中心、智能监控中心、数据交换中心、视频监控中心和销售管理中心等架构在“云”中获取高得多的性价比。通过云计算这种创新的计算模式,用户通过互联网可随时获得近乎无限的计算能力和丰富多样的信息服务,它创新的商业模式使用户对计算和服务可以取用自由、按量付费。毋庸置疑,信息技术正在步入一个新纪元——云计算时代。

云计算正在快速地发展,相关技术热点也呈现百花齐放的局面,业界各大厂商纷纷制定相应的战略,新的概念、观点和产品不断涌现。云计算作为新一代 IT 技术变革的核心,必将成为广大学生、科技工作者构建自身 IT 核心竞争能力的战略机遇。因而作为高层次 IT 人才,学习云计算知识、掌握云计算相关技术迫在眉睫。可是当前,国内外关于云计算的资料还相当少,缺乏系统、完整的论述。目前在我国,急需要全面、系统讲解云计算的教材,以普及云计算知识,推广云计算应用,解决云计算的实际问题,进而培养高层次云计算人才。

在这样的背景下,作者从云计算的理论探索和应用实践两个方面来撰写本书,适合对云计算具有初步认识,希望全面、深入了解云计算知识,并进行云计算实践的计算机信息相关专业高年级本科生和研究生使用,同时本书也将成为广大专业工程技术人员不可缺少的参考资料。本书分为 5 篇 16 章,第 1～3 章为云计算概论篇,第 4～7 章为云计算关键技术篇,第 8～10 章为云计算体系架构篇,第 11～14 章为云计算安全篇,第 15、16 章为云计算编程实践篇。为方便读者阅读,下面给出本书的导读简图(见图 0.1)。

各章内容如下:

(1) 云计算概述。本章介绍云计算的发展情况、云计算的概念与特点,包括云计算的名称来源及云计算的划分标准。

(2) 云计算的发展渊源。本章从技术与产业两个角度分别阐述云计算的发展渊源。云计算技术实际上是多种计算技术的集大成,是各计算技术发展到一定阶段的必然结果;同

云计算概论	云计算关键技术	云计算体系架构	云计算安全	云计算编程实践
第1章 云计算概述	第4章 虚拟化	第8章 基础设施即服务	第11章 云计算安全概述	第15章 基于Hadoop系统编程
第2章 云计算的发展渊源	第5章 分布式计算	第9章 平台即服务	第12章 云计算的数据安全	第16章 GAE实验
第3章 云计算的学习内容	第6章 Web 2.0	第10章 软件即服务	第13章 云计算的虚拟化安全	
	第7章 绿色数据中心		第14章 云计算的服务传递安全	

图 0.1　本书导读简图

时,云计算是信息产业规模化以提高生产率、降低成本的必然结果。云计算的热潮并不是炒作的结果,而是发展的必然产物,不会昙花一现。

（3）云计算的学习内容。本章介绍云计算研究的热点、云计算研发技术的相关情况,目前主流的云计算开发平台、概念、语言和软件等。

（4）虚拟化。本章介绍构成云计算的关键技术虚拟,它整合多种计算资源,实现架构动态化,并达到集中管理和动态使用物理资源及虚拟资源,以提高系统结构的弹性和灵活性、降低成本、改进服务、减少管理风险等目标。

（5）分布式计算。本章介绍构成云计算的关键技术——分布式计算技术,内容包括分布式计算、并行计算、Hadoop 的分布式文件系统和 MapReduce 计算模型。

（6）Web 2.0。木章介绍构成云计算的关键技术——Wcb 2.0,它是互联网的一次理念和思想体系的升级换代,由原来的自上而下的由少数资源控制者集中控制主导的互联网体系转变为自下而上的由广大用户集体智慧和力量主导的互联网体系。

（7）绿色数据中心。本章介绍构成云计算的关键技术——绿色数据中心（Green Data Center）,它是指数据机房中的 IT 系统、机械、照明和电气等能取得最大化的能源效率和最小化的环境影响。

（8）基础设施即服务。本章介绍云计算环境中的基础设施即服务（Infrastructure as a Service,IaaS）,分析 Amazon 公司的 IaaS 案例。

（9）平台即服务。本章介绍云计算环境中的平台即服务（Platform as a Service,PaaS）,分析 Google App Engine 和 Windows Azure 平台的 PaaS 案例。

（10）软件即服务。本章介绍云计算环境中的软件即服务（Software as a Service,SaaS）,分析 Salesforce 的 SaaS 案例。

（11）云计算安全概述。本章介绍信息安全的概念由来,以及云计算系统发生的与安全相关的事故,并综合介绍云计算系统所面临的安全风险。

（12）云计算的数据安全。本章介绍云计算数据安全面临的问题,以及现有的解决方案和技术,还简要地介绍一些通用的数据安全保障技术及相关的背景知识。

（13）云计算的虚拟化安全。本章介绍云计算中的虚拟化安全技术以及相关的解决方案,还介绍一些虚拟机的恶意攻击方式及相应的检测技术。

（14）云计算的服务传递安全。本章介绍云计算服务传递的 3 个方面问题,即服务传递的完整性与可信性保障、服务传递的访问控制及服务传递的可用性保障。

（15）基于 Hadoop 系统编程。本章介绍基于 Hadoop 的编程,内容包括 Hadoop 的应用、Hadoop 单机安装、Hadoop 伪分布式安装以及基于 Eclipse 3.3（Windows XP）的

Hadoop 集群开发环境。

（16）GAE 实验。本章介绍 Google App Engine(GAE)，描述 GAE 开发平台的搭建，使用 GAE 开发一个基础的 Web 服务、使用 GAE 提供 App Engine 数据存储服务的相关方法。

本书最后给出了相关参考文献，有兴趣的读者可以参考阅读。此外，关于云体系架构中的数据即服务(Data as a Service，DaaS)在本书中看做 PaaS 的一部分，因而没有单独列出作为一章；另外，桌面即服务(Desk as a Service，DaaS)在本书中的虚拟化技术中也进行了详细介绍。当今的信息时代，云计算方兴未艾，统一的标准和解决方案还未成形，不同的人在不同的背景下的需求和观点是不一样的，我们花费一年多时间努力编著本书，希望能为读者提供比较深入的见解，每一个对云计算感兴趣的读者都能从中汲取营养。

更进一步，云计算是新一代 IT 技术变革的核心，是中国建立自己 IT 体系的战略机遇，通过本书，期待读者既能从宏观角度更全面地认识云计算，同时也能从微观技术实践角度接触云计算，更深入地学习和掌握云计算知识。

本书对每章作了小结，提纲挈领，方便知识点的把握，适合于从头至尾阅读，也可以按照喜好和关注点挑选独立的章节阅读。我们希望本书的介绍能加深读者对云计算的理解，使读者获得所期待的信息。

此外，本书的撰写得到南京信息工程大学教材基金的大力支持，在此表示感谢！

由于作者水平所限，书中难免存在不当之处，恳请广大读者批评指正。

李天目博士、韩进博士

2013 年 7 月于南京

目　　录

第四篇 云计算安全

第一篇

云计算概论

第1章 云计算概述

1.1 云计算的概念

1.1.1 云的兴起

云计算(Cloud Computing)这个名词是由 Google 首席执行官埃里克·施密特(Eric Schmidt)于 2006 年 8 月 9 日在搜索引擎大会(SES San Jose 2006)上第一次提出的。云计算的构想一经提出,立刻在全球信息产业界与研究领域引起了广泛关注。

在产业界方面,全球各大 IT 巨头围绕云计算展开了激烈角逐,纷纷斥巨资,迅速地推出一系列令人炫目的重大项目与计划,诸如:

(1) Google 云计算方面推出的 MapReduce(新型分布式计算模型)、GFS(Google File System,一种分布式文件系统)及 BigTable(一种结构化数据的分布式存储系统)。

(2) 自 2007 年开始,微软公司在美国、爱尔兰、冰岛等地投资数 10 亿美元建设其用于"云计算"的"服务器农场",每个"农场"占地都超过 7 个足球场,集成数 10 万台计算机服务器田。

(3) IBM 推出蓝云计算平台为企业客户搭建分布式、可通过互联网访问的云计算体系,它包括一系列的自动化、自我管理和自我修复的虚拟化云计算软件,使来自全球的应用可以访问分布式大型服务器池,使得数据中心在类似于互联网的环境下运行计算。

(4) 亚马逊推出自己的亚马逊 Web 服务(Amazon Web Services,AWS),提供的云计算服务功能主要包括弹性计算云 EC2、简单存储服务 S3、简单数据库服务 Simple DB 及简单队列服务 SQS 等。

(5) 其他如雅虎、Sun 和思科等公司,围绕"云计算"也都有重大举措。

在研究领域,从 IEEE 收录的论文数据库中使用关键字"clouding computing"按年度进行检索,从 2006—2011 年,收录的云计算相关论文的数量分别为 248、277、504、1212、2607 和 3822,可见从 2008 年度开始,已有越来越多的计算机科研人员投入到云计算研究中。

在信息产业规划方面,全球各国政府也不遗余力,纷纷推出一系列云计算相关的计划,诸如:

(1) 2011 年 2 月美国政府发布的"联邦云计算战略",规定在所有联邦政府信息化项目中云计算优先。

(2) 欧盟制定了"第 7 框架计划(FP7)",推动云计算产业发展。

(3) 英国已开始实施政府云(G-Cloud)计划,所有的公共部门都可以根据自己的需求通过 G-Cloud 平台来挑选和组合所需服务。

（4）2009 年日本总务省"霞关"云计算计划，预计在 2015 年前建立一个大规模的云计算基础设施，实现电子政务集中到一个统一的云计算基础设施之上，以提高运营效率、降低成本。

在中国国内，云计算的研究与应用基本与国外同步，2010 年 6 月，胡锦涛总书记在两院院士大会上就指出："互联网、云计算、物联网、知识服务、智能服务的快速发展为个性化制造和服务创新提供了有力工具和环境"，将云计算应用提上了创新生产方式的高度。

同年 10 月，国家发展和改革委员会、工业和信息化部联合发布"关于做好云计算服务创新发展试点示范工作的通知"，确定在北京、上海、深圳、杭州、无锡 5 个城市先行开展云计算服务创新发展试点示范工作。

目前我国已有 20 多个城市开展云计算相关研究和项目建设，主要内容如下：

（1）北京市发布的"祥云工程"行动计划，预计 2015 年形成 2000 亿元产业规模，建成亚洲最大的云服务器生产基地。

（2）上海市发布的"云海计划"3 年方案，致力打造"亚太云计算中心"，带动信息服务业新增经营收入 1000 亿元。

（3）广州市部署的"天云计划"，预期到 2015 年，打造世界级云计算产业基地，达到国内云计算应用领先水平。

此外，还有陕西、福建、天津、黑龙江、重庆、宁波、深圳、武汉、杭州、无锡、廊坊等省市均加强了对云计算产业的研究与部署。

从上述的材料可以看出，国内外云计算的研究与应用情况可以用"如火如荼"4 个字来形容。在全球信息化建设方面，云计算这样迅猛的发展态势唯有 20 世纪 90 年代的计算机网络应用发展可相比拟，如美国的信息高速公路建设、互联网应用等。

1.1.2 云计算的定义及其特点

如此热门的云计算究竟是什么呢？它是一种开创性的新计算机技术还是一种新的信息化应用模式？这个问题可以通过云计算的概念分析予以回答，以下是云计算的一些主流的定义（云计算的定义很多，这里只列出具有代表性的定义）：

（1）IBM。云计算是一种计算模式，在这种模式中，应用、数据和 IT 资源以服务的方式通过网络提供给用户使用。云计算也是一种基础架构管理的方法论，大量的计算资源组成 IT 资源池，用于动态创建高度虚拟化的资源供用户使用。

（2）加州大学伯克利分校的云计算白皮书。云计算包含 Internet 上的应用服务以及在数据中心提供这些服务的软、硬件设施，互联网上的应用服务一直被称为软件即服务（Software as a Service，SaaS），而数据中心的软、硬件设施就是通常所说的云（Cloud）。

（3）Markus Klems。云计算是一个囊括了开发、负载均衡、商业模式以及架构的流行词，是软件业的未来模式（Software10.0），或者简单地讲，云计算就是以 Internet 为中心的软件。

虽然这些定义各不相同，但总体上可以看出云计算的特点主要体现在 3 个方面。

（1）应用层面。云计算是一种新的计算模式，它将现有的计算资源集中，组成资源池。值得注意的是计算资源的概念，不是指传统意义上的网络、计算机这样的硬件设施，而是通过虚拟化技术，基于不同软、硬件资源实现的虚拟化的计算资源池，这使得用户可以通过网络来访问各类形式的虚拟计算资源。

（2）服务层面。云计算是通过网络提供各类计算资源,网络使得用户可以跨越地理空间的限制,可以随时随地到云计算资源中心获取各类所需的资源。

（3）技术层面。云计算是一种新的软、硬件基础架构,与传统分散的计算机基础设施建设规划相比,云计算强调的是计算资源中心化,通过大规模的云计算中心,整合海量的数据处理与存储能力,通过网络向用户提供服务。

由云计算的特点可以看出,云计算为未来信息化社会建设描绘出一幅壮丽的前景蓝图:

（1）通过云计算,普通的用户,如企业公司、政府等社会组织机构不需要部署自己的机房、各种服务器,也不需要聘请专业的维护人员维护自己的 IT 设施运行等,只需要向云计算服务商购买云计算资源中心提供的相应服务即可,云计算可以提供的资源包括虚拟机、虚拟网络、虚拟数据库以及部署在这些服务器上的应用软件等。用户不再担心自己应如何部署和管理与 IT 应用相关的各种问题,如 7×24h 的无故障、系统备份、安全隐患排除等,这些问题都交给更专业的云计算服务商。

（2）通过云计算,云计算服务商可以实现集中统一掌控大量的计算资源,向用户提供弹性化计算资源服务。通过虚拟化技术实现的虚拟化计算资源池,可以根据用户的需求实现弹性化扩展,同时计算资源越来越集中,会产生规模化效应,也就意味着在维护管理方面效率会增加。这两方面相结合,将使得云计算服务商在计算资源及其管理维护方面投入的资金利用率会得到显著的提升,从而提高云计算服务商的生产率。

下面的案例可以进一步说明云计算对未来社会生产率的促进作用。

2008 年 3 月 19 日上午 10 点,美国国家档案馆公开了希拉里•克林顿在 1993—2001 年作为第一夫人期间的白宫日程档案。由于这些档案是新闻记者团体和独立调查机构依据"信息自由法案"向国会多次请愿才得以公开的,因此具有极高的社会关注度与新闻时效性。但是,这些档案是不可检索的低质量 PDF 格式文件,若想将其转换为可以检索并便于浏览的文件格式,需要进行再处理。华盛顿邮报希望将这些档案在第一时间上传到互联网,以便公众查询,但是据估算仅每一页的操作,以报社现有的计算能力就需要 30min。因此,华盛顿邮报将这个档案的转换工程交给 Amazon EC2(Elastic Compute Cloud)。Amazon EC2 同时使用 200 个虚拟服务器实现,每个服务器的单页平均处理时间都缩短为 1min,并在 9h 内将所有的档案转换完毕,以最快的速度将这些第一手资料呈现给读者。这个案例中 Amazon 公司通过其 EC2 平台,将计算资源打包提供给客户,使报社在 9h 内就得到了 1407h 的虚拟服务器机时,在第一时间内完成了档案的转换,而华盛顿邮报仅需要向 Amazon 公司支付 144.62 美元的费用。这个案例清楚地表述了云计算服务商通过规模化效应,提供高弹性的资源服务能力,资源的利用率较之传统系统大幅提升,因此用户可以充分享受"云"的低成本优势,经常只要花费几百美元、几天时间就能完成以前需要数万美元、数月时间才能完成的任务。如此,会进一步推动云计算应用的发展,从而形成提高 IT 生产率乃至整体社会生产率的正反馈。

综上所述,由云计算的定义、特点可知,云计算作为一种新的计算模式,通过虚拟化技术实现大规模的虚拟化资源池,通过网络传递各类虚拟化计算资源提供服务,用户则通过网络跨越地理空间的限制,随时获取各类计算资源,即云计算实现了计算资源的实现形态、计算服务的应用模式的根本性变革,因此可以说云计算的到来意味着信息产业面临着一次新的革命。

云计算的重要意义由此可见一斑,因而各国政府、IT 产业界以及研究领域才会如前文所述,对云计算予以高度重视,不惜投入大量的资源,以期能在云计算带来的产业浪潮中占一席之地。

1.1.3 云计算名称的来历

了解云计算的概念与内涵之后,有人不禁会问为什么要起"云"这个名字?这个问题目前主要有两种解释:

(1)因为云是无数微小的水滴凝聚而成,所以以"云"为名,象征云计算模式下,各类软、硬件计算资源像微小的水滴一样通过虚拟化技术聚集成宏大的计算资源中心。

(2)这个解释相对简单,来源在于互联网的部署方案图,如图 1.1 所示,类似的互联网系统部署方案图中,一般使用云图标来代表目标系统接入到目标系统外部互联网,实现跨地域的数据交互。虽然外部互联网包含大量的复杂技术与基础设备,但都与目标系统无关,因此部署方案图中使用云图标进行抽象,只强调使用外部互联网的数据交互服务,而无需关心外网的结构与设施。如前文所述,云计算通过网络传递各种计算资源,用户只需通过网络来获取与使用即可,无需关心云计算中心的设施与底层虚拟化技术,所以互联网系统部署方案图中的云图标正好契合了云计算的核心特点,故而使用"云"来对这种新计算模式命名。

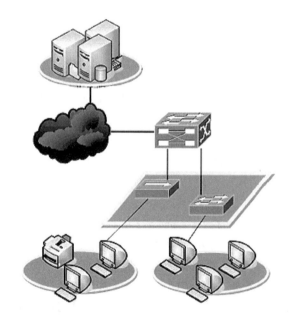

图 1.1　常见互联网系统部署方案图

比较上述两种解释,结合本书 1.2 节阐述的云计算发展渊源来看,作者认为后一种解释更为贴切一些。

1.2 以服务类型划分的云计算类型

从上述云计算的概念介绍可知,云计算模式涵盖的范围非常广,从低层的软、硬资源聚集管理到虚拟化计算池,乃至通过网络提供各类计算的服务。因此,具体的云计算系统具有多种形态,提供不同的计算资源服务。

针对云计算系统可以提供何种类型的计算资源服务,以服务类型为划分标准,可以将云计算划分为基础设施类、平台类、应用类三类。

1.2.1 基础设施类

该类云计算系统通过网络向企业或个人提供各类虚拟化的计算资源,包括虚拟计算机、存储、虚拟网络与网络设备以及其他应用虚拟化技术所提供的相关功能。

这里提及的虚拟化技术,是指通过对真实的计算元件进行抽象与模拟,虚拟出多个各类型的计算资源。虚拟化技术可以在一台服务器中虚拟出多个虚拟计算资源,也可以使用多台服务器虚拟出一个大型的虚拟设备。例如,一台计算机中可以虚拟出多个虚拟机,分别安装不同的操作系统,实现一台服务器当多台服务器使用;也可以通过将多个存储设备虚拟成一台大的存储服务器。在基础设施类的云计算系统中所有虚拟的计算资源,用户可以远程操纵,几乎接近于操作真实的计算机硬件服务。

在基础设施类的云计算系统中,最为典型的基础设施类云计算系统当属亚马逊虚拟私有云(Amazon Virtual Private Cloud,VPC)服务,亚马逊是全球最大的在线图书零售商,在发展主营业务即在线图书零售的过程中,亚马逊为支撑业务的发展,在全美部署IT基础设施,其中包括存储服务器、带宽、CPU资源。

为充分支持业务的发展,IT基础设施需要有一定富余。2002年,亚马逊意识到闲置资源的浪费,开始把这部分富余的存储服务器、带宽、CPU资源租给第三方用户。亚马逊将该云服务命名为亚马逊网络服务(Amazon Web Services,AWS)。2006年初,亚马逊成立了网络服务部门,专为各类企业提供云计算基础架构网络服务平台,用户(包括软件开发者与企业)可以通过亚马逊网络服务获得存储、带宽、CPU资源,同时还能获得其他IT服务,如亚马逊私有云等。

2010年,AWS为亚马逊带来了5亿美元的营业收入,占亚马逊342亿美元营业收入总额的约1.5%,同时云计算还是亚马逊增长最迅速的业务。2011年,亚马逊还使资本支出翻番,至8.51亿美元,并将为零售业务建设更多的数据中心和数据仓库,同时为其云服务做更好的准备。2011年第一季度营业收入98.57亿美元,同比增长38.2%,但营业利润下降了18.2%,云计算服务方面的投资增加是影响其利润率的一个重要因素。预计AWS 2011年的营业收入最多将为9亿美元,而运营性利润率将达到23%,将远高于亚马逊核心业务的5%。

AWS目前主要由4块核心服务组成:简单存储服务(Simple Storage Services,S3)、弹性云计算(Elastic Compute Cloud,EC2)、简单排列服务(Simple Queuing Services)以及尚处于测试阶段的SimpleDB。AWS提供服务非常简单易用,主要应用可以概括为提供虚拟机、在线存储和数据库、类似大型机时代的远程计算处理及一些辅助工具,其在国外市场环境比较成熟。

其中,Amazon EC2 系统使用 Xen 虚拟化技术,利用 Amazon 掌握的服务器虚拟出运算能力不同的 3 个等级虚拟服务器。然后,面向用户出租虚拟服务器,用户租用这些虚拟服务器后,可以通过网络、控制虚拟服务器,在虚拟服务器中装载系统镜像文件,配置虚拟服务器中的应用软件与程序。亚马逊为用户提供了非常简便的使用方式:基于 Web 页面,登录即可使用;按使用量及时间付费。在这种模式下,用户可以用非常低廉的价格获得计算及存储资源,并且可以方便地扩充或缩减相关资源,有效地应对诸如流量突然暴涨之类的问题。通过网络,用户可以像控制自己本地机器一样使用 Amazon 提供的虚拟服务器,只需要按使用时间来付出租用费即可,图 1.2 所示为 Amazon EC2 的 Web 控制界面。

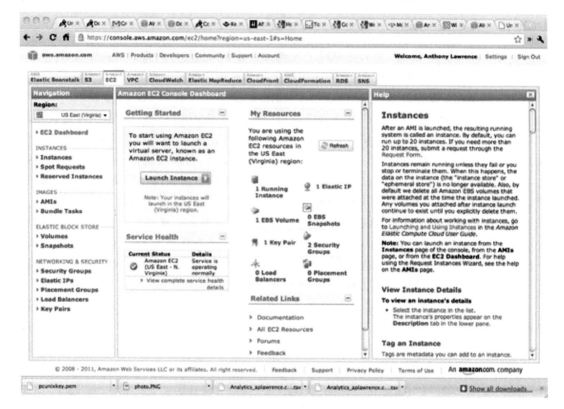

图 1.2　Amazon EC2 的 Web 控制界面

1.2.2　平台类

平台类的云计算系统是向用户提供包含应用以及服务开发、运行、升级、维护或者存储数据等服务的云计算系统。或者简言之,平台类的云计算系统核心是提供中间件服务的云计算系统,用户使用该类型云计算系统可以调用中间件提供的各类服务,实现自己应用的开发、配置和运行。至于应用所需的中间件软件、虚拟化服务器与网络资源,应用的负载平衡等维护方面由平台类云计算系统提供服务予以解决。

该类型云计算系统的典型系统则是 GAE(Google App Engine,Google 应用引擎)。GAE 是 Google 公司由 2008 年推出的,面向用户提供 Web 应用开发、运行支持等各类服务。GAE 支持 Python、Java 以及其他多种 Web 应用开发语言,同时也支持 Django、

Cherry、Pylons 等 Web 应用框架。开发商可以使用 Google 提供的基础设施构建 Web 应用，开发完毕后再部署到 Google 的基础设施上，交由 GAE 托管，运行在 Google 数据中心的多个服务器中。由 GAE 负责应用的集群部署、监控及失效恢复，并根据应用的访问量和数据存储需求的变化而自动扩展。

GAE 起始推出时是免费服务，2012 年 9 月初，Google 宣布，作为云计算服务核心内容的 GAE 将结束预览期，正式对外收费服务。其收费标准主要依据开发者的使用时间和带宽流量而定。如用户每日 App Engine 的 CPU 时间不超过 6.5h，发送和接收的数据不超过 1GB，则可继续免费使用该服务。如超出上述标准，超出部分按每 CPU 小时 0.10 美元收费。每日接收数据超过 1GB，超出部分 1GB 将收费 0.10 美元；每日发送数据超过 1GB，超出部分 1GB 将收费 0.12 美元。此外，用户存储数据每月将按 0.15 美元/GB 的标准收费，而接收电子邮件为 0.0001 美元/封。

图 1.3 所示为 GAE 的 Web 控制界面。

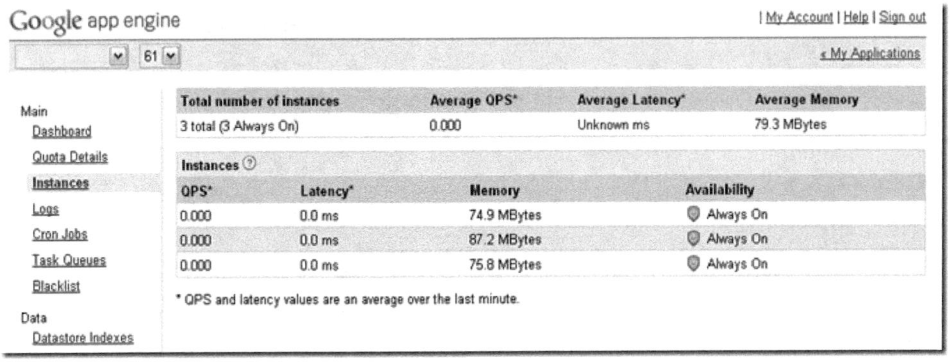

图 1.3　GAE 的 Web 控制界面

1.2.3　应用类

该类云系统是直接为各用户提供所需的软件服务，同样这些服务是通过 Web 应用方式提供的，用户可以通过浏览器使用网络来远程登录到这些软件服务的界面，使用服务提供的各类软件功能。虽然用户使用软件的方式与现在的 B/S(Browser/Server，浏览器/服务器) 系统类似，但是它们本质上是不同的，应用类型的云计算系统向用户收费是租赁式的，用户将按使用的计算资源、时间等标准付费，云计算系统的产权归云服务商所有，而 B/S 系统一般是向用户整体打包出售给用户，产权归用户所有。

该类型云计算的典型系统则是 Salesforce，它创建于 1999 年 3 月的一家客户关系管理 (CRM)软件服务提供商，其品牌标志格外引人注目，用一个红色的圆圈和一条斜杠，表明其"反软件"的态度，来提倡"软件即服务"的概念。

Salesforce 的运营模式可以简单地概括为"用网络服务实现 ERP 软件的功能，用户只需要付少许的软件月租费，即可节约大笔购买开支"。用户购买了 Salesforce 的使用权，就可获得 Salesforce 公司为用户提供的一个 appexchange 目录，其中储存了上百个预先建立的、预先集成的应用程序，从经费管理到采购招聘一应俱全，用户可以根据自己的需要将这些程序定制安装到自己的 salesforce 账户，或者根据需要对这些应用程序进行修改以适应本公司的特定要求,用户只需付少许的软件月租费即可。

图 1.4、图 1.5 分别为 Salesforce 的反软件标志以及用于产品交易会话记录分析的界面。

图 1.4　Salesforce 的反软件标志

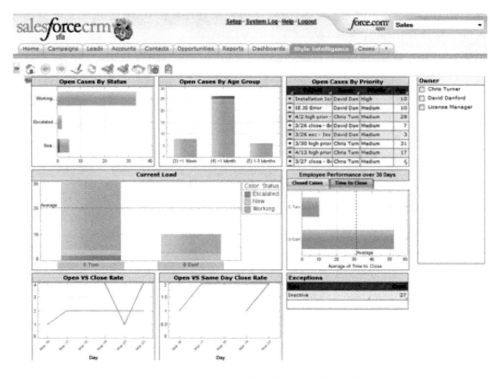

图 1.5　Salesforce 中产品交易会话记录分析界面

1.3　以所有权划分的云计算类型

除上述依据云计算系统提供的服务类型划分标准外,还可以根据云计算系统的所有者与其服务用户作为划分依据,可以将云计算系统划分为公共云、私有云、混合云三类。

(1) 公共云(Public Clouds)。由服务供应商创造各类计算资源,诸如应用和存储,社会公众以免费或按量付费的方式通过网络来获取这些资源,公共云运营与维护完全由云提供商负责。

(2) 私有云(Private Clouds)。某公司与社会组织单独构建的云计算系统,该组织拥有云计算系统的基础设施,并可以控制在此基础设施上部署应用程序的方式。私有云可部署在组织的防火墙内,也可以交由云提供商进行构建与托管。

（3）混合云(Hybrid Cloud)。出于信息安全方面的考虑,某些组织机构的信息无法放置在公共云上,但又希望能使用公共云提供的计算资源,则可使用混合云模式。可以让应用程序运行在公共云上,而最关键的数据和敏感数据的应用程序运行在私有云上。如此,可以借助公共云的高可扩展性与私有云具有的较高的安全性,可以根据应用需求的不同和出自节约成本的考虑,在私有云和公共云之间灵活选择。

1.4 云的真伪辨析

自从"云计算"这个名字与概念推出后,立刻在社会上形成了"云计算"的热潮,云计算的新闻和广告铺天盖地,一时间创造出了大量的以"云"开头或以"云"结尾的新名词,如"制造云"、"云制造"、"商务云"、"云商务"、"家电云"、"云家电"等。那么这些以"云"为标签的系统是真正意义上的云计算系统还是借助"云"概念来炒作? 目前,云计算系统的判断主要有以下3条标准:

（1）用户所需的资源不在客户端而在网络。这是针对云计算模式的重要特点,即通过网络传递计算资源,用户只需要通过网络来使用这些资源,而不需要了解云计算服务的实现、运行维护方面的细节。

（2）服务能力具有分钟级或秒级的伸缩能力。这是针对云计算模式的计算资源池特点,即云计算通过虚拟化技术实现大规模的计算资源池,从而提供高弹性的计算资源扩展能力。

（3）具有较之传统模式5倍以上的性能价格比优势。这是针对云计算模式所具有的规模化效应所带来的特点,云计算大规模的计算资源池以及面向用户的多租赁性,根据用户所需资源的弹性扩展能力,使云计算具备了前所未有的性能价格比优势。

具体地说,对于基础设施类、平台类、应用类云计算系统而言,使用上述标准来考量,则有以下的问题:

（1）基础设施类。该系统能否通过网络来获得虚拟化主机、网络设备或数据存储设备? 该系统提供虚拟化设施的运行、维护是否用户透明化? 该系统是否具有一定的规模,能产生如电力、运行与维护管理方面的规模效应? 该系统是否能实现虚拟化主机资源的实时、大幅度的扩展,且扩展过程方便快捷,对于用户透明?

（2）平台类。该系统能否提供基于网络的应用服务开发能力? 能否提供多种开发中间件及应用系统开发框架及服务组合能力? 该系统能否提供应用系统部署与运行与维护能力? 能否提供自动化的负载平衡与调度能力? 能否在应用系统所需资源增加时提供资源的动态扩展能力?

（3）应用类。该系统是否通过网络传递软件服务,而不是通过在用户计算机上安装软件? 该系统是否具有软件服务的多租赁性,也即面向多个用户同时提供软件服务? 该系统是否实现用户数据与软件的统一管理? 该系统提供的软件服务是否具有弹性扩展的能力? 更重要的是,与传统软件相比,云计算能否实现以更少的投入(如构建系统的资金投入、管理运行与维护的人力和财力投入)实现同等的功能?

在三类云计算系统中,应用类型的云计算系统是比较容易与其他非云计算系统混淆的,尤其是 SOA(Service-Oriented Architecture,面向服务的体系结构)架构兴起后,因为使用

SOA 架构的软件同样可以实现通过网络传递软件服务,因而二者更难区分,也给许多借助"云"概念炒作提供了空间。

例如,Apple 公司的 App Store 则不是应用类型的云计算系统,它虽然提供各类的软件下载服务,但是下载的应用软件仍需要安装在 Apple 系列的手机上才能运行,不符合云计算系统的特性。

在目前推出的各类以"云"概念为主题的系统更是让人眼花缭乱,难辨真伪,如"云手机",其中,阿里云手机采用阿里巴巴全新自主研发的操作系统云 OS,涉及邮箱、云应用、地图、浏览器及 IM 通信等多方面,高度整合了各类阿里巴巴旗下电子商务服务。与此同时,酷派、华为、小米科技等公司已经抢先一步推出自己的云服务手机。

那么这些云手机是否真正属于云计算系统? 从表面上看,这些手机提供的软件服务是符合应用类云计算系统的特点的,诸如由网络传递服务、服务多租赁性、用户软件与数据的统一管理、服务能弹性扩展,如百度的云手机能免费扩展用户 100GB 以上的存储空间。但就实际的用户反馈来看,云手机系统占用网络流量非常大,有评价说某款云手机,即便不使用其中的任何软件服务功能,2h 内仅切换屏幕、系统软件自动更新就可以用掉 14MB 流量,3 天即可以花光用户一个月的流量。这反映了用户使用软件服务的成本并没有减少,但是更奇怪的是评价中所述的软件可以自动更新。

从云计算的概念来说,云计算软件服务是借助网络,使用客户端传递服务,对于普通的台式 PC,一般是 IE 等各类浏览器,云计算系统通过手机传递服务也应如此,软件更新应是手机中的客户端更新,而客户端只负责传递服务,更新的频率应该不会很高。那么高流量的软件更新,可能意味着这款云手机中只不过集成了多个基于网络的软件。如果是这样,那么该款云手机与 Apple Store 内涵更接近,并非是真正意义上的云计算系统。

1.5 云计算要素剖析

伴随着云计算模式的兴起,各类型的云计算系统层出不穷,所提供的各种云计算服务也让人眼花缭乱,想要选择适合自己所需要的云计算系统及服务,就有必要了解如何分析与评估云计算系统,以及这些云计算系统所提供的服务和它们之间的差异。因此有必要对云计算系统的各个特点进行总结,提取最能体现云计算价值的要素,特别是:云计算系统的服务、系统性能、收费方式等,通过不同的侧重点来实现云计算系统的剖析。这对于建设与使用云计算服务是具有重要意义的。

综合各方面云计算系统组成要素,分析要素等相关的文献,本书给出的云计算要素如图 1.6 所示。云计算要素可总体上分成以下几个层次:

(1) 目标系统所能提供的计算性资源,如服务器、存储、Web 服务器部署等。

(2) 目标系统实现服务的架构与技术原理,这决定了目标系统提供服务的虚拟化与抽象层次,从而影响目标系统的通用性和灵活性,以及用户现有系统移植到云系统的可行性与费用。

(3) 目标系统是否实现了标准化的服务接口,这决定了

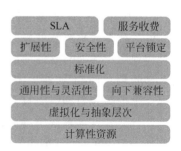

图 1.6 云计算要素

用户使用目标系统服务所实现业务的扩展性、安全性以及是否会被目标系统锁定,也即难以把业务转移到其他云系统中。

分析完上述 3 个方面的要素之后,还要进一步考察目标云系统的 SLA 承诺及服务收费标准,尤其是隐含的收费项目和收费计算方式。各分析要素的详细内容见下文分析。

1.5.1 提供的计算资源

云计算系统可以提供的计算资源是其首要的考察指标,云计算系统可以提供的计算资源主要分成两类:存储资源;计算性资源①(通过底层硬件层的虚拟技术提供,或者是上层的应用系统主机部署服务提供)。大多数云服务器同时提供上述两类服务,但分开计费。例如,Amazon 提供几种不同类型的存储服务,其中一个与 EC2(EBS)绑定,另外两个是独立的服务。一般情况下,最终部署在 Amazon 云中的应用系统对于存储与计算性资源都是需要,应根据用户的需要进行选择,如 SmugMug 最先使用的 Amazon 的 S3,而没有选择 EC2 来部署其网站。

1.5.2 资源的虚拟化与抽象的程度

对于给定类型的资源,虚拟化的层次(或"抽象"的层次)指标决定了向云服务用户所提供的界面,包括低层次的界面(类似于虚拟化的服务器)和高层次界面(如为某类商业应用定制的应用编程环境)。下面按照云计算服务提供的主要计算资源,即计算性资源与存储服务资源分别予以讨论。

1. 计算性资源

(1)底层服务。如 EC2、GoGrid、Mosso 云服务器和 FlexiScale 提供"指令集"虚拟化,也即提供的服务更接近标准的专用服务器。对于开发者而言,与传统的专用物理服务器没什么区别,除了虚拟化的服务器被部署在某个未知的物理机上,与其他用户共享该物理机的软、硬件资源。

(2)相对高层一点服务。如 Mosso 的云站点服务也提供虚拟机,但是用户不能完全控制虚拟机。每个虚拟机都有一个预先安装的操作系统、一系列管理与预配置的软件包。这种半管理化的虚拟机与传统的共享网站主机类似。与第一层的服务相比,其不同点在于:用户不能管理系统软件,此外用户也不能运行 Mosso 所不支持的其他软件。换句话说,如果 Mosso 提供的软件满足用户的需求,那么用户就无需安装与管理软件,减轻了用户的负担。

(3)Microsoft 的 Azure 则提供了一种"字节码"层次的虚拟化,并不是对物理服务器的虚拟,更类似于 SUN 公司的 Java 虚拟机,提供适应不同硬件系统的一种通用性平台。Azure 提供了一系列的 API,云中的应用代码可以与其他云服务进行通信。这些 API 与操作系统的底层调用类似,也接近于 Web 应用的框架。

(4)更高层次抽象的云计算系统,诸如 Heroku 和 Engine Yard Solo 系统,提供基于 Ruby 语言实现的 Rails 框架,这是一种 Web 应用软件架构。与 Mosso Cloud Sites 和其他标准的共享主机供应商相比,Heroku 和 Engine Yard Solo 更倾向于提供特定的网络应用框

---

① 也即前文所述的,云计算服务提供的信息处理能力。

架(和编程语言),这种定制化方案使其所提供的服务更利于自动管理,如监控、扩展、快速开发与部署等,值得一提的是 Heroku 和 Engine Yard Solo 系统事实上是部署在 Amazon 的 EC2 云系统上的。

(5) GAE 也提供类似的特定 Web 应用架构,所不同的是 App Engine 是建立在 Google 自己的云系统上,而不是基于其他云服务提供的"增值"性服务。它是利用 Google 的专家与技术从底层构建起 Web 应用架构,这一点很重要。前述的 Ruby on Rails 是一种通用的 Web 应用架构,无缝的性能扩展并不是其天然的特性。而 GAE 则可提供完美的扩展性能。

2. 存储服务资源

存储的解决方案同样存在着不同层次的抽象,但没有严格的高低层次之分。在低层,如 Amazon 的 EBS(Elastic Block Store)为 EC2 的虚拟机提供块存储设备,块存储设备是非常底层的非结构化虚拟设备,通常其上覆盖有一层文件系统,提供结构化的文件目录层次。更高点层次,有 GoGrid 和 FlexiScale 提供的文件服务类型的存储,提供文件系统层次的抽象服务,用户可以按正常方式存取通过目录层次组织的文件。另一个比较常见的存储服务类型是数据库存储,虽然传统型的关系数据及 SQL 标准是当今大多数应用采纳的主流数据库方案,但是这种方案对于大型 Web 应用来说难以扩展。因此许多云服务商提供的是伪关系型数据库,存放的是块结构化数据。Amazon 的 SimpleDB 提供类 SQL 查询语言的数据库访问,GAE 提供"数据存储 API"来交互 Google 的类关系型数据库 BigTable,其使用的语言为 GQL。

1.5.3　通用性与灵活性

从某种意义上讲,云计算系统的通用性与灵活性与其虚拟化或抽象程度成反比。越低层的计算资源具有越好的通用性。如上文所述,可总结出几个不同抽象层次的计算资源。

(1) 可执行任意功能的指令集虚拟机。

(2) 没有管理权限,但能通过不同的软件实现虚拟机一般化的管理,如共享网站主机。

(3) 抽象安全虚拟机(如 JAVA 的 VM)带有低层和高层 API。

(4) 特定的通用型 Web 框架。

(5) 面向某个领域型的 Web 框架,如商业应用方面等。

上面所列是按抽象层次递增的,低层次资源服务通常支持高层次(需要更多的配置与开发工作)。最低层次的服务如 EC2 与专用的物理服务器几乎等同,只不过其硬件、网络链接、电源由合同的第三方来管理,用户可在其上启动任意软件。

随着抽象层次的递增,第三方提供更多的管理与配置软件,通用性也逐渐减少。因为面向特定需求的 Web 应用是云服务的一个重要组成部分,所以高层次解决方案低通用性并不会对这些云服务提供商造成商业推广上的阻碍。

1.5.4　向下兼容性

向下兼容性对于许多与 IT 相关的项目而言是周期性的问题,遗留系统是留存到现在的计算机系统或程序,这些系统或程序大多使用过时的技术但仍能继续使用且工作良好,若是想要进一步改进的代价很大,从某个角度来说,几乎所有现存的软件对于云计算而言都可视作某种程度上的"遗留"。虽然迁移到云中,云计算系统对于多数应用的性能或功能均有提升作用，但是很多公司对于在云中完全重构现有的工作良好的系统有一定的犹豫。

对于遗留系统的支持在一定程度上取决于云系统的通用性——低层的“指令集”虚拟机基本上可以支持任一给定指令集所编创的软件。另外，App Engine 与 Ruby on Rails 提供类似的通用性，但是 App Engine 是在 Google 的云的底层创建的，因此对于遗留系统的支持并不是其目标之一，因此开发者大多数从零开始创建基于 App Engine 的 Web 应用。Ruby on Rails 则可以迁入现有的所有基于 Rails 的 Web 应用。如果需要从零开始创建一个新的系统，则使用高层次及特定性的解决方案一般要更便捷一些。如果一个大型的已有应用要迁移到云中，则情况可能会相当复杂。总体来说，遗留系统的云计算支持的是一个复杂的问题，因为即使遗留系统可以在云中运行，也会遇到扩展性方面的问题。究竟需要迁移现有系统还是重新创建是一个需要权衡的问题。

1.5.5 标准化

标准化是许多 IT 项目关注的重点。标准化对于用户的好处在于：价格优势以及易于获取替代（许多制造商生产一致的产品）；与其他产品的互操作性；对于定制的技术透明化。对于制造商来说，潜在的竞争阻止其提供标准化的产品。但制造商必须要在提供专有产品与标准化产品之间进行选择。标准化产品一般伴随有特定组织维护的标准化技术，如 ANSI 和 ISO，标准化与平台锁定有着很深的关联。

CCIF 是云计算互操作性论坛，它由 IBM、Sun、Cisco 与 Intel 公司组成，致力于云计算的标准化与互操作性问题。CCIF 声明不允许任何一家制造商使用特定的技术来获取市场的主动与优势。只要有可能，CCIF 强调使用开放、免费专利以及（或）制造商中立技术解决方案。主要的云提供商与工业参与者对于标准的看法不同，Google、Amazon 和 IBM 是开源软件与开源标准的主要提倡者，而微软公司的态度则比较隐晦。

1.5.6 扩展性

扩展性是很多基于云计算应用的关键问题。云计算最关键的优势之一即是能提供无限量的、按需供应的资源。因此对于具体的应用而言，重要的挑战在于其架构能真正利用这种灵活性。很多情况下，即使有可使用的资源，软件架构中某些部分也会成为瓶颈阻碍系统扩展。创建支持十万乃至百万客户访问的 Web 应用极为困难，但对于 Amazon 和 Google 这样的公司来说，他们拥有必要的经验与技术。因此评估云计算供应商重要的一点即在于其是否能帮助用户实现可扩展性。

从某种程度上讲，云系统能提供的自动扩展能力与虚拟化的层次相反。提供高层次可扩展性支持，如 GAE，具有专业化的领域知识，对于无缝化的扩展驻留应用具有深入洞察力。App Engine 的高层次抽象也是针对可扩展性开发模型而特定设计的。用来对应用进行扩展的知识与技术来自于对可扩展性问题的深入研究与领域知识。

1.5.7 安全性

安全是 IT 项目一直持续关注的焦点，与其他项目相关的特性相比，安全性很难量化。因此，对云计算服务商来说，其安全评估大多取决公司的名声，也即最终取决于其在安全方面的记录，但是也很难比较各个公司的安全记录，因为安全方面的问题一般来说是不公开的,除非法律有要求。如 SLA,公司一般在合同中指出如果因供应商的过失而导致安全问题,会有一定的补偿,但这样的条款没有任何意义,因为安全问题不像服务问题那样容易观察到。

对于用户而言,希望他们的数据能够对外来攻击者及内部的监听者(云服务商的内部员工)都是安全的。虽然数据窃贼与监听可以通过对云中的数据采用适当加密来抵御,但加密不能抵抗诸如 DOS(服务拒绝)攻击及数据删除和损坏。早期的研究人员如 Amazon S3 提议,"用户应该运用某种数据认证技术来确保他们从 S3 中取回的数据与其存储的数据完全一致"。服务完整性也是另一个安全问题:用户需要确认其使用的服务可以抵抗 DOS 攻击或被劫持。后者更为隐蔽,如第三方可能控制用户的商业网站,然后破坏该用户的名誉。隔离也是一个相关的问题——云计算服务商同样使用共同的软、硬件架构为多个用户提供服务,虽然资源的虚拟化阻止了用户自己处理与其他人协同共享资源,但是服务商必须要确保多用户彼此之间不能相互干涉。

1.5.8 平台锁定

锁定是经常被提及的一个有争议性的问题,也是云计算大范围推广的重要阻碍。简单地说,由于缺乏竞争与兼容性的产品,用户可能被绑定在某个特定的云计算系统中,如前文所述,当前很少有直接可互相替换的云服务。用户被绑定后,会面临一系列的问题,如服务价格提升、特定系统崩溃或停止运营等。前文提及标准化与锁定有很深的关联度。但是标准只能减少锁定带来的技术障碍,即使产品是标准化的,也未必会有与原产品同样服务水平的替代产品。例如,兼容 EC2 的服务器很难有 Amazon 那么多可用的资源,满足类似于 Animoto 对 5000 个 EC2 服务器的需求。

此外,即便系统接口是公开标准的,但产品的实现则是不公开的。接口透明化能实现兼容性与互替换能力,但并不能保证替代的产品与原产品具有一样的性能与扩展能力。AppDrop 项目基于 Amazon,提供与 GAE 一致的接口,可以让 GAE 的应用直接运行在 Amazon 上。但并不意味着 AppDrop 与 GAE 具有同样的可扩展性。

开发工具也易于形成平台锁定,尤其是一些制造商提供增值工具,例如,微软公司的 Azure 即是基于它自己的开发工具平台来实现的,其中大多数不可替代。

数据锁定是平台锁定中的一个子问题。数据锁定关注大量数据存储在某个云供应商中。相较于应用而言,数据难以重建,数据锁定在平台锁定概念中占重要地位。例如,SmugMug 的大部分数据存储在 Amazon 的 S3 服务器中。如果 Amazon 出了问题,SmugMug 会不会丢失其数据?如果 SmugMug 只是依托云计算提供的计算性能力,则 SmugMug 重建自己的云应用要比重建所有用户存储的照片数据要容易得多。另外,若 SmugMug 需要迁移到另外的云服务中,它应该如何迁移所有的数据?对于这些问题的回答,是云服务能否被大规模接受的关键。

1.5.9 SLA

云计算的用户想确保他们的服务供应商能足够可靠,因为服务中断会造成严重的损失。服务水平协议采用合同的方式来承诺一定级别的可靠性。如果服务没达到合同指定的水平,一般这样的承诺会带有经济上的补偿。如 Amazon 的 EC2 SLA 指出:AWS 将采用商业上可行的努力来保障 Amazon EC2 的可用性为年正常率至少为 99.95％,如果低于这个标准,则顾客将会获取服务卡,该卡等同于其购买所付的 10％。

Amazon 是云计算 SLA 的工业领跑者,是第一个提供其全部产品的 SLA。微软至今仍未公开其 SLA 的细节。GAE 也没有提供 SLA,但其承诺将会公布 SLA 的细节。GoGrid 则提出一个很强的 SLA,承诺 100％的正常运行时间,以及 100 倍的返还用户购买宕机时间所支付的费用。虽然 SLA 的保证听起来非常可靠,但是评估 SLA 相当复杂。因 10 台服务器宕机几个小时而返回的 100 倍退款也不过总计 ＄560。一个电子商务网站宕机几个时间可能会损失上千美元的销售额。由于经济上的损失远超云服务提供商因 SLA 承诺未实现而给予的补偿,所以 SLA 只能起到部分的保障作用。

1.5.10 资源计费

按资源收费是云计算服务最显著的特征,云计算服务中账单的结算是按资源的动态使用结算的。因此使用 1000 个服务 1h 与使用 1 个服务器 1000h 是等同的。目前,不同云计算服务商收费的区别倒是不在于特定资源的价格,而是资源是如何计量和收取费用的。虽然有一定的资源使用计费是很应该的(如存储与计算时间),但用户一定要了解与这些基础性的收费项目相关的附带收费。

例如,Amazon 的收费基本项目是“计算”与“存储”,一般是按小时计,以及每吉比特/月来收费的。但是 Amazon 同时也按网络数据传输的出入计量收取费用,以及某些服务的请求次数来收费的。Amazon 的 S3 价格表如表 1.1 所示。

表 1.1 Amazon 的 S3 收费价格表

存储服务
＄0.150 per GB first 50 TB / month of storage used
＄0.140 per GB next 50 TB / month of storage used
＄0.130 per GB next 400 TB /month of storage used
＄0.120 per GB storage used / month over 500 TB
数据传入
＄0.100 per GB all data transfer in
数据传出
＄0.170 per GB first 10 TB / month data transfer out
＄0.130 per GB next 40 TB / month data transfer out
＄0.110 per GB next 100 TB / month data transfer out
＄0.100 per GB data transfer out / month over 150 TB
服务请求
＄0.01 per 1,000 PUT, COPY, POST, or LIST requests
＄0.01 per 10,000 GET and all other requests (except DELETE)

表 1.1 中最下面的价格栏目中,“服务请求”指出与 S3 服务器的 HTTP 交互所收取的费用价格,虽然收费价格相对较低,但却对用户使用 S3 服务器进行数据添加与获取的行为有相当大的影响。比如,在 S3 服务器中存储并获取 1GB 的数据,存储这些数据一个月需要 15 美分,数据传输进入及取出费用分别为 10 美分、17 美分。如果 1GB 数据只使用一个

PUT 请求上传以及使用一个 GET 请求下载，那么"服务请求"的费用可以忽略不计。相反，若使用传感器来每秒生成 1KB 数据，然后产生一次请求，发送该数据，那么就会产生 1 048 576 次 PUT 请求来创建 1GB 的数据，需要支持 10.48 美元的费用，是数据存储与下载费用的 25 倍。

Amazon 的 EC2 其收费的标准是虚拟机实例的运行时，Amazon 提供不同规格的虚拟机，包括不同的 CPU、内存与 IO 能力及各种操作系统。同样 Amazon 也会对虚拟机的数据传输进行收费。与 Amazon 的收费价格类似，只是 GAE 对计算时的计量方面有点区别。Amazon 的最低档次的虚拟机实例类型 EC2 服务收费标准是 10 美分/h，App Engine 则按 CPU 运行时计算，为 10 美分/h，两者大致相等。只是 App Engine 计算的是处理 App Engine 请求的 CPU 时间，但 EC2 是针对虚拟机的运行时间来收费的。显然，如果一个实例比较空闲，服务请求不多，使用 App Engine 的价格更有优势一些。

1.6 本 章 小 结

本章首先介绍了云计算的发展情况，通过全球信息产业界及政府对于云计算的推广情况，说明云计算作为一种新兴的计算技术对未来信息技术发展中所具有的重要作用。本章进一步介绍云计算的概念与特点，包括云计算名称的来源。同时，介绍了云计算的划分标准，并详细介绍了以服务类型为划分标准，划分为基础设施类、平台类、应用类三类不同的云计算系统，以及各类型的代表云计算系统。针对云计算的概念及划分类型的介绍，本章还给出了目前面对众多云计算系统如何辨析真假云计算的依据。最后本章给出了云计算系统的要素剖析，一一阐述了云计算系统中具有的要素以及这些要素的含义、对于云计算系统和云计算系统用户的意义等。

通过本章的学习，读者可以掌握基础的云计算概念、云计算分类，了解云计算的特点及重要因素和相关的概念。

第2章 云计算的发展渊源

2.1 云计算技术的发展渊源

由第 1 章所述的云计算概念及类型、分析要素等内容,可以看出云计算技术架构是十分复杂的,任何一种云计算系统都是由多层技术构建而成的。那么,云计算复杂的技术架构源自何处? 它是一种全新的技术,还是新瓶装旧酒,只是用来炒作的概念呢? 要想回答这个问题就有必要对云计算架构中的核心技术及其这些技术的发展过程进行细致的分析。通过分析这些技术的发展历程,一方面可以充分了解当前云计算技术架构,另一方面也说明了云计算发展的必然性。

由第 1 章所述内容可知,云计算系统基于新的软、硬件基础架构,将现有的计算资源集中,通过虚拟化技术,针对集中的软、硬件资源实现的虚拟化的计算资源池,使用网络向用户提供跨越地理空间限制的各类计算资源。由此可知,云计算系统技术架构的核心组成部分有虚拟化技术、用于计算资源集中的并行或分布式计算技术、基于网络的资源传递技术。下面对这些技术的形成促因与发展过程进行详细描述。

2.1.1 虚拟化技术

虚拟化概念本身含义十分宽泛,就其逻辑意义而言,指的是通过对真实物体的模拟与仿真,实现逻辑上的多个虚拟物体。在计算机研究领域,虚拟化技术可算不上新技术,早在半个世纪之前 IBM 就已经开始部署虚拟化。1965 年 8 月,IBM 推出 System/360 Model 67 和 TSS(Time Sharing System,分时共享系统),允许很多远程用户共享同一高性能计算设备的使用时间。在 IBM 内部,Model 67 与另一个被称为 CP-67 的系统配合使用,可以使用一台 360/67 模拟出多台不同型号的计算机。

虚拟化技术所带来的好处是显而易见的,实质上虚拟化技术已经完成融入到现代的计算机系统中。例如,虚拟内存(Virtual Memory),使用系统的磁盘空间来模拟内存空间,通过页面调度算法与中断技术,将闲置的内存块换出到磁盘,节省内存空间,必要时再将置换出的内存块调入内存中,从而虚拟出比物理内存更大的内存空间,满足多道程序同时运行。虚拟内存技术几乎应用在当前所有的主流操作系统中。随着应用的发展,目前主流的虚拟化技术有以下几种。

1. 服务器虚拟化

这也是大多数人所理解的虚拟化技术,该项技术利用一台物理服务器的计算资源,如 CPU、内存、网络等虚拟出多台虚拟服务器。大多数将服务器物理资源抽象成逻辑资源,让一台服务器变成几台甚至上百台相互隔离的虚拟服务器,这是一虚拟多的情况;还有多物理服务器通过并行技术,虚拟出一台高性能的虚拟服务器,这是多虚拟一的情况。

值得注意的是,服务器虚拟化技术实现后,虚拟的服务器与其计算资源的提供者(也称为宿主服务器)之间是隔离的。虚拟服务器上运行的程序对系统资源的请求,经过虚拟化软件的隔离,转换成对宿主服务器的请求。

这种隔离性使得虚拟化技术实现了类似于"抽取宿主机资源,形成虚拟机"的能力。这种能力让物理服务器的 CPU、内存、磁盘、I/O 等硬件变成可以动态管理的"资源池",从而提高资源的利用率,简化系统管理,实现服务器整合。乃至更进一步,可以让虚拟机在多个物理服务器中迁移,从而让 IT 对业务的变化更具适应力。这些也正是 IaaS 类型的云计算系统实现的技术根本。

目前比较常见的服务器虚拟化系统有 Xen、VMware 和微软公司推出的 Virtual PC、Windows Server 2008 Hyper-V 以及 Oracle 公司推出的 Virtual Box 等。

(1) Xen 是英国剑桥大学计算机实验室开发的一个虚拟化开源项目,它可以在一套物理硬件上安全地执行多个虚拟机,它和操作平台结合得极为密切,占用的资源最少。原因在于它使用的是一种半虚拟化的技术,也就是安装与运行 Xen,需要对宿主机的操作系统内核进行修改,以满足 Xen 虚拟出的服务器运行操作系统时对特权指令操作的调用。

(2) VMware 是 VMware.Inc(一家专注于虚拟化技术与软件的公司)推出的系列虚拟化商业软件。其最为著名的软件产品是 VMware Workstation,能在一台宿主机上创建和同时运行多个 x86 虚拟机,每个虚拟机实例可以运行其自己的客户机操作系统,如(但不限于)Windows、Linux、BSD 衍生版本。VMware 公司采用的全虚拟化技术,如图 2.1 所示,几乎实现了虚拟机所需所有硬件的虚拟化。

(3) Virtual PC/Hyper-V 是微软公司推出的虚拟化软件,与 VMware 类似,同样是采用全虚拟化技术实现的。Hyper-V 是微软公司推出的一种 VMM(Virtual Machine Manager,虚拟化管理程序)程序。与 Virtual PC 不同的是它更接近硬件,Hyper-V 是属于微软公司的第一个裸金属虚拟化产品(Bare-Metal Virtualization)。裸金属架构就是直接在硬件上安装虚拟化软件,再在其上安装操作系统和应用,依赖虚拟层内核和服务器控制台进行管理。相对应的是 Virtual PC 类型的寄居架构在操作系统之上安装和运行虚拟化程序,依赖于主机操作系统对设备的支持和物理资源的管理。

2. 桌面虚拟化

桌面虚拟化技术的概念来源于远程桌面连接技术。远程桌面连接技术可以让我们通过网络登录到远程的某台服务器上,可以在上面安装软件和运行程序,所有的一切都好像是直接在该计算机上操作一样。远程桌面连接技术使得服务器管理员摆脱了地理空间的束缚,通过该功能,管理员可以在家中安全地控制目标服务器。微软公司最早从 Windows 2000 Server 开始在系统中提供远程桌面连接的组件。

当前桌面虚拟化技术主要分为两大类即 SBC(Server-Based Computing) 和 VDI(Virtual Desktop Infrastructure)。

(1) SBC 是将应用软件统一集中部署在远程服务器上,不同用户可以通过和服务器建立彼此隔离的会话连接对服务器桌面及相关应用进行访问和操作。这类解决方案主要基于当代操作系统对多用户访问支持的能力,通过操作系统提供的终端服务(Terminal Service)为用户提供远程的桌面访问与操作功能。

（2）VDI 的原理是在服务器侧（对于云计算而言，则是基础设施层的虚拟计算资源池），在其中为每个用户提供一台虚拟机，并在其中部署用户所需的操作系统和各种应用。针对部署后的虚拟机，通过桌面交付协议，如上述的远程桌面协议 RDP（Remote Desktop Protocol），将完整的虚拟机桌面视图传送给远程的用户使用。

就目前云计算的研究与实现而言，桌面虚拟化技术大多侧重于 VDI 技术架构，VDI 技术非常适应于云计算架构中的基础设施即服务理念，使用 VDI 技术，能够使用户获得与使用本地计算机十分接近的体验，实现用户间性能和安全的隔离，并享有虚拟化技术带来的易于管理等优势，服务质量可以得到保障。

目前桌面虚拟化产品开发中，比较著名的有思杰公司（CITRIX）的 XenDesktop 及 VMware 公司的 VMware Virtual Desktop View。下面分别予以简介。

（1）XenDesktop。Citrix 的 XenDesktop 可将 Microsoft Windows XP、7 或 Vista 虚拟桌面集中起来并传送给远程用户，其提供的虚拟化桌面能按照需要进行动态组合。用户登录时会获得一个干净的尚未进行个性化设置的桌面，以保证性能不会下降。Citrix 特别自定义了一种高速的桌面传递协议 ICA 为用户提供桌面操作的快速响应。此外，还包括 Citrix HDX 可提供高清晰度的虚拟桌面。通过 XenDesktop 用户可以灵活地选择虚拟化平台及设备，并针对具体的性能、安全性和灵活性要求传输相应类型的虚拟桌面。

（2）VMware Virtual Desktop View。VMware 公司于 2008 年将其传统的桌面虚拟化产品从 VMware VDI 延伸到了 VMware View。该产品作为 VMware 公司 vClint 计划的第一个产品，VMware View 希望让用户不论在何时、何地、使用何终端设备，都可以管理自己的桌面，同时也方便 IT 人员进行管理与维护。VMware View 将操作系统、应用软件以及使用者的数据信息分成不同的层级，让企业可以独立更新或部署不同的元件，实现更灵活、简单的管理。

针对上述两个主流的桌面虚拟化产品，有分析报告表明，VMware View 更易于部署，而且便于管理，其安装步骤少，需要的人工干预也少。此外，VMware View 允许管理员从一个基于 Web 的控制台执行所有重要的虚拟桌面管理功能，也即实现管理工具的集成。

相较于管理的便捷而言，XenDesktop 开发采用的是千层饼模式来实现的，即设备＋操作系统＋应用＋用户数据，每个层都被虚拟了。这提供了部署的灵活性和增强了敏捷性，也节约了成本，因为每个层可以进行单独复制和管理。而且千层饼模式允许 VDI 技术配置虚拟机，然后封装各种层创建终端用户所需的虚拟桌面。通过虚拟每个要素，IT 管理员能迅速更改操作系统，控制交付到桌面的应用，并对呈现在虚拟桌面的数据进行细粒度控制。因此，这两者在性能与技术上各有千秋。

3. 应用虚拟化

应用虚拟化技术的主要的目标是将应用程序对低层系统与硬件隔离开来，如此应用程序便于操作系统实现完全的解耦。通过应用虚拟化，为应用程序提供一个虚拟的运行环境。实现这方面技术最早的也是最为典型的是 Java 的虚拟机——JVM（Java Virtual Machine）。JVM 中包括了一套字节码指令集、一组寄存器、一个栈、一个垃圾回收堆和一个存储方法域，其屏蔽了与具体操作系统平台相关的信息，使 Java 程序只需生成在 Java 虚拟机上运行的目标代码（字节码），就可以在多种平台上不加修改地运行。这也就是 Java 语言引以为傲的跨平台能力的来源。

应用虚拟化的实现方式总体上类似,都是将应用程序的应用界面和实际应用分开,在用户访问服务器发布的应用时,在服务器上会为用户开设独立的会话,占用独立的内存空间,应用程序的计算逻辑指令在这个会话空间中运行,应用程序的界面会通过协议传送到客户端,客户端则通过网络把键盘、鼠标及其他外设的操作传送到服务器端,从服务器端接收变化的应用程序界面并显示出来。

应用虚拟化在云计算模式中的主要作用在于,应用虚拟化可以以最快的速度实现SaaS。相对于B/S架构而言,如果要改写当前的成熟应用,采用浏览器编程,除了部分修改软件的内在逻辑,还要大量地优化。而使用应用虚拟化,无需重写应用就可以直接将现有应用转变为SaaS模式,因此云计算的运营商对使用应用虚拟化技术实现SaaS非常感兴趣。

此外,虚拟的应用在使用和操作方面,都与虚拟化前的应用没有任何差别,用户体验没有任何变化,所以更容易被接受。还能通过应用虚拟化,使用者可以在相同的机器上运行不同版本的相同软件。

目前应用虚拟化方面比较有影响的是Citrix XenApp,它是通过网络浏览器实现服务器的远端接入,实现应用虚拟化。XenApp提供客户端和服务器端两种应用虚拟化,可根据用户的要求、应用的特点和地理位置选择最佳的运行方式。客户端应用虚拟化通过流技术将应用运行到用户的设备上,让应用运行在一个受保护的隔离的虚拟环境中。采用缓存技术,用户可以在网络连接或断开后继续使用这些应用。

XenApp的核心是ICA协议,该协议负责连接XenApp服务器上的应用进程和远程用户终端设备。通过ICA提供的32个虚拟通道,运行在中心服务器的应用进程输入与输出数据重新定向到远端的输出与输入设备上。因此用户使用虚拟化应用的体验与其虚拟化之前几乎完全一致。

2.1.2 高性能计算技术

高性能计算(High Performance Computing,HPC)是指从体系结构、并行算法和软件开发等多个方面研发高性能计算机的相关技术。高性能计算技术本身有明确的定义,通常意义上,它是指通过一定途径,获得比当前主流计算机更高性能的计算能力的技术。

高性能计算技术主要有两种表现途径:提升单机的计算能力,如大型机;通过网络连接多台计算机,通过多台计算机协同工作,从而实现强大的计算能力。由于第二种方式采用整合多台网络计算机方式实现高性能计算,因此性价比较高,已经逐渐成为主流方式。下面提到的高性能计算技术都是指第二种实现技术。

回顾高性能计算技术的发展,经历了并行计算、分布式计算、集群计算、网格计算几个主要阶段,下面分别予以简要介绍。

1. 并行计算与分布式计算

并行计算(Parallel Computing)是指在并行机上,将一个应用分解成多个子任务,分配给不同的处理器,各个处理器之间相互协同,并行地执行子任务,从而达到加快求解速度或者求解应用问题。

一般情况下,普通的软件或系统采用的是串行计算的方式,也就是软件或系统在一台只有一个CPU的计算机上运行,软件或系统的功能被分解成一个个离散的指令序列,这些指令按顺序被一条接一条地执行,因此在串行计算方式下,在任何时间CPU上最多只有一条指令在运行。而并行计算则不同,并行计算首先分析待解决的问题,判断该问题是否具有并行度。也就是说,这个问题的完成可以分解为多个步骤,这些步骤可以互不干涉地并行执行。将一个问题分解成并行的计算步骤,称为并行算法的设计。设计完成后,在并行机提供的并行编程环境中,具体实现并行算法,编制并行程序,并运行该程序,从而达到并行求解应用问题的目的。

并行计算被广泛地应用在科学计算、大数据规模的仿真等研究领域,最常见的并行编程环境有 MPI(Message Passing Interface,消息传递接口)。MPI 是一种消息传递编程模型,并成为这种编程模型的代表。基于 MPI 的并行计算编程是通过并行计算设计把计算任务划分成多个子任务,然后将子任务分派给多个进程,由多个进程并行执行并最终完成计算任务。MPI 提供了完成并行计算所需的各类函数接口,其中任务的分派、各进程的控制及计算结果的传递都是采用进程间消息传递实现的。

分布式计算从表面上看与并行计算技术类似,同样是将复杂问题划分成可并行执行的小的计算任务,再分派到多台计算机,分别执行完成最终任务。但分布式计算提出的本意是想利用互联网上的计算机的中央处理器的闲置处理能力来解决大型计算问题。随着计算机的普及,有越来越多的计算机处于闲置状态,即使在开机状态下中央处理器的潜力也远远不能被完全利用。互联网的出现使得连接调用所有这些拥有限制计算资源的计算机系统成为了现实。因而分布式计算模式下,服务器端负责将计算问题分成许多小的计算部分,然后把这些部分分配给许多联网参与计算的计算机进行并行处理,最后将这些计算结果综合起来得到最终的结果。

并行计算与分布式计算虽然同样将任务划分成子任务,分而治之来完成,但两者在实现上是本质不同的,并行计算多是用于多 CPU、共享内存及通过消息传递的多个进程来实现计算,而分布式计算是基于网络的,多台计算机系统通过网络来协同完成任务。相对而言,分布式计算更要考虑到网络的不稳定、延时、执行子任务的多计算机系统是否正常等因素,以及这些不稳定因素对计算结果产生的影响、采用必要的冗余与计算结果可靠性保障机制等。

2. 集群计算

从本质上说,集群计算以及下面的网格计算都可以归结为分布式计算技术的范围,同属于分布式计算技术的发展产物。集群概念是指一群以网络技术连接起来的工作站或 PC 的组合。通过集群计算架构,将一群工作站用某种结构的网络互联起来,充分利用各工作站的资源,统一调度、协调处理,以实现高效计算。

集群的优点在于通过集群架构可以实现性能价格比非常高的目标计算系统。例如,普通的一台巨型或 MPP 都很昂贵(费用常以几百万元或几千万元计),而一台高性能工作站相对便宜(费用仅以几万元或十几万元计),一个 COW(Cluster Of Workstation,工作站集群)系统从浮点运算能力来看,虽然每台工作站只有几 Mflops 到几十 Mflops,但一群工作站的总体运算性能可高达 Gflops 的量级,能接近一些巨型机的性能,但价格却低了很多。此外,集群系统还能充分利用分散的计算资源。当个人工作站处于空闲时,COW 可在空闲时间内给这些工作站加载并行计算任务,从而工作站资源可得到充分利用。

集群计算的理念是希望通过集群计算的架构与中间件技术,向上层用户提供一个虚拟化的、统一的高性能计算服务,也即作为一个理想的集群,用户是不会意识到集群系统底层的节点的,在他(她)们看来,集群是一个系统,而非多个计算机系统。因此集群系统具有良好的可扩展性,集群系统的管理员可以随意增加和删改集群系统的节点。用户可根据需要增加工作站的数目,以高带宽和低延迟的网络技术支持获得高的性价比,从而获得应用问题的高可扩展性。

集群计算的系统架构由底至上主要可分为 3 层:底层的计算资源、集群系统的软件中间件层及集群计算的编程环境。

(1)底层的计算资源。其主要是集群计算架构需要集成的计算机、工作站、服务器与网络设备等,通过集群计算技术对底层计算资源的集成,在集群系统的底层实现一个局域网络,该网络通过各种网络技术与通信协议,将运行着各种多任务操作系统的高性能计算机连接在一起。

(2)集群系统的软件中间件层。该层是整个集群计算环境的核心,实现集群计算的并行计算能力,并向上层用户屏蔽底层计算资源、各平台的相关细节,为用户的并行程序提供并行计算服务。

(3)集群计算的编程环境。其主要提供并行编程所需的环境和开发工具(如编译器、MPI 消息传递接口及 PVM 并行虚拟机等),为开发应用程序提供可移植的、有效的和易用的工具。

集群计算技术中比较著名的集群架构有 Beowulf 与 COW。起初,Beowulf 只是一个著名的科学计算集群系统。随后很多集群都采用与 Beowulf 类似架构,现在 Beowulf 已经成为一类广为接受的高性能集群的类型。与 Beowulf 不同的是,和 Beowulf 忠实于并行计算,并加以优化的计算节点相比,COW 架构中的底层的计算节点主要都是闲置的计算资源,如办公室中的桌面工作站,它们就是普通的 PC,采用普通的局域网进行连接。因为这些计算节点白天会作为工作站使用,所以主要的集群计算发生在晚上和周末等空闲时间。显然,COW 的概念已经十分接近于云计算的虚拟化资源池的概念了。

3. 网格计算

网格是指一个互相连接的系统,这个系统被用来在一个广泛的区域内配送电流或电磁信号。因此,所有的电气和电子设备都可以通过插入到电力系统网络,即可获取到远方配送的电能,而无需关注电能是如何生产、转储、配送这些中间过程的。1995 年前后,这个概念被应用到了计算领域,用作类比一种新的计算技术。这种新计算技术的理念是希望能将信息计算能力也作为一种商品进行流通,就像电力一样,取用方便,费用低廉,用户只要能接入到互联网中即可获取信息计算的能力。

网格计算可以被简要地定义为利用多个管理域的计算机资源来实现一个共同的计算目标。它可以看作是处理涉及大量文件的非交互式作业的分布式系统,然而同集群计算相比,其具有更强的松耦合、异构和地理上分散的特点。

在架构上,网格计算可以描述成由许多计算机,通过网络松耦合地互联,组成一台超级虚拟计算机,来完成一项巨大的任务,也即它利用了网络中的众多计算机资源同时解决一个问题,这些问题通常是需要大量计算机处理周期和访问大量数据的科学问题或技术问题。一个在比较著名的网格计算的例子就是进行中的 SETI@home(Search for Extraterrestrial Intelligence,搜寻地外文明)工程。这个工程就是利用成千上万的民众共享出来的闲置个人计算机处理能力在茫茫宇宙中寻找文明信号。世界上最强大的计算机 IBM 的 ASCI

White,可以实现 12 万亿次的浮点运算,但是花费了 1 亿千万美元;然而 SETI@HOME 仅用了 50 万美元却实现了 15 万亿次浮点运算。

从上述内容可以看出网格计算与集群计算的概念,如 COW,相当接近,都是基于网络的松散耦合完成复杂计算问题的求解。但是网格计算与集群计算的不同点在于以下几点:

(1) 网格是由异构资源组成的。集群计算主要关注的是计算资源,而网格计算则对存储、网络和计算资源进行了集成。集群通常包含同种处理器和操作系统;网格则可以包含不同供应商提供的运行不同操作系统的机器。

(2) 网格本质上就是动态的。集群包含的处理器和资源的数量通常都是静态的;而在网格上,资源则可以动态出现。资源可以根据需要添加到网格中或从网格中删除。

网格天生就是在本地网、城域网或广域网上进行分布的。通常,集群物理上都包含在一个位置的相同地方;网格可以分布在任何地方。集群互联技术可以产生非常低的网络延时,如果集群距离很远,这可能会导致产生很多问题。

此外,网格计算提出了计算能力的传输概念,这个概念也很接近云计算中提出的软件即服务、基础设施即服务、数据即服务等理念,都是通过网络将计算资源与能力传输给用户,但是云计算与网格计算的区别在于:网格计算是聚合分布资源,支持虚拟组织,提供高层次的服务。而云计算一般由大规模的数据中心来支持。网格计算的初衷是用于高性能计算,2004 年以后,网格计算才逐渐强调适应普遍的信息化应用。但云计算从一开始就支持广泛企业计算、Web 应用,普适性更强。在实现上双方也有所不同,网格计算通过中间件来屏蔽底层的异构性,实现上层虚拟统一的计算服务,而云计算则直接通过虚拟化来实现跨平台的虚拟计算,且云计算承认异构性,允许用户定制自己特定的服务。

2.1.3　软件体系架构技术

前面两小节分别讲述了云计算架构中关于基础设施即服务,以及云计算相关的计算技术的发展渊源,云计算架构还有一个重要的组成部分——软件即服务,其技术渊源则与软件体系架构技术的发展密切相关。

软件体系架构技术的出现与发展,一方面是由软件工程的需求推动的,因为随着现代软件系统的规模和复杂性不断增加,系统的全局结构的设计和规划变得比算法的选择以及数据结构的设计更加重要。软件体系架构实际上是对于软件系统的建模与实现技术,包括构成系统的设计元素的描述、设计元素的交互、设计元素组合的模式以及在这些模式中的约束。另一方面由计算技术的推动,如前所述的分布式计算、并行计算等,特别是网络技术的发展,对于软件的形态与构建技术产生了巨大的影响。云计算所提出的"软件即服务",则是在这两方面影响与推动下推出的新的软件架构。通过下文对于软件体系架构技术发展的阐述,可以清晰地看到"软件即服务"概念的来源。

1. 基于网络的 C/S 与 B/S 架构

网络的出现与发展对现代信息社会产生了极为深远的影响,网络使得信息可以跨越地理空间的限制,人们可以随时随地地访问各类所需的信息。同样,网络技术有力地推动了计算技术与软件体系架构的发展。前文所述的分布式计算、集群计算、网络计算乃至常用的 BT 等 P2P 软件也都是基于网络技术发展起来的。

在网络出现之前或没有得到广泛的应用之前,计算机的软件形态是单机安装的,也即通过软盘或光盘安装到独立的计算机上使用的。这样的软件系统只能在一台计算机上使用，计算机之间的信息交互得依赖与软盘或光盘的备份，显然这样的系统存在着很多问题。

（1）信息交互的能力十分低下，数据为每台机器独享，数据无法共享会给软件的应用带来限制，无法充分发挥数据的使用效率。此外，还会带来数据统一与完整性等问题。

（2）有些重要的数据是不可能在每台机器上都有备份的，出于安全考虑，重要的数据应集中管理，用户应该只能接触到其所需的部分，也即数据分散在每台机器上，存在数据安全管理方面的问题。

当网络技术出现之后，这个问题得到一定程度的解决，重要的数据存储在数据中心，远程的计算机与软件系统通过网络来访问用户所需的部分数据。如此，C/S(Client/Server,客户端/服务器)结构架构的软件系统便形成了。C/S 模式下的客户端是指安装在用户机器上的软件，服务器端则是提供一些核心的软件与数据服务功能的软件系统。C/S 模式的架构下，用户使用本地计算机的客户端所提供的功能来访问远程服务器上的数据，使用服务器提供的软件功能。显然，C/S 模式客户端与服务器端相配合来完成整个软件系统的功能。

值得注意的是 C/S 模式中客户端，早期的客户端是需要安装的程序，后期随着网络应用的发展，专门用于浏览网页，访问网站的浏览器出现了，从某种角度来看，浏览器可视作一类软件与后台的网站服务器配合向用户展示网站的内容，因而也可将浏览器视作 C/S 模式下的客户端，而网站服务器则成了远程的服务器。

伴随着互联网技术的发展，浏览器成为每台计算机必备的软件，并且功能也越来越强大，浏览器完全可以担当起 C/S 模式下的客户端的要求，与远程服务器端协作，向用户展示各类数据内容，因此，将使用浏览器作为客户端，结合服务器端则成为一种新的软件架构，即为 B/S(Browser/Server,浏览器/服务器)。

B/S 模式与 C/S 模式相比，不需要用户在本地机器上安装特定的客户端，只要用户的计算机可以上网，有浏览器即可访问远程的服务器来使用 B/S 模式的软件系统。从软件架构的角度来看，B/S 模式也实现了客户端程序与服务器程序解耦，也即只要遵循相关的标准，如 HTTP、HTML 等，任何一种浏览器都可以访问 B/S 的服务器。服务器的软件升级更新也不再牵涉到客户端。

当然，浏览器作为一种通用的访问互联网网站的软件，在安全和性能方面与有针对性定制的客户端相比较还有不足之处，因此目前还是有相当部分的软件采用 C/S 架构。此外，还有一些新的技术，如 ADOBE 公司推出的 AIR 技术，能提供更强大的访问与控制功能，类似于这些技术开发的客户端，相对于浏览器的"瘦客户端"，又称为"富客户端"系统。

2. 基于组件的软件架构

随着软件应用的扩展，一个新的名词——"软件危机"诞生了。因为到目前为止，软件主要还是依赖人工的方式进行开发，这种落后的软件生产方式无法满足迅速增长的计算机软件的需求，从而导致软件开发与维护过程中出现一系列严重问题的现象，称为"软件危机"。没有人希望自己从零开始，由第一行开始编写软件，事实上也不可能。尽可能地利用已经开发成功，最好是经过实际使用与细致测试的高质量代码，显然成为软件工程开发的必然选择。组件也称为构件，其意义是指软件系统中具有相对独立功能、可以明确辨识、接口由契约指定、和语境有明显依赖关系、可独立部署且多由第三方提供的可组装软件实体。简单地说，就是可以重复使用的，具有标准接口与说明文档的程序代码。当软件的开发与架构切换到基于组件来实现时,显然其编程模式与传统的编程有所不同,其编程方式称为面向组件编程(Component-Oriented Programming,COP)。

在 COP 中有几个重要的概念:服务,服务(Service)是一组接口,供客户端程序使用,如验证和授权服务、任务调度服务,服务是系统中各个部件相互调用的接口;组件,组件(Component)实现了一组服务,此外,组件必须符合容器订立的规范,如初始化、配置、销毁,如现在比较流行的 Spring 框架中采用的就是 COP 的组织代码思路。目前在组件技术方面比较主流的是微软公司推出的 COM 组件技术与 CORBA,下面分别加以介绍。

1) COM 组件技术

COM(Component Object Model,组件对象模型)是微软提出并发布可以用于构造软件组件的一个模型。到目前为止,COM 技术已经和 JavaBean、CORBA 一起被并称为组件开发的三大标准。从表现形式上看,COM 组件可以是一个 DLL 文件或者是一个 EXE 文件。COM 组件概念中最为核心的是组件与接口,其中组件是一定逻辑功能的可执行代码,而接口则实现了对组件各种技术细节的封装与隔离。

COM 组件在使用前必须要在系统中注册,Windows 系统专门提供了一个用于注册进程内组件的使用工具——Regsvr32.exe,注册也就是向系统注册表的相应位置写入一些数据。这些数据可以完成组件的 GUID(Globally Unique IDentifier,全球唯一标识是一个 128 位的数,用于保证每一个接口和组件在时间和空间上都是全球唯一的一个标识符),与 DLL 的绝对路径一一对应,用以帮助程序通过 GUID 找到组件 DLL 的位置。注册完成后,组件的用户即可以通过调用组件接口实现其所需的功能。

值得注意的是,用户使用组件只需调用组件对象功能的接口,而无需关注组件具体的实现。也就是说,在 Windows 系统环境下,无论软件开发商使用何种开发语言开发 COM 组件,如 VC、VB、C++ Builder 等,都可以通过组件接口调用,把 COM 组件实现的功能集成到自己开发的软件中,这显然是软件开发的一大进步、程序员的福音。

除了 COM 组件技术标准外,微软公司还推出了 COM+、DCOM 两种组件标准,DCOM 是微软与其他业界厂商合作提出的一种分布组件对象模型,它是 COM 在分布计算方面的自然延续,为分布在网络不同节点的两个 COM 组件提供了互操作的基础结构。而 COM+则倡导一种新的设计概念,把 COM 组件提升到应用层,把底层细节留给操作系统,使 COM+与操作系统的结合更加紧密。

2) CORBA

CORBA(Common Object Request Broker Architecture,公共对象请求代理体系结构)是由 OMG(Object Management Group,对象管理组织)提出的应用软件体系结构和对象技术规范。CORBA 是为了解决分布式计算环境中不同硬件设备和软件系统的互联,增强了网络之间软件的互操作性,解决传统分布式计算模式中的不足等问题而提出的。CORBA 支持异构分布应用程序间的互操作性及独立于平台和编程语言的对象重用。

CORBA 标准中定义了一系列 API、通信协议和对象/服务信息模型,其目标与 COM 组件一样,使得在不同平台、应用不同语言开发的应用程序能够互相调用与协同操作。CORBA 通过其中定义的一系列模型,实现了对象开发平台和位置的透明性。并且 CORBA 规范中定义如何将其他语言开发的代码、关于该代码的功能、如何调用等相关信息封装到一个包中,封装后的对象则可以在网络上被其他程序(或 CORBA 对象)调用。因而,CORBA

也可被视作是机器可理解的文档格式,类似于 HTTP 协议的 HEADER。

上述两项技术都是目前主流的组件技术,两者相比较而言,COM 组件技术更侧重于 Windows 平台,实现基于 Windows 平台中各类语言所创建的组件互相调用与组合架构软件,而 CORBA 更侧重于基于网络的分布式应用环境下实现应用软件的集成,使得面向对象的软件在分布、异构环境下实现可重用、可移植和可互操作。因此,CORBA 在跨平台、网络通信、为组件实现的公共服务构件方面具有更好的特性。

3. 面向服务的软件架构 SOA

SOA(Service-Oriented Architecture,面向服务的体系结构),自 21 世纪初诞生之日起,立刻成为 IT 业新的宠儿,一时之间 SOA 架构设计技术、方法与研究热火朝天。那么 SOA 是什么呢? 关于 SOA 的定义各种各样,大致上 SOA 可以表述成:为了解决在 Internet 环境下业务集成的需要,通过连接能完成特定任务的独立功能实体实现的一种软件系统架构。应注意,SOA 架构设计软件的前提已经切换到了 Internet 环境下。

SOA 的本质还是属于一个组件模型,它将应用程序的不同功能单元(称为 Web 服务)通过这些服务之间定义良好的接口和契约联系起来。其中组件的概念换成了服务,显然这个概念十分接近于云计算中各类服务的概念。SOA 架构是完全独立于实现服务的硬件平台、操作系统和编程语言,因此构建在各类系统中的 Web 服务可以以一种统一、通用的方式进行交互。SOA 是一个大的技术框架,与云计算类似,它也可大致分成 3 层架构。

1) XML(eXtensible Markup Language,扩展性标识语言)

XML 文档是纯文本文件,任何平台都可打开阅读,XML 文档中定义的是具有结构性的标记语言,因而非常适合传输在特定语义环境下的各类型数据,在 SOA 架构中用作 Web 服务交互数据的标准。

2) SOAP(Simple Object Access Protocol,简单对象访问协议)

它是一种轻量的、简单的、基于 XML 的协议,用于 Web 服务之间交换结构化的、固化的信息。有了 SOAP 协议,即可让 Java 对象与 COM 对象等各类 Web 服务组件具有在分布式、分散的、基于 Web 的环境中彼此通话的能力。

3) WSDL(Web Services Description Language,Web 服务描述语言)

其类似于上述 CORBA 中组件的封装信息,它是一个描述 Web 服务的 XML 词汇表。其中定义了 Web 服务的名称、服务包含的方法名称、这些方法的参数和其他详细信息,以便其他 Web 服务或用户调用其提供的服务功能。

4) UDDI(Universal Description, Discovery, and Integration,统一描述、发现和集成)

这是为了让 Web 服务的用户可以通过搜索及查找,找到其所需的 Web 服务。UDDI 协议实际上是一种目录服务,定义了如何将 Web 服务描述添加到 Web 服务注册中心以及相关的搜索查找功能。

通过 UDDI 协议,用户(又称为 Web 服务的消费者)即可以找到各类 Web 服务,进一步由 WSDL 来获得这些服务所提供的功能及接口,再基于 SOAP 协议对自己的调用请求进行封装成 XML 文档格式的 SOAP 消息,发送到 Web 服务的提供者,获取其提供的服务。

从上述 SOA 架构的表述来看,不难看出 SOA 架构与云计算的 SaaS 模式已经十分接近了。

2.1.4 云计算——是信息技术革命还是新瓶旧酒

云计算时代来临了,云计算概念与建设的风头势不可挡,被喻为"新的信息技术革命",全球的 IT 产业界大佬以及各国政府纷纷投入到云计算的风潮中。但是,这其中也有人不为所动,2010 年中国(深圳)IT 领袖峰会上百度 CEO 李彦宏在回答对"云计算有什么样理解?你们对进入云计算怎么打算?"问题时很直接地说:"云计算这个东西不客气一点讲它是新瓶装旧酒,没有新东西。"

那么云计算到底是新的信息技术革命还是新瓶装旧酒,只不过是 IT 厂商想推广自己产品的一个噱头呢?首先来看看反对方的主张:云计算中没有新技术,所有的技术全部来自于现有的、甚至是已经长期存在的技术。图 2.1 是上一节云计算技术发展渊源的总结,反映了云计算技术是如何一路走来的。通过这张图反对方可以直接提出下面的反驳理由:

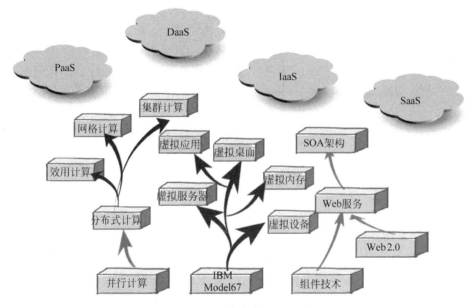

图 2.1 云计算技术发展的渊源

(1) IaaS(基础设施即服务)。典型的这类系统,如前文介绍的亚马逊虚拟私有云,从上节介绍的虚拟化技术可以看出,早在几十年前,虚拟化技术就已经开始应用了。亚马逊虚拟私有云所涉及的所有技术,在云计算概念提出之前都已经实现,并早已投入应用了。

(2) PaaS(平台设施即服务)。其提供开发平台、开发环境与 SDK 服务、开发系统的部署等,这些技术主要还是通过组件架构技术,Web 服务、并行与分布式计算技术,再结合虚拟桌面之类的技术综合实现的。

(3) DaaS(数据即服务)如 Google 的 GFS、Big Table 这些与分布式计算、网格计算技术的关联度很大,Google 提出的 Map Reduce 本身就是并行计算的新模式。

(4) SaaS(软件即服务)。显然在上文介绍到 SOA 架构时,相信各位读者都应该有个疑问 SaaS 和 SOA 有什么区别,两者是如此的相似。

据此反对方的观点认为:云计算所使用的技术都是已有的技术,并没有大的创新,有的只是现有技术的组合或者说堆砌而形成的一个新模式,如果说"新瓶旧酒"比较夸张的话,那么至多云计算也仅能算作"应用创新"或者"模式创新",远不能称为是信息革命。

那么支持方的观点则认为:一种新技术或者说新模式,究竟只是在现有基础上的部分创新,还是应视作革命性的发展,应该从两个方面来看,一方面是技术上是不是解决了以前未解决的重大问题,另一方面还应从该技术对未来信息应用发展的影响来看,这样才算公允,因为任何一种技术都有其发展渊源,不可能凭空创造出来。

那么第一个问题,云计算有没有解决了未解决的重大问题呢?这个答案是肯定的,虽然表面上看,云计算是多种不同技术组合在一起实现的,但技术组合远非简单的叠加那么简单,实际上实现云计算系统必须要解决大量的问题。例如,虚拟网络的问题,因为现实的网络是长期建设发展形成的,必然对云计算中各类新应用模式的支持存在问题,有些 IaaS 模式的云计算系统需要把现有的网络进行虚拟化,基于现有网络建设出新的虚拟网络,以支持系统的各类应用。显然,虚拟网络的诞生,将会对未来网络建设、使用,包括网络设备、路由协议等将产生重大的影响,因此,这类问题应属于要解决的重大问题。随着云计算应用与建设的发展,类似重大问题的解决必然会推动信息技术快速的前进。

第二个问题,云计算对未来信息应用发展的影响,那么支持方这方面的理由则更为充分,这些理由,本书将通过下一节的云计算产业发展渊源来阐述。总之,云计算是未来信息技术发展的方向,不仅是因为技术方面的原因,也因为它是信息产业发展趋势所决定的。

因此,综合双方的观点与辩驳可以看出,即使说云计算不足以使用"革命"两个字来定性,但云计算作为未来的发展趋势,必然会在信息技术与应用发展过程中产生深远的影响,这一点是可以肯定的。

2.2　云计算产业发展渊源

信息技术或者信息科学一直是与信息产业发展相伴的,信息科学的研究推动了计算机的诞生,形成了信息产业,而信息产业的发展促进了信息技术的应用,同时也产生新的问题,反过来推动信息科学的进步。云计算也是如此,云计算的形成与发展也离不开信息产业发展的推动。信息产业及其他工业产业,其发展的过程都呈现出集中与产业细分的趋势。

(1) 产业集中。产业集中是指伴随着某种产业的发展过程中逐步形成的,少数企业占该产业的生产量、销售量、资产总额等方面较大比例的趋势,也即产业巨头。

(2) 产业细分。产业细分是指伴随着某种产业的发展过程,该产业内部在生产与销售等各环节形成高度分化的趋势,也即产业环节越来越细,从事该产业的企业专业化程度越来越高。

之所以出现产业集中与产业细分,是与现代工业生产相关联的,原因只有一个,即提高生产率,产业越集中,则产业巨头的生产规模就越大,从而规模效率会带来各方面成本的降低。如同生产一个汽车车型,其研发费用会均摊到该车型的每台车成本中,显然生产该型号的车数越多,每台车的成本就越低。而细分也是同样的道理,越细分也就意味着越专业,专业人员在相同的时间内产生的价值显然超过非专业人员,细分的产业环节由专业组织完成,相应带来的也是生产率的提高。

信息产业也是如此,从产业发展的角度来看,信息产业的集中与细分可以总结为以下过程:

（1）散乱阶段。这个阶段是大家各自为政，实际上现在大部分单位也是如此，用户负责自己的计算机与软件，好一点情况是单位配备专业的计算机维护人员，让其来管理单位机器。与此同时，数据也呈现散乱的状态，存储在各个用户的机器上。

（2）数据库。针对数据散乱存储的情况，出现了数据库，可以集中管理与维护数据。

（3）网络中心。当网络出现后，为了实现统一的数据与网络管理，网络中心出现，配备专业的人员负责数据与网络的维护，但是大部分网络中心仍然是在组织机构内部部署的。

（4）数据中心。当网络中心与数据库进一步发展后，数据中心一般负责一个建筑物或建筑物的一个部分，其中部署有核心的数据处理设备，可实现全面、集中、主动并有效地管理和优化 IT 基础架构，实现信息系统高水平的可管理性、可用性、可靠性和可扩展性，保障业务的顺畅运行和服务的及时提供。

（5）云计算。对于普通用户而言，应用了云计算，特别是 SaaS 模式的应用系统之后，用户根本无需关心后台设备、软件的管理与维护工作，把这部分工作完全交给了云计算的供应商，由供应商的专业团队来完成即可。此外，由前述的云计算各模式可知，SaaS 提供商可以租用 IaaS 提供的基础设施以及 PaaS 提供的开发与部署平台，显然云计算有力地推动了信息产业的细化。

由上述可见，产业细化与集中对于云计算的形成具有强力推动作用。

实质上，早在 20 世纪 90 年代中期，微软公司就推出一种网络计算机（Network Computer，NC），NC 是使用基于开放式标准的计算机和网络通信的、能够提供廉价的 Web 访问及应用软件，NC 能够自动地通过网络从服务器上下载大多数的或全部的所必需的应用软件。而应用软件和文件则存储在服务器上而不是在用户的计算机中。显然，NC 的概念很接近 SaaS 模式，但由于当时的网络建设、信息化技术的局限性，NC 并没有被大规模的推广和应用。

时至今日，云计算技术与生产条件已经完全具备了，网络应用无处不在，各类软、硬件设施也已成熟，如现代数据中心的规模大得惊人，完全有能力作为云计算系统的运行支撑平台，如图 2.2 所示的 Google 俄克拉荷马州数据中心。

图 2.2　Google 俄克拉荷马州数据中心

当然，云计算还存在来自软件产业的直接推动，软件产业一直受到盗版软件的困扰，显然实现 SaaS 之后，用户按每月使用软件来付相应的费用，而软件系统本身则位于 SaaS 供应商的云计算中心，如此，便不存在盗版的问题。这当然也是云计算应用推广中用户生疑的一个关键点，很多用户担心自己完全依赖 SaaS 供应商会陷入供应商的圈套，也即是前文所提及的绑定问题。

总之，云计算的出现是信息产业追求生产率、最大程度发挥信息资源效能的必然产物。

2.3 本章小结

本章的主要内容是对云计算的发展从技术与产业的两个角度来分别进行阐述。本章详细地从技术角度阐述了云计算的技术来源：

（1）虚拟化技术，其发展历程自 1965 年就开始了，发展到目前形成服务器虚拟化、桌面虚拟化、应用虚拟化等各类不同的虚拟化技术，这些技术都在云计算中得到了应用。

（2）而云计算的核心实现依托的是高性能计算技术，高性能计算技术演化到现在的并行计算、分布式计算、网格计算及普适计算等，一直是信息科学研究的热点。

（3）云计算系统的实现使用的是组件技术与 SOA 架构技术等。

从本章的云计算技术溯源可以看出，云计算技术实际上是多种计算技术的集大成，是各计算技术发展到一定阶段的必然结果，通过了解云计算技术的渊源，一方面可以让读者进一步了解到云计算，了解云计算中使用的技术，也从另一方面激发读者学习云计算的兴趣。同时，本章也分析了云计算技术发展的产业因素，指出云计算的提出与推广不是偶然，而是信息产业规模化生产提高生产率、降低成本的产业追求所致，读者通过这部分知识的了解，可以把握到云计算乃至信息产业发展的脉络，了解云计算的热潮并不是炒作的结果，而是必然的发展方面，不会昙花一现，进一步树立学习云计算的信心。

第3章 云计算的学习内容

3.1 学习云计算的必要性

学习云计算是否有必要,或者说学习云计算能带来什么样的好处,对于这样的问题,本书的前两章内容已经给予了回答。

(1) 云计算是 IT 产业发展的需要。承上文所述,云计算产业的背后有着 IT 产业对生产率与效能追求的必然性,学习云计算显然是顺应 IT 产业发展的趋势。就本书开始章节中所列出的全球在云计算系统研发上的投资与大项目来看,可以预计每年云计算方面都会创造可观的就业岗位与机会,因此,学习云计算可为读者在 IT 产业将来的发展打下良好的基础。

(2) 云计算也是 IT 技术发展的趋势。又如上文所述,这些技术都有着长期的发展历史,证明了这些技术具有强大的生命力,经历了理论与实践的双重验证,并且在可以预见的将来还会继续发展下去,不会出现学习之后就会被淘汰或无用武之地的顾虑。

当然,IT 技术始终处于迅速发展中,给人以目不暇接的感觉。但是,不论哪一种技术,如同云计算中提出的诸多"xx 即服务"概念,都有其背后应用的推动以及相应的技术渊源,因此,在学习云计算技术的过程中,不仅要掌握具体的技术实现,还应对技术的内涵与理念进行深刻的体会与掌握,无论技术的表现形式如何变化,解决问题的思路都是相通的,只要掌握了技术精髓,那么就可以借鉴已有的知识,快速地学习新的技术内容。这也是本篇花费较大篇幅阐述云计算技术发展渊源的目的。

那么应该如何学习云计算?具体云计算中有哪些核心技术需要深入学习与掌握呢?如前文所述,云计算如同其他计算机领域一样,是一个很庞大的理论与技术体系,其中可以学习的内容非常多。从总体上看,云计算的学习可以分成理论研究与相关技术两部分,具体学习哪种理论与技术需要根据读者自身的理论技术基础来决定,此外,还需要结合读者实际可使用的实验环境来决定。下面将分别针对云计算理论相关学习内容、云计算技术相关学习内容分别予以阐述。

3.2 云计算相关研究内容

目前,在云计算研究领域中主要集中在云计算系统管理与性能优化、云计算测试、云计算仿真、云计算安全、云计算成本与计费管理及云计算在其他研究领域的应用 6 个方面。以下分节对这 6 个研究方面予以简述。

3.2.1　云计算系统管理与性能优化

云计算系统的优势整合了大量资源,并且可以按用户的实际需求实时提供规模可变的计算资源,这虽然为用户提供了极大的灵活度,减少了资源浪费。但同时也提出了更高的管理需求。云计算的管理层需要关注多个层面的资源实体,并且实时执行细粒度的管理操作。

云计算管理研究的范围很广,包括了云计算服务生命周期、服务 SLA 指标、虚拟机性能指标、物理位置分布、物理服务器的电能消耗、系统资源利用率等。当前研究工作主要集中在优化 IaaS 层次,因为虚拟化技术及虚拟化资源作为云计算平台的基础在整个平台中起核心作用,研究如何优化管理虚拟化资源对于提高资源利用率、降低系统能耗及扩展对于云计算的应用有重要意义。

这方面的研究工作主要分为下列两个方面:

(1) 云计算平台架构及服务模型的研究。其主要是分析各类典型云计算服务系统的 SLA 指标及资源性能指标,建立云计算平台资源的统一建模方式,包括平台中物理资源、虚拟化资源及服务资源,并对此进行建模;模型中涉及基于服务 SLA 以及虚拟机、物理机性能指标的定义,分析这些指标之间的联系。

(2) 云计算资源管理策略及管理优化算法。以建立的模型为依据,设计云计算系统的虚拟化资源管理策略,包括资源分派算法及资源动态调度算法,在算法中综合考虑系统性能以及系统资源利用率、电能消耗等各项因素。

另外,云计算系统的性能优化方面主要是云计算平台中并行计算的性能优化。例如,在淘宝平台上,每天有 2 万多道 MapReduce 作业运行,扫描数据量约 500TB;百度每天有超过 3 万个作业在运行,产生超过 3PB 的数据量;而在 Hadoop 的发源地 Yahoo,每天也有超过 3 万个作业运行,产生的压缩数据也是超过 10TB。因此,对于大型的云计算系统并行作业的高度与过程优化对于系统性能具有重要的影响。这方面的研究可以概括为两类:一类是任务调度算法优化;另一类则是计算过程的优化。

(1) 任务调度算法优化。其目标主要是在云计算系统中,当多个任务同时运行时,作业执行的顺序以及计算资源的分配情况,这些将影响系统平台的整体性能和系统资源的利用率。综合考量的因素有作业的应用类型和作业处理数据量的大小,这些都是在设置调度策略时必须考虑的因素。当前研究工作中,特别是针对 MapReduce 集群,先后提出了很多调度算法,比较有代表性的有 FIFO 调度、计算能力调度和公平调度等。

(2) 计算过程的优化。其着眼于单个作业的运行效率,从编程的角度,尽量减少影响程序运行效率的因素,合理利用计算资源。这方面的研究主要集中在分析系统平台的性能瓶颈,如系统 I/O 操作、计算复杂度较高的应用以及产生大量中间临时数据的处理工作等。

3.2.2　云计算测试

云计算测试包括两个层次的含义。第一层次的含义指可以运用现有的云计算环境提供的服务资源,较为真实地产生模拟用户负载,进行快速、高效的负载、压力测试。这种测试是一种新型的软件测试方式,是一种云计算技术的新应用,这种方式称为云测试。第二层次的含义指对构建云计算基础设施服务以及上层云计算应用程序的测试。目前主要的研究集中在云测试方面。

云测试工作主要是基于云计算环境下提供各类测试服务,包括多种系统、多种浏览器的平台,用户通过网络提交测试对象和自动化测试脚本,测试云进行资源调度、测试任务分配到云端进行测试,并将集中测试结果提交给用户。云测试相对于传统的测试方式,可实现在硬件、软件和人力资源成本方面的巨大节省,并且提供复杂测试环境的高效支持。

云测试的研究主要包括以下两个方面

(1)测试环境的部署,包括测试环境的自动搭建,按测试的内容与目标申请虚拟机的数量、环境配置,然后分发部署测试节点所需的操作系统、软件等;云测试平台应能根据虚拟测试节点的状态及资源消耗情况,动态调度虚拟机运行、停止及重新分配等,以完成测试目标。

(2)测试调度策略的制定,包括测试用例部署、调度、结果收集几个方面,确定虚拟测试节点需要执行的脚本、测试信息的收集、测试节点的调度、同一测试节点上测试用例执行的先后顺序等。其中研究的重点在于云测试平台中如何动态部署、调度虚拟测试节点以及调度策略的自适应变更。

3.2.3 云计算仿真

计算机仿真已成为人类认识、改造客观世界的重要手段,随着计算机建模仿真技术在工程与非工程领域应用的不断深入,对于计算机仿真技术提出了新的需求:一方面是被仿真系统的规模和结构日益扩大和复杂,迫切需要新型的分布式建模仿真系统;另一方面是人们希望能够通过网络随时随地无障碍地获取所需的建模仿真服务。

如前文所述,云计算技术的重要渊源之一———网格计算,早在云计算仿真之前,就有相关研究提出使用网格技术与网格技术与仿真的结合为各类仿真应用对仿真资源的获取、使用和管理提供了巨大的空间。网格计算以崭新的理念和方法为仿真领域中诸多挑战性难题的解决提供了技术支撑,而进入到云计算时代,使用云计算技术架构大规模复杂异构的仿真平台,即云仿真平台,更是仿真技术研究领域的热点。

2009 年,我国李伯虎院士提出了"云仿真"的概念并指出所需要解决的关键技术,提出云仿真平台是一种新型的网络化建模与仿真平台,是仿真技术与系统的进一步发展。其基于云计算理念,综合应用各类技术,实现系统/联邦中各类资源安全地按需共享与重用,实现网上资源多用户按需协同互操作,实现系统/联邦动态优化调度运行,进而支持工程与非工程领域内已有或设想的复杂系统/项目进行全生命周期的论证活动,即实现仿真系统工程。

目前云仿真的研究主要集中在基于云计算架构的仿真平台建设,主要包括仿真资源层、仿真资源池层、仿真平台的管理中间件层以及面向用户的仿真服务体系结构构建层。

(1)仿真资源层。其主要包括计算机、存储器、网络设备、数据库、软件/RTI 等。

(2)仿真资源池层。将大量相同类型的资源构成同构或接近同构的资源池,如计算资源池、数据资源池、软件/RTI 资源池、仿真联邦成员资源池等。构建资源池更多的是为了解决物理资源和软件资源的集成和管理,如资源有问题后的替换问题。

(3)仿真平台的管理中间件层。负责对云仿真的资源进行管理,并对众多应用任务进行调度,使资源能够高效、安全、有偿地为应用提供服务。

(4)面向用户的仿真服务体系结构构建层。将仿真云计算能力封装为标准的 Web Service 服务,引入仿真领域和 SOM/FOM 本体,并纳入到 SOA 体系进行管理和使用,包括服务接口、服务注册、服务查找、服务访问和服务工作流等。

3.2.4　云计算安全

云计算由于其用户、信息资源的高度集中,带来的安全事件后果与风险也较传统应用高出很多。在 2009 年,Google、Microsoft、Amazon 等公司的云计算服务均出现了重大故障,导致成千上万客户的信息服务受到影响,进一步加剧了业界对云计算应用安全的担忧。总体来说,云计算技术主要面临以下安全问题:

(1) 虚拟化安全问题。如前文所述,虚拟化技术是云计算架构的核心,实现了云计算技术在基础设施、平台、软件层面提供多租户云服务的能力,但是虚拟化的应用会带来一系列新的安全问题与挑战,主要是虚拟机的宿主机一旦受到破坏,则宿主机内的所有虚拟机都将面临安全威胁。此外,由于虚拟机的迁移性,虚拟机分布的不确定性造成用户对于虚拟机以及虚拟机中的信息的所有权与管理权分离,由此引发一系列的用户认证、权限管理等方面的问题。

(2) 数据安全问题。其主要包括数据传输安全,云计算所有的服务都是基于网络传递实现的,因此在使用公共云时,通过 Internet 传输数据,则必须要保证传递数据的安全性与完整性。此外,由于云存储服务中,多用户共享数据服务器及大型数据库,恶意的云服务提供商、恶意的邻居"租户"及某些类型应用可能造成的滥用数据,对用户的数据安全造成威胁。除上述问题外,还有数据可用性、数据残留、数据所有权证明等方面的安全问题。

(3) 应用安全问题。由于云环境的灵活性、开放性及公众可用性等特性,给应用安全带来了很多挑战。主要包括终端安全,由于用户终端应用软件的漏洞加大了终端用户被攻击的风险,从而影响云计算应用的安全。此外,云计算所提供的各类应用,如 SaaS、PaaS、IaaS 都存在应用服务传递、应用权限管理、第三方软件组件漏洞等安全的威胁。

除了上述安全问题外,还有云平台的安全性、计费与法律风险等方面的问题,云计算由于在架构体系、应用服务提供方式等方面与现有的软件体系结构有较大的差异,因此带来了一系列的新的安全问题,这些安全问题对于云计算的推广应用造成很大的影响,成为云计算走向实际应用所必须要解决的首要问题。云计算的安全问题将在本书后续部分进行详细的讨论。

3.2.5　云计算成本与计费管理

商业化的云平台或服务系统必须要通过成本与计费管理来实现系统的运营目标,云服务提供商如何将自己提供的服务细化成模块问题目前还没有普适的方法,如何对差异性服务采取差异化的方案计量,对细化的服务模块进行定价显得尤为重要,它可以维护好长期的客户关系。

由于云平台系统一般规模庞大,提供的服务种类多,用户面广且分散,用户对平台的资源使用情况不尽相同,因此针对云计算平台的资源计费涉及的计费因子众多、计费工作复杂等问题,使得云计算平台计费系统的实现存在 3 个难点:一是系统的定价和组装;二是管理整个用户的使用生命周期;三是在管理过程中分析和把控各个计算点。

其中,系统定价和组装是指提供多类服务的组合定价方式,云计算必须要实现灵活的服务组合定价,以满足不同用户对于服务的需求,管理用户使用生命周期的问题是云计算用户的生命周期长短不一样,对于不同生命周期的计价要制定不同的策略;而分析与把控各个计算点是指在用户的使用过程中实现精确计算费用,还可以实现用户对自己产品资源使用的规律统计和受欢迎程度进行分析与统计。目前云计算环境下计算策略主要有以下几种:

(1) 基于计费因子(用来计费的细化标准)的使用情况计费,主要有 CPU、内存、GPU、存储、数据传输量、IP 地址等。

(2) 非线性计费策略。此策略规定资源单价并不固定,而是依据用户用量而改变:用户使用资源较少时,单价较高;随着用户使用云计算资源的增加单价逐渐下降;当用户的资源使用量达到某一阈值时,资源单价固定不再下降;同时总的费用随着用量增加而增加。

(3) 计算系统的其中一个特征是向用户提供服务质量保证(QoS),能够根据用户的需求对系统做出调整,如用户需要的硬件配置、网络带宽和存储容量等。

作为商用云平台,云计算计费内容和策略不仅取决于本身硬件平台成本,同时还涉及系统软件、维护工作等多项成本制约。因此,云计算的计费与成本管理是相当复杂的问题,有待进一步的深入研究。

3.2.6 云计算在其他研究领域的应用

云计算技术架构的高性能计算平台,具有强大的计算能力以及灵活的计算服务方式,对于其他的传统研究领域,诸如地球科学、生物信息科学、粒子物理学等电子科学提供了新的强大的研究工具。

云计算提出后,便有相当的研究者利用云计算强大的计算能力和低廉的成本,提供科学计算能力,注重研究新的计算模式对原有领域学科产生的深远影响和改变。例如,有的学者利用云计算的应用特性把海量的数据存储在云计算端,通过高速宽带传输,进行分布式数据处理计算挖掘。另外,上述云计算测试中第一层的含义,以及存取控制和语义 Web 的结合,本质上也属于云计算技术的新应用。当然,云计算技术还有其他方面的应用。

3.3 云计算相关技术内容

云计算的技术内容是指云计算系统部署与开发的相关内容,其中系统部署涉及虚拟化系统与虚拟化集群的部署,主要包括云计算系统机房、网络、存储等硬件设备的架构与配置以及云计算虚拟化资源池的配置等相关内容;开发则主要包括如何使用现有的 PaaS 平台来开发出基于云架构的应用系统,下面针对这两方面内容分别予以阐述。

3.3.1 云计算系统的部署与开发

云计算系统或云计算平台的部署涉及众多的技术领域,云计算系统规模一般较大,拥有几百乃至上万的计算机或服务器,通常情况下是部署在专用的机房中。因此云计算系统在硬件方面,如在供电、防灾、服务部署、网络部署等方面都是与传统的数据中心、网格计算中心、集群计算中心等现代化计算中心的建设与实施完全一致。所不同的是,云计算中心需要实现虚拟化资源层,即通过虚拟化技术实现虚拟化的计算资源,并通过网络向用户提供各类虚拟化计算资源服务,这部分内容是云计算所特有的。

虚拟化资源层,也称为虚拟化资源池,它的配置与实现是云计算系统建设的核心,虚拟化资源层就是把大量相同类型的资源运用虚拟化技术组合成同构或接近同构的资源池,资源池主要包括计算资源池、存储资源池、网络资源池和数据库资源池,这样就可以按需分配这些资源。虚拟化资源层的实现一般由 3 个部分组成。

（1）使用虚拟化部署方案和软件。这部分方案与软件主要是实现基于物理服务器与设备建设虚拟化服务器与各类虚拟资源,包括安装各类操作系统的服务器、虚拟网络设备。这方面的软件有前文介绍虚拟化技术时提及的 Xen、VMware、Virtual PC、Virtual Box 等相关软件。

（2）虚拟化资源层的管理软件。这部分软件的主要功能实现是监控虚拟化资源各个节点间的负载均衡,资源管理监视统计资源的使用情况,向管理员反映各节点的现状,当节点出现故障时,资源管理尝试恢复节点或将节点屏蔽。这方面的软件主流的有 VMware 推出的 VMware ESX Server 和 vSphere,微软公司最新推出的 Systems Center Virtual Machine Manager,基于 XEN 的 Citrix XenCenter 等。

（3）存储虚拟化的部署方案与软件。这部分软件的主要功能是作为虚拟化资源层的后台数据支撑任务,包括虚拟计算资源的数据文件共享、各类虚拟计算资源的镜像数据备份以及虚拟服务器的迁移等,都是通过存储虚拟化系统来支持。存储虚拟化技术根据其实现的原理可以分为三类,主要包括基于主机或者服务器的存储虚拟化、基于存储设备的存储虚拟化、基于网络的存储虚拟化。目前云计算平台建设中比较常用的是基于网络的存储虚拟化技术,是通过对网络上的存储设备进行整合,使用的存储通信协议 iSCSI 或者 FC 完成设备间的通信,而形成一个庞大的存储池。

以上三部分的第一部分虚拟化部署方案和软件前文已经有过介绍,以下主要结合虚拟化资源管理软件以及存储虚拟化的部署方案和软件进行介绍。

3.3.2 虚拟化平台建设与解决方案

虚拟化资源管理是云计算系统不可缺少的。在已有的物理设备上通过虚拟化技术虚拟出众多的虚拟化计算资源,这些资源必须要有一定的虚拟化资源管理方案,一方面予以部署,另一方面予以管理,管理的内容主要包括虚拟机镜像的加载、启动、负载平衡、虚拟机动态迁移、虚拟磁盘与存储数据的动态迁移、系统可用性保障及安全性方面等。目前比较主流的虚拟化资源管理软件有 VMware、微软、Citrix 公司的方案,下面分别对这 3 种管理方案予以介绍。

1. VMware 的虚拟化平台解决方案

如前文所介绍,VMware 公司是目前在商业化虚拟软件与系统行业的领军公司,它面对不同的用户群体,开发适合不同群体的虚拟化软件和虚拟化服务(从免费到收费、从入门级到高端企业级等都有)并及时更新和升级。

VMware 的虚拟化资源管理方案主要由 ESX Server 或 vSphere(最新推出的)将服务器资源虚拟化后进行部署,然后配合 VMware vCenter Server 对这些虚拟机进行管理和维护。

ESX Server 本身是一个基于 Linux 的操作系统,其虚拟计算技术架构如图 3.1 所示。

整个框架由 VMware 虚拟层、资源管理器、硬件界面三部分组件,其体系结构的核心思想是实现硬件资源在完全隔离的环境中部署。其中,ESX Server 的硬件界面组件,包括设

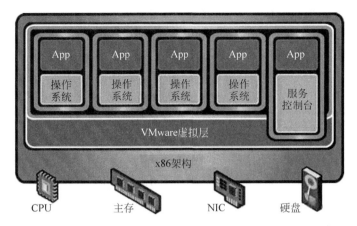

图 3.1　ESX Server 虚拟技术架构

备驱动程序等,虚拟机的虚拟设备驱动与 ESX 内核里的物理设备驱动直接相互连接。ESX 的特点在于其完全包裹硬件,不允许程序直接访问硬件,使得虚拟机与主机和其他虚拟机完全隔离。VMware 虚拟层提供了理想的硬件环境和对底层物理资源的虚拟;ESX Server 的资源管理器将 CPU、内存、网络带宽和磁盘空间等划分到每台虚拟机上;VMware ESX 将服务器上的物理系统转换为一个逻辑计算资源的公用池,操作系统和应用程序被分割到位于同一物理硬件上的多个虚拟机中,系统资源可根据需要动态地分配给任何操作系统。

　　值得一提的是,ESXServer 本身就是一个操作系统,可以直接安装,不需要其他的操作系统做低层系统,这也称为裸金属虚拟化产品,可以直接安装在硬件上,不依赖于主机操作系统(也可以把它们看做主机的操作系统),除了提供硬件的虚拟化的 VMware ESX Server 能提供完全动态的资源可测量控制,适应各种要求严格的应用程序的需要,同时可以实现服务器部署整合,为应用未来成长所需扩展空间。同时 VMware ESX Server 也提供储存虚拟化的能力。

　　VMware vCenter Server 是 VMware vCenter 系列解决方案的中央访问点,解决方案可为虚拟基础架构提供前所未有的智能性、控制力和自动化水平。使用 VMware vCenter Server,用户可以通过向导驱动的流程和模板立即部署新的虚拟机。通过任务调度和警报功能实现操作自动化,提高了对业务需求的响应速度,从而能够将需要立即执行的操作排在优先位置。

　　通过 vCenter Server,用户可以自动执行常规的管理任务,并监控物理服务器以及运行详情以及 CPU、内存和 I/O 指标报告的虚拟机的性能和利用率。借助 VMware vCenter Server,还可以使用自定义角色等级、精确控制的权限。

　　使用 VMware 实现云计算虚拟化资源中心与虚拟化资源管理主要有以下步骤:

　　(1) 首先规划服务器组,每个服务器组通过 ESX Server 建立虚拟化集群,在虚拟化集群中规划 CPU 资源池和内存资源池。

　　(2) 每个服务器组(虚拟化集群)中部署的服务器考虑为相同档次、配置或相同型号的服务器;在集群总资源不够时,只要将在新加的服务器上安装 ESX Server,并将该服务器加入集群中,就能扩充集群的运算容量,并自动负载部分虚拟机应用。

　　(3) 每台服务器安装 ESX Server 用于部署相关的应用,每个服务器承载的应用虚拟机,通过定义每个虚拟机占用虚拟 CPU、虚拟内存的数量及每台服务器应用负载的上限阈

云计算的学习内容

值,由系统自动实现管理和负载均衡,实现基于容量的管理。

(4) 云计算虚拟化资源中心内部,部署一个 vCenter 管理服务器,通过 vCenter 对整个虚拟化平台实现集中管理。

(5) 由于整个平台的 HA、DRS 等高级功能都需要 vCenter 在线,为了保证平台的高可用性和高稳定性,建议建立第二个 vCenter 实例,与第一个 vCenter 实例通过 vCenter HeartBeat 实现实时数据同步,避免单点故障,在其中一个 vCenter 实例故障时,仍有一个 vCenter 实例可以用于整个平台的管理。

(6) 通过共享存储包括光纤存储、iSCSI 存储或 NAS 存储以及部署虚拟机(将所有虚拟机部署在共享存储中);所有虚拟机都存储在共享存储中,因此每台服务器的内置盘不用配置大容量,建议使用两个最小磁盘实现镜像并安装 ESX/ESXi 软件。

到本书成书之时,VMware 又推出了 VMware vSphere 4,包含了 ESX/ESXi、vCenter 等提供了虚拟化基础架构、高可用性、集中管理、监控等一整套解决方案。

2. Microsoft 的虚拟化平台解决方案

微软公司的虚拟化平台建设方案同样包括两个部分:一部分是实现对物理设备的虚拟化,这部分微软公司提供的软件主要是 Hyper-V;另一部分是虚拟化计算资源的管理,这部分微软公司提供的软件主要是 SCVMM。Hyper-V 如前文所述,是微软公司的第一款裸金属虚拟化产品,可以直接安装在硬件上。Hyper-V 目前的以两种软件形态发行,一种是 Microsoft Hyper-V Server 2008 R2(HVS),另一种是 Windows Server 2008 R2 Hyper-V。Hyper-V Server 是基于 Hyper-Visor 的独立虚拟化产品,免费提供,其相当于只有 Hyper-V 功能的 2008 Server Core。Windows Server 2008 R2 中 Hyper-V 存在于 Windows Server 2008 R2 的 Server Core 或者完整安装模式中。

Hyper-V 要求其运行环境必须满足 3 点基本要求:CPU 支持虚拟化技术(AMD-V 或 Intel VT);CPU 支持 64bit;支持硬件执行保护(HDEP)。可以通过使用 EVEREST Ultimate Edition 软件来测试目标的设备是否满足这些条件,如图 3.2 所示的测试结果满足 Hyper-V 运行条件,3 个选项中若有一项不满足,则不能运行 Hyper-V。

图 3.2　Hyper-V 的运行环境测试

Hyper-V 的总体架构如图 3.3 所示。

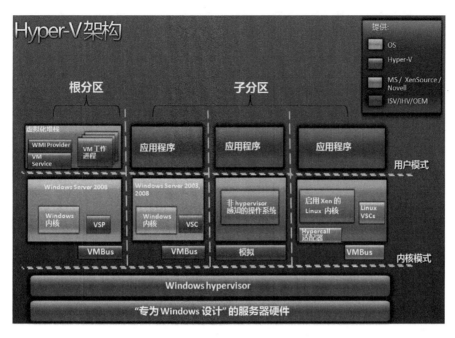

图 3.3　Hyper-V 的总体架构

从图 3.3 中可以看出，Hyper-V 架构是十分清晰的，底层是服务器的硬件，位于硬件之上的是 Windows Hypervisor，该 Hypervisor 直接运行于物理服务器硬件之上。其上所有的虚拟分区都通过 Hypervisor 与硬件通信，其中的 hypervisor 是一个很小、效率很高的代码集，负责协调这些调用。

在 Hyper-V 虚拟化架构中位于上层的虚拟分区，每一个子分区（VSC）中都可以拥有一个自己的操作系统，它们可以是 32 位或 64 位的 Windows Server 2003、Windows Server 2008 甚至可以是 Linux。而根分区（VSP）必须运行包含 Hyper-V 技术的 Windows Server 2008 版本（OS 64bit）。当子分区需要与根分区进行通信以便管理时，可以通过使用逻辑点对点的 VMBus 完成。VMBus 使用共享存储器在同一主机服务器上与虚拟机进行安全通信。

Hyper-V 的安装是作为 Windows Server 2008 的一个角色添加到系统的。角色在 Server 2008 中是指服务器所实现的主要功能。系统管理员可以选择将整个计算机专用于一个服务器角色，或在单台计算机上安装多个服务器角色。每个角色可以包括一个或多个角色服务。比如 DNS 服务器就是一个角色。通过添加 Hyper-V 角色后，在系统的管理工具中，即可选择 Hyper-V 管理器。打开 Hyper-V 管理器窗口，即可以在控制台上进行虚拟机相关的管理操作，如新建虚拟机、导入虚拟机、删除、停止服务等操作，如图 3.4 所示。

Microsoft 提供的动态管理虚拟服务器池软件是 System Center Virtual Machine Manager 2008 R2，SCVMM 2008 R2 是一套全面的虚拟机管理解决方案。SCVMM 2008 R2 只运行在 Windows Server 2008 x64 R1 或者 R2 上。可以在一个虚拟机上运行 SCVMM，从一个小型环境中来管理整个大环境。通过 SCVMM 的管理控制台可以管理运行在 Windows Server 2008 R2 Hyper-V、Virtual Server 2005 R2 及 VMware ESX 上的虚

图 3.4　"Hyper-V 管理器"窗口

拟化基础架构。SCVMM 2008 R2 使物理服务器重组、整合到虚拟机架构上，提供端到端的管理支持，并能实现快速、有效的从物理到虚拟机的转换，在物理服务器上智能化地布置虚拟的工作负载，使得集中管理和控制达到最优化。

SCVMM 的架构如图 3.5 所示。它是通过面向不同类型的虚拟主机实现的管理访问接口来实现其管理工作的，架构中的 Operations Manager Server 用于监控云计算平台的计算环境，可以通过具有 PRO 功能的管理套件与 SCVMM 进行集成，收集关于虚拟机、主机、应用及底层物理硬件的数据。SCVMM 中的性能和资源优化可以优化虚拟环境，还可以设定规则来实现自动化操作。

部署 SCVMM 2008 需要两个基本条件：一是需要有 Active Directory 的支持，SCVMM 2008 要在域环境下部署；二是 SCVMM 2008 需要在 64 位的 Windows Server 2008 上部署，不再支持 32 位操作系统。

SCVMM 2008 的安装分为两个部分，要分别安装 SCVMM 服务器和 SCVMM 管理程序，SCVMM 服务器一般步骤是先创建一个专用于虚拟服务器动态管理的虚拟机，然后在此虚拟机中安装 Windows Server 2008 R2，该计算机必须加入到域，并且使用域管理员账户登录，进入系统之后，即可以加载 SCVMM 2008 R2 With SP1 光盘镜像作为虚拟机的光驱，然后返回到虚拟机，即开始安装 VMM 服务器。

安装的过程中，安装程序会检查 SCVMM 2008 安装所必需的硬件与软件要求，只有检查通过后才能安装。SCVMM 2008 要先设置安装 SQL Server，也可以选择网络中的 SQL Server 作为 SCVMM 2008 的数据库，以及选择通信端口与 VMM 服务器的服务账户，通常情况下保持默认值即可。

安装完成 SCVMM 服务器之后，要在 SCVMM 2008 的安装界面上选择安装"VMM 管理员控制台"程序以及"VMM 自助服务门户"，VMM 自助服务门户为 SCVMM 提供了更为

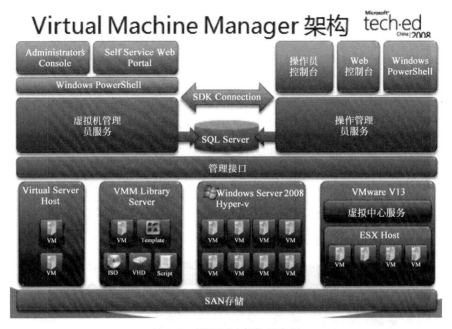

图 3.5 SCVMM 架构示意图

方便的管理方法,基于 Web 与 AD 验证平台,有效地对虚拟机进行日常管理,包括新建、删除、开机、关机、重启、KVM 等功能,打开 Virtual Machine Manager 管理员控制台,其界面如图 3.6 所示,可以在该界面中添加虚拟机主机以及其他各类虚拟化资源管理功能。

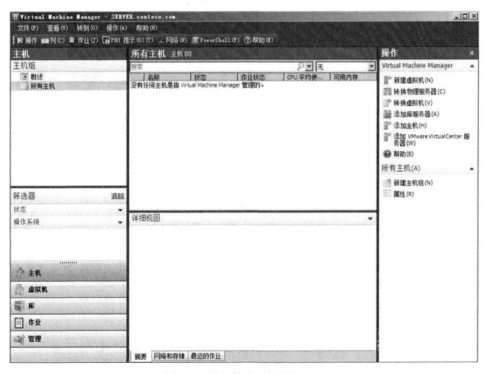

图 3.6 虚拟管理员控制台界面

云计算的学习内容

3. Citrix 的虚拟化平台解决方案

Citrix,中文名思杰,是全球虚拟化行业的巨头之一,是大名鼎鼎的虚拟化开源软件 XEN 的商用版本与虚拟化解决方案的提供商。Citrix 公司推出的服务器虚拟化系统 Citrix XenServer 是一种全面而且易于管理的服务器虚拟化平台,基于强大的 Xen Hypervisor 程序之上实现。Citrix XenServer 的架构如图 3.7 所示。

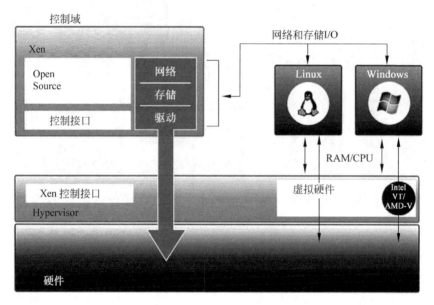

图 3.7　XenServer 架构

在其架构中,Xen Hypervisor 是对这个软件的最基本、最底层的抽象层。它主要负责针对运行在该硬件设备之上的多个虚拟机的 CPU 轮转、内存划分的工作。Hypervisor 不仅对底层硬件设备进行了抽象,而且同时控制着虚拟机的执行。它不负责联网、外存、显示及任何其他 IO 功能。

在 Hypervisor 上,有一个虚拟机,称为 0 域(Domain 0,即图中的控制域),它是一个修改过的 Linxu 核,一个运行在 Xen Hypervisor 之上的独特的虚拟机,它的目标是控制物理 IO 资源,并且同时与其他运行于该平台上的虚拟机进行交互(U 域,Domain U)。所有的 Xen 虚拟环境都需要一个运行着的 Domain 0 来启动其他的虚拟机。

除了 0 域外,由 0 域启动的其他虚拟机称为 U 域,U 域分为两种类型:一种是所有的运行于 Xen Hypervisor 之上的半虚拟机(Para Virtualization,即需要修改虚拟机的操作系统内核来配合 Xen Hypervisor 实现的虚拟机,如修改后的 Linux OS、Solaris、FreeBSD 和其他 UNIX OS),都称为 Domain U PV Guests;另一种是运行于 Xen Hypervisor 之上的全虚拟机,叫做等 Domain U HVM Guests(不需要修改内核)。所有运行于 Xen Hypervisor 之上的全虚拟机都是叫做 Domain U HVM Guests(不需要修改内核),可以运行标准的 Windows 或者任何没有修改过的操作系统。

XenServer 可从 XenSource 网站 XenSource-XenExpress Free Starter Package 下载免费的 XenExpress ISO 镜像文件,然后刻录到空白 CD 上。安装过程比较简单,使用安装光盘直接安装,但与 Hyper-V 类似,同样对硬件有要求,CPU 如果是 Intel,必须支持 Intel-V,

CPU 如果是 AMD，则必须支持 AMD-V。

与 VMware、Microsoft 相同，Citrix 同样有面向 XenServer 虚拟化资源平台的管理软件，其为 XenCenter，包括在 XenServer 中发行，能够方便、快捷地管理虚拟平台，XenCenter 也有对应的开源工具，如 OpenXenCenter。两者的区别在于，前者只能安装在 Windows 系统下，后者则是安装在 Linux 系统的图形工具。

XenCenter 的功能主要是在其中添加 XenServer 服务器，添加完成服务器之后，可以在界面中看到所添加的 XenServer 的相关信息，包括存储、网络等，并且可以连接到在 XenServer 服务器的控制台界面中，执行命令行操作，如图 3.8 所示。然后可以在 XenCenter 中创建虚拟化资源池，并将连接上的 XenServer 服务器添加到其中。在 XenCenter 中还可以添加各类型的存储设备，包括 iSCSI、NFS 等，执行各类虚拟化资源的控制与监控功能。

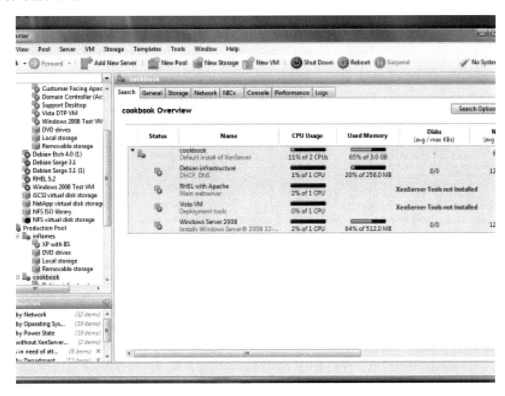

图 3.8　XenCenter 的界面

以上总结了目前最为主流的三类虚拟化平台建设与解决方案，从总体上而言，这 3 种方案都可以分成两个部分，一部分解决基于物理设备建设虚拟化资源，另一部分通过接口还管理这些分布式的虚拟化资源。虚拟化平台的建设除了这两个核心部分外，还有虚拟网络的配置、虚拟存储（包括共享存储、网络存储、存储服务器等）一系列复杂的问题。

读者可以通过上述简介的内容做一个初步了解，再进一步查询相关资料，根据自己掌握的设备来建设自己的虚拟资源平台。

45

第
3
章

云计算的学习内容

3.3.3　基于云计算的应用开发

云计算除了虚拟化资源服务,也即 IaaS 外,还有重要的组成部分,即 PaaS、SaaS。这部分涉及基于云计算平台来实现各类的应用服务,同样也是云计算开发的重要内容。基于云计算的应用开发主要有与 Google 相关的开发技术以及微软提供的相关技术,以下将分别予以介绍。

1. Google 的云计算开发相关技术

如前文所述,Google 作为云计算概念与实践的主要发起人之一,在云计算系统开发方面积累了相当多的技术,最主要的是数据存储、数据管理和编程模型等 3 方面技术,分别对应 GFS、BigTable、MapReduce。以下分别对这 3 项技术做简单的介绍。

1) Google 文件系统

GFS(Google File System)是一个分布式文件系统,它由 Google 设计并实现,其体系结构如图 3.9 所示,整个系统的节点分 Client(客户端)、Master(主服务器)和 Chunksever(数据块服务器)三类角色。

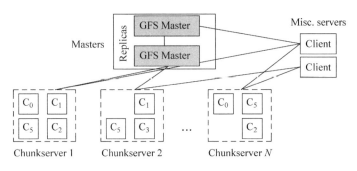

图 3.9　GFS 体系架构

GFS 中文件备份成大小固定的块——Chunk,每个 Chunk 有多份副本,Chunk 及其多份副本都分别存储在不同的 Chunkserver 上。GFS 架构中的 Master 节点,其主要功能是存储与数据文件相关的元数据(描述存储数据的数据),而不是 Chunk(数据块本身)。通过描述数据块的元数据,用户可以获取数据块的位置(由 64 位标签映射到存储数据的 Chunkserver)、该块所组成文件的表格、数据块副本位置和哪个进程正在读写特定的数据块等相关信息。GFS 架构中 Master 节点会周期性地接收从每个 Chunk 节点来的更新("Heart-beat")来让元数据保持最新状态。

GFS 架构中的 Chunk 节点主要用于存储数据。在每个 Chunk 节点上,数据文件会以每个默认大小为 64MB Chunk 的方式存储,而且每个 Chunk 有唯一一个 64 位标签,并且每个 Chunk 都会在整个分布式系统被复制成多个副本,默认次数为 3。

用户读取 GFS 中存储的数据时,主要有以下步骤:

(1) 首先客户端把要读取的文件名和偏移量,根据固定的 Chunk 大小,转换成为文件的 Chunk Index,也就是数据块在该文件中所拥有的序号。然后向 Master 节点发送这个包含了文件名和 Chunk Index 的请求。

(2) Master 返回相关的 Chunk Handle 及对应的位置。

（3）客户端缓存这些信息，把文件名和 Chunk Index 的请求作为缓存的关键索引字，于是这个客户端就像对应的位置的 Chunkserver 发起请求，一般情况下由离这个客户端最近的一个 Chunkserver 给予请求回应。

（4）根据请求中指定的 Chunk Handle 以及一个在这个 Chunk 内需要读取的字节区间，Chunkserver 将请求的数据传输给客户端。

由于 GFS 主要是为了存储海量搜索数据而设计的，所以它在吞吐量（Throughput）和伸缩性（Scalability）这两方面表现非常优异，可谓业界的"翘楚"，但是由于其主要以 64MB 数据块形式存储，所以在随机访问方面速度并不优秀，虽然这一点是它的"软肋"，但是这本身也是其当初为了吞吐量和伸缩性所做的权衡。

目前 Google 内部至少运行着 200 多个 GFS 集群，最大的集群有几千台服务器，数据量是 PB 级别的，并且服务于多个 Google 服务，包括 Google 搜索和 Google Earth 等。

GFS 是由 Google 公司开发的，因此不向外部开发，在开放源代码界 GFS 对应的产品，最出名的是 HDFS 分布式文件系统。借鉴了 GFS 的设计理念，其默认的最基本的存储单位同样也是 64MB 的数据块。

HDFS 的架构也与 GFS 类似，采用主从架构（Master/Slave）。一个 HDFS 集群是由一个命名空间节点（Namenode）和一定数目的数据节点（Datanode）组成。Namenode 是一个中心服务器，负责管理文件系统的名字空间（Namespace）及客户端对文件的访问，客户端对文件的访问必须要经由 Namenode 节点，类似于 GFS 中的 Master 节点。集群中的 Datanode 节点负责管理它所在节点上的存储数据。

HDFS 采用文件系统的名字空间方式，用户可以以文件的形式在上面存储数据。从内部看，一个文件其实被分成一个或多个数据块，这些块存储在一组 Datanode 上。Namenode 执行文件系统的名字空间操作，比如打开、关闭、重命名文件或目录。它也负责确定数据块到具体 Datanode 节点的映射。Datanode 负责处理文件系统客户端的读写请求。在 Namenode 的统一调度下进行数据块的创建、删除和复制。

由此可见，HDFS 的架构与 GFS 十分类似，所不同的是 HDFS 是开源的，其采用 Java 语言开发，因此任何支持 Java 的机器都可以部署 Namenode 或 Datanode。

2）Google 数据管理：BigTable

Google 公司的数据中心存储 PB 级（1024G＝1T，1024T＝1P）以上的海量数据，比如搜索引擎抓取的网页、Google 地理数据等。Google 开发了一套数据库系统，名为 BigTable，用于管理、存储与利用这些数据。

BigTable 不是一个目前最为常用的关系型数据库，它也不支持关联（Join）等高级 SQL 操作。BigTable 使用的是多级映射的数据结构图，其数据模型图如图 3.10 所示。

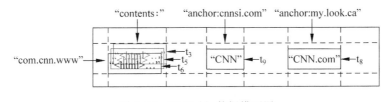

图 3.10　BigTable 数据模型图

多级映射数据结构图本质上就是一个稀疏的、多维的、排序的 Map,Map 就是由 key 和 value 组成的值对,Map 的索引是行关键字、列关键字及时间戳;Map 中的每个 value 都是一个的 byte 数组,称为 Cell。

(行关键字:string,列关键字:string,时间戳:int64)->string

在图 3.10 所示的数据模型图中,展示了一张名为 Webtable 的表,在这张表中行名是一个颠倒的 URL。contents 列簇存放的是网页的内容,多个网页进一步使用获取该网页的时间戳作为标识,anchor 列簇存放引用该网页的超链接文本。CNN 的主页被 Sports Illustrater 和 MY-look 的主页引用,因此该行包含了名为"anchor:cnnsi.com"和 "anchhor:my.look.ca"的列。每个锚链接只有一个版本,注意时间戳标识了列的版本,t_9 和 t_8 分别标识了两个锚链接的版本;而 contents 列则有 3 个版本,分别由时间戳 t_3、t_5、和 t_6 标识。

在结构上,首先,BigTable 基于 GFS 分布式文件系统和 Chubby 分布式锁服务。其次 BigTable 也分为两部分:其一是 Master 节点,用来处理与元数据相关的操作并支持负载均衡;其二是 tablet 节点,主要用于存储数据库的分片 tablet,并提供相应的数据访问,同时 tablet 是基于名为 SSTable 的格式,对压缩有很好的支持。

BigTable 在开源界也有很多类似的产品,最著名的两个莫过于属于 Hadoop 系列的 Hbase 和来自 Facebook 的 Cassandra。Hbase 的特色在于其完全继承了 BigTable 的设计,所以它在 MapReduce 和海量数据存储这两方面支持非常好,而 Cassandra 的则更倾向于成为全功能型数据库。

3) Google 的分布式并行编程模型:MapReduce

Google 数据中心随时会有大规模数据需要处理,比如搜索引擎每天都会抓取到大量网页等数据,由于这些数据量特别大,达到 PB 级,因此正常的处理流程无法胜任,必须要采用并行化处理流程。Google 为了解决这个问题,引入了 MapReduce 这个编程模型,MapReduce 是 Google 实验室提出的一个分布式并行编程模型或框架,其功能主要用来处理和产生大规模数据集。

MapReduce 模型中"Map(映射)"和"Reduce(归约或化简)"是该模型中的两大基本操作,其基本概念来源于函数式编程语言。在编程过程中,程序员在 Map 函数中指定各分块数据的处理过程并产生中间结果,在 Reduce 函数中指定如何对中间结果进行归约并生成最终的处理结果。MapReduce 模型提供了一个简单而又功能强大的接口,通过这个接口可以把大尺度的计算自动地并发和分布执行,可以将由普通 PC 组成的巨大集群达到极高的计算性能。MapReduce 的计算模型如图 3.11 所示。

在 MapReduce 计算模型中,整个作业的计算流程分为 5 个步骤。

(1) Input 阶段。对一个 Map 任务应指明输入/输出的位置(路径)和其他一些运行参数,此阶段会把输入目录下的大数据文件切分为若干独立的数据块(splits),并将数据块值对以<key,value>的形式输入。

(2) Map 阶段。完成 Map 函数中用户定义的 Map 操作,生成一批新的中间<key,value>键值对,这组键值对的类型可与输入的键值对不同。

(3) Shuffle & Sort 阶段。为了保证 Reduce 任务的输入是 Map 排好序的输出,且具有相同 key 的中间结果尽可能由一个 Reduce 处理。在 Shuffle 阶段,完成混排交换数据,即把相同 key 的中间结果尽可能汇集到同一节点上;而在 Sort 阶段,模型将按照 key 的值对

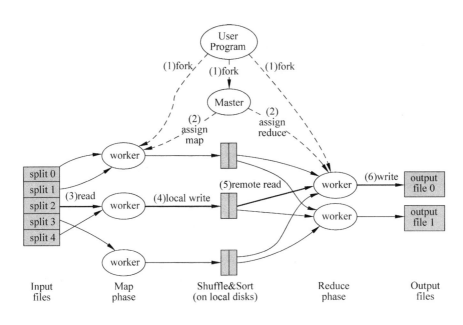

图 3.11　MapReduce 的计算模型

Reduce 的输入进行分组排序。通常 Shuffle 和 Sort 两个阶段是同时进行的,最后尽可能将具有相同 key 的中间结果存储在数据节点的同一个数据分区(Partition)中。

（4）Reduce 阶段。此阶段会遍历中间数据,对每一个唯一 key 执行用户自定义的 Reduce 函数,输出是新的<key,value>键值对。

（5）Output 阶段。此阶段会把 Reduce 输出的结果写入输出目录的文件中。

当在集群上运行 MapReduce 程序时,用户和程序员不需要关心如何将输入的数据分块、分配和调度,同时系统还将处理集群内节点失败及节点间通信的管理等,其后台复杂的并行执行和任务调度对用户和编程人员来说是透明的,这使得即使没有任何并行和分布式系统经验的程序员也能比较容易地使用一个大的分布式系统提供的计算资源。

4）Google 云计算服务平台：GAE。

GAE 是由 Google 公司于 2008 年推出的一个用来集成自己的服务并供开发者使用的平台,可为开发者提供一体化、可自动升级的在线应用服务。GAE 提供了访问 Google 的各种可伸缩的基础架构的接口,开发者利用 GAE 架构,将自己所开发出的网络应用服务运行在 Google 的服务器上。用户编写应用,而 Google 提供应用运行及维护所需的一切平台资源。

GAE 的体系架构如图 3.12 所示,简单而言,其架构可以分为 3 个部分,即前端、Datastore 和服务群。

（1）前端。前端分成好几个部分,最前沿的部分既可以作为负载平衡也可以作为代理,它主要负责负载均衡和将请求转发给应用服务器或者 Static Files 等工作。前端的 Static Files 是指用于存储和传送那些应用附带的静态文件,比如图片、CSS 和 JS 脚本等。前端中的 App Server 主要用于处理用户发来的请求,并根据请求的内容调用后面的数据仓库和服务群。前端中的 App Master 则是在应用服务器间调度应用,并将调度之后的情况通知

第 3 章

云计算的学习内容

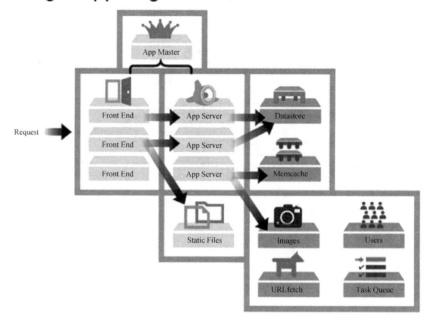

图 3.12　GAE 的架构图

Front End。

（2）Datastore。这是基于 BigTable 技术的分布式数据库，虽然它也可以被理解成为一个服务，但是由于它是整个 App Engine 唯一存储持久化数据的地方，所以其是 App Engine 中一个非常核心的模块。

（3）服务群。整个服务群包括很多服务供 App Server 调用，比如 Memcache、图形、用户，URL 抓取和任务队列等。

现阶段，GAE 主要支持 Python 和 Java 两种编程语言编写应用程序。可以使用标准 Java 技术（包括 Java Servlet、JVM 和 Java 编程语言，或使用基于 JVM 的解译器或解释器的任何其他语言），在 GAE 的 Java 运行时环境构建应用程序。GAE 还提供包括一个快速 Python 解释器和 Python 标准库的专用的 Python 运行时的环境。不受系统上其他应用程序的干扰，Java 和 Python 运行时环境构建可以确保应用程序快速、安全运行。

GAE 的开发流程主要有以下步骤：

（1）开发环境的配置（以 Python 开发为例），首先是安装 Python 的运行环境，配置系统环境变量，然后安装 Eclipse，再安装 Google Eclipse 插件，下载 GAE Java SDK，当前的最新版本是解压 GAE Python SDK，指定你的 GAE Python SDK 的目录到 Eclipse 中。

（2）开发的过程包括配置 App 环境、打开 app. yaml 文件、在其中配置相关应用的参数；实现对应用所使用的数据建模、建立数据库，在 GAE 中一个 Model 就是一张表；实现 URL 映射，以及内存管理等具体应用服务的业务逻辑开发。

（3）部署应用。将完成的应用程序，使用开发者掌握的 Google 用户名和密码，上传到 GAE，并执行 appcfg. py 命令将应用部署到 Google 的云平台中。

2. 微软的云计算开发相关技术

面对 Amazon 推出的弹性服务云计算平台、Google 的云计算平台等,微软公司也相应推出自己的云计算平台,即 Windows Azure Platform,该平台于 2010 年 1 月由微软公司发布,并于同年 2 月开始收费。

微软的 Azure 服务平台的底层是微软新一代的云操作系统——Windows Azure。用户可以将自己编写的各种服务或者应用上传到云端的操作系统来进行存储、运算、管理等相关操作。在 Windows Azure 操作系统之上,目前运行着 Live Services、. NET Services、SQL Services、SharePoint Services 和 Dynamics CRM Services 这五大服务系列,作为未来微软下一代网络服务的基础。其架构如图 3.13 所示。

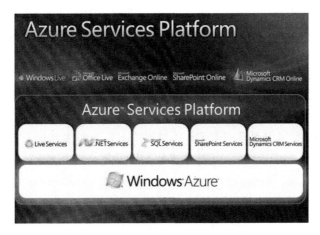

图 3.13　Azure 平台的架构

从图 3.13 中可以看出,Azure 是微软云服务的核心,其主要负责两件事情,即运行应用程序和存储程序数据。一个应用程序在 Windows Azure 之上通常有多个实例,每一个实例副本可分别运行全部或部分应用程序代码在自己的虚拟机上,Azure 中运行的程序可由多个角色(Roles)组成。Role 从总体上可以分为两类,即 Web Role 和 Worker Role,其中 Web Role 主要提供 Web 服务的角色,可以认为是本地 ASP. NET Application 在云端运行的版本,支持 HTTP/HTTPS 协议,还能提供 WCF 服务。而 Worker Role 是在后台运行的应用程序,可以运行任意的. NET 代码。它可以在后台访问任何网络资源、数据源并进行操作,但不对外开放访问接口,一般根据消息服务(Queue Service)里的消息队列指令完成操作。

Windows Azure 为应用程序提供的数据服务,主要有 3 种简单并可扩展的存储服务,即非结构数据大型二进制对象块(Blobs)、非关联性表(Tables)及队列(Queues),其中块是 Windows Azure 存储中最简单的存储方式,每个块最大可以存储 5kB,表并不是常用关系型数据库中的表,该数据实际上包含的是存储在一个简单层次结构的实体。队列主要作为 Azure 中的应用程序 Web 角色实例和 Worker 角色实例的通信消息。

其他云服务都是基于 Windows Azure 之上运行的,如 SQL Azure 等。其上的五类云服务分别是:

(1) SQL Services 是微软的云端关系型数据库服务,具有强大、安全、灵活的特点,提供了 SOAP 和 REST 两种标准接口,方便多种编程语言操作它。

(2).NET Services 使本地服务器的程序与云平台整合,方便地创建基于云的松耦合应用程序,同时管理各种程序访问权限,保护自己的程序更安全。

(3) Live Services。Windows Live 的众多在线服务,提供一种一致的方法,处理用户数据和程序资源,使得用户可以在 PC、手机和 Web 网站上存储、共享、同步文档、照片、文件及任何信息。

(4) Microsoft SharePoint Services:提供在线版的 SharePoint,提供了基本的门户网站和企业内网功能,利用 Windows SharePoint Services 的 Knowledgebase Template,再配合 SharePoint 自身的文档管理和搜索引擎等功能,可以构建企业的知识管理系统。

(5) Dynamic CRM Services:是一个完全集成的客户关系管理(CRM)系统。使用 Microsoft Dynamics CRM,可从第一次接触客户开始,在购买到售后流程中创建并维护清晰明了的客户数据。

以上这些服务均有软件开发套件(SDK),并与常用的开发工具 Visual Studio 紧密结合,应用微软技术传统开发者无需学习更多新的技术就能快速上手。开发人员可以创建如 ASP.NET 应用程序和 Windows 通信基础(WCF)服务。利用传统的开发工具 Visual Studio 并安装 Azure 服务开发套件(SDK),利用.NET 语言或其他语言进行本地开发和测试。如果有 Windows Azure 账号,可以通过开发工具发布应用程序,部署至云端体验云端服务。

3.4 本章小结

本章首先在第 2 章的基础上进一步阐述了云计算的学习必要性,然后就云计算当前的主要 6 个研究内容:云计算系统的管理与性能优化、云计算的测试、云计算的仿真、云计算安全、云计算成本与计费管理及云计算在其他研究领域的应用,以及这些研究内容中的热点问题逐一进行了阐述,这部分内容是针对想要研究云计算的人员,提取相应的云计算研究方向和热点。

在云计算技术内容中,本章主要回答的内容是云计算开发有哪些可以做的,其中包括云计算系统部署的各种当前的解决方案,简要地介绍了各解决方案的大致实现过程,使用到软、硬件之类;基于云计算的应用开发,本章主要介绍了目前主流的云计算开发平台、概念、语言、软件等。读者通过本章的阅读可以了解云计算研究的热点和云计算研发技术的相关情况,为进一步选择和学习云计算奠定基础。

第二篇

云计算关键技术

第4章　　　　　虚　拟　化

虚拟化技术实现了物理资源的逻辑抽象表示,可以提高资源的利用率,并能够根据用户业务需求的变化,快速、灵活地进行资源部署。虚拟化是实现云计算的最重要的技术基础。

4.1　虚拟化概述

虚拟相对于真实,虚拟化就是将原本运行在真实环境下的计算机系统或组件运行在虚拟出来的环境中。一般来说,计算机系统分为若干层次,从下至上包括底层硬件资源、操作系统提供的应用程序编程接口以及运行在操作系统之上的应用程序。虚拟化技术在这些不同层次之间构建虚拟化层,向上提供与真实层次相同或类似的功能,使得上层系统可以运行在该中间层之上。这个中间层解除其上下两层间的耦合关系,使上层的运行不依赖于下层的具体实现。

4.1.1　虚拟化的发展历史

虚拟化技术近年来得到大面积推广和应用,虚拟化概念的提出远远早于云计算,从其诞生的时间看,它的历史源远流长,大体可分为以下几个阶段:

1. 萌芽期(20世纪60、70年代)

虚拟化的首次提出是在1959年6月国际信息处理大会(International Conference on Information Processing)上,计算机科学家Christopher Strachey发表的论文"大型高速计算机中的时间共享"(Time Sharing in Large Fast Computers)中首次提出并论述了虚拟化技术。

20世纪60年代开始,IBM的操作系统虚拟化技术使计算机的资源得到充分利用。随后,IBM及其他几家公司陆续开发了以下产品: Model 67的System/360主机能够虚拟硬件接口; M44/44X计算机项目定义了虚拟内存管理机制IBM 360/40、IBM 360/67、VM/370虚拟计算系统都具备虚拟机功能。在这个阶段,虚拟计算技术可以充分利用相对昂贵的硬件资源。然而随着技术的进步,计算机硬件越来越便宜,当初的虚拟化技术只在高档服务器(如小型机)中存在。

2. x86虚拟化蓬勃发展(20世纪90年代至今)

20世纪90年代,VMware等软件厂商率先实现了x86服务器架构上的虚拟化,从而开拓了虚拟化应用的市场。最开始的x86虚拟化技术是纯软件模式的"完全虚拟化",一般需要二进制转换来进行虚拟化操作,但虚拟机的性能打了折扣。因此在Denail和Xen等项目中出现了"类虚拟化",对操作系统进行代码级修改,但又会带来隔离性等问题。随后,虚拟化技术发展到硬件支持阶段,在硬件级别上实现软件功能,从而大大减少了性能开销,典型的硬件辅助虚拟化技术包括 Intel 的 VT 技术和 AMD 的 SVM 技术。

3. 服务器虚拟化的广泛应用带动虚拟化技术的发展壮大

x86 服务器虚拟化技术的发展，给 IT 行业带来了低成本、高效率，虚拟化技术体系不断发展壮大，相继出现了桌面虚拟化、应用虚拟化、网络虚拟化、存储虚拟化等多个成员。这些虚拟化带给用户多样的应用和选择，进而推动了虚拟化技术的广泛应用。

4.1.2 虚拟化技术的发展热点和趋势

纵观虚拟化技术的发展历史，可以看到它始终如一的目标就是实现对 IT 资源的充分利用。因为随着企业的发展，业务和应用不断扩张，基于传统的 IT 建设方式导致 IT 系统规模日益庞大，数据中心空间不够用、高耗能，维护成本不断增加；而现有服务器、存储系统等设备又没有被充分利用起来；新的需求又得不到及时的响应，IT 基础架构对业务需求反应不灵活，不能有效地调配系统资源以适应业务需求，因此，企业需要建立一种可以降低成本、具有智能化和安全特性并能够及时适应企业业务需求的灵活的、动态的基础设施和应用环境，虚拟化技术的发展热点和趋势不难预料。

1. 从整体上看

目前通过服务器虚拟化实现资源整合是虚拟化技术得到应用的主要驱动力。现阶段，服务器虚拟化的部署远比桌面或者存储虚拟化多。但从整体来看，桌面和应用虚拟化在虚拟化技术的下一步发展中处于优先地位，仅次于服务器虚拟化。未来，桌面平台虚拟化将得到大量部署。

2. 从服务器虚拟化技术本身看

随着硬件辅助虚拟化技术的日趋成熟，以各个虚拟化厂商对自身软件虚拟化产品的持续优化，不同的服务器虚拟化技术在性能差异上日益减小。未来，虚拟化技术的发展热点将主要集中在安全、存储、管理上。

3. 从当前来看

虚拟化技术的应用主要在虚拟化的性能、虚拟化环境的部署、虚拟机的零宕机、虚拟机长距离迁移、虚拟机软件与存储等设备的兼容性等问题上实现突破。

4.1.3 虚拟化技术的概念

虚拟化技术是一种调配计算资源的方法，它将应用系统的不同层面（硬件、软件、数据、网络存储等）隔离起来，从而打破服务器、存储、网络数据和应用的物理设备之间的划分，实现架构动态化，并达到集中管理和动态使用物理资源及虚拟资源，以提高系统结构的弹性和灵活性、降低成本、改进服务、减少管理风险等为目标。可见虚拟化是一个广泛而变化的概念，因此想要给出一个清晰而准确的定义并不是一件容易的事情。目前业界对虚拟化已经产生以下多种定义：

虚拟化是表示计算机资源的抽象方法，通过虚拟化可以用与访问抽象方法一样的方法访问抽象后的资源。这种资源的抽象方法并不受实现、地理位置或底层设置的限制。

——Wikipedia，维基百科

虚拟化是为某些事物创造的虚拟（相对于真实）版本，比如操作系统、存储设备和网络资源等。

——WhatIs.com，信息技术术语库虚拟化是为一组类似资源提供一个通用的抽象接口集,从而隐藏它们之间的差异,并允许通过一种通用的方式来查看并维护资源。

——Open Grid ServicesArchitecture

通过上面的定义可以看出,虚拟化包含了以下 3 层含义:

(1) 虚拟化的对象是各种各样的资源。

(2) 经过虚拟化后的逻辑资源对用户隐藏了不必要的细节。

(3) 用户可以在虚拟环境中实现其在真实环境中的部分或者全部功能。

虚拟化的对象涵盖范围很广,可以是各种硬件资源,如 CPU、内存、存储、网络;也可以是各种软件环境,如操作系统、文件系统、应用程序等,图 4.1 所示。为一个简单例子,来更好地理解操作系统中的内存实现虚拟化,内存和硬盘两者具有相同的逻辑表示。通过虚拟化向上层隐藏了如何在硬盘上进行内存交换、文件读写,如何在内存与硬盘之间实现统一寻址和换入换出等细节。对于使用虚拟内存的应用程序来说,它们仍然可以用一致的分配、访问和释放的指令对虚拟内存进行操作,就如同在访问真实存在的物理内存一样。

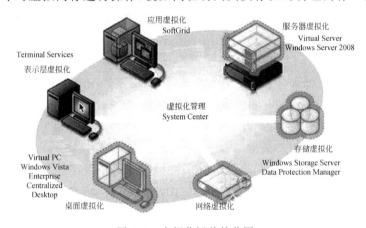

图 4.1　虚拟化涵盖的范围

虚拟化简化了表示、访问和管理多种 IT 资源,包括基础设施、系统和软件等,并为这些资源提供标准的接口来接收输入和提供输出。虚拟化的使用者可以是最终用户、应用程序或者是服务。通过标准接口,虚拟化可以在 IT 基础设施发生变化时降低对使用者的影响程度。由于与虚拟资源进行交互的方式没有变化,即使底层资源的实现方式已经发生了改变,最终用户仍然可以重用原有的接口。

虚拟化降低了资源使用者与资源具体实现之间的耦合程度,让使用者不再依赖于某种资源的实现,极大地方便了系统管理员对 IT 资源的维护与升级。

4.2　虚拟化的分类

虚拟化技术已经成为一个庞大的技术家族,其形式多种多样,实现的应用也已形成体系。但对其分类,从不同的角度有不同分类方法。从实现的层次角度可以分为基础设施虚拟化、系统虚拟化、软件虚拟化;从应用领域的角度可分为:服务器虚拟化、存储虚拟化、应用虚拟化、网络虚拟化和桌面虚拟化。

4.2.1 从实现的层次分类

虚拟化技术的虚拟对象是各种各样的 IT 资源，按照这些资源所处的层次，可以划分出不同类型的虚拟化，即基础设施虚拟化、系统虚拟化、软件虚拟化。目前，大家接触最多的就是系统虚拟化。例如，VMware Workstation 在 PC 上虚拟出一个逻辑系统，用户可以在这个虚拟系统上安装和使用另一个操作系统及其上的应用程序，就如同在使用一台独立计算机。这样的虚拟系统称为"虚拟机"，像这样的 VMware Workstation 软件是虚拟化套件，负责虚拟机的创建、运行和管理。这仅仅是虚拟化技术的一部分，下面从层次上向读者介绍几种虚拟化技术。

1. 基础设施虚拟化

网络、存储和文件系统同为支撑信息系统运行的重要基础设施，因此根据 IBM"虚拟化和云计算"小组的观点，将相关硬件（CPU、内存、硬盘、声卡、显卡、光驱）虚拟化、网络虚拟化、存储虚拟化、文件虚拟化归类为基础设施虚拟化。

硬件虚拟化是用软件虚拟一台标准计算机硬件配置，如 CPU、内存、硬盘、声卡、显卡、光驱等，成为一台虚拟裸机，可以在其上安装虚拟系统，代表产品有 VMware、Virtual PC、Virtual Box 等。

网络虚拟化将网络的硬件和软件资源整合，向用户提供网络连接的虚拟化技术。网络虚拟化可以分为局域网络虚拟化和广域网络虚拟化。在局域网络虚拟化技术中，多个本地网络被组合成为一个逻辑网络，或者一个本地网络被分割为多个逻辑网络，提高企业局域网或者内部网络的使用效率和安全性，其典型代表是虚拟局域网（Virtual LAN，VLAN）。广域网络虚拟化，应用最广泛的是虚拟专网（Virtual Private Network，VPN）。虚拟专网抽象网络连接，使得远程用户可以安全地访问内部网络，并且感觉不到物理连接和虚拟连接的差异。

存储虚拟化是为物理的存储设备提供统一的逻辑接口，用户可以通过统一逻辑接口来访问被整合的存储资源。存储虚拟化主要有基于存储设备的虚拟化和基于网络的存储虚拟化两种主要形式。基于存储设备的虚拟化，主要有磁盘阵列技术（Redundant Array Disks，RAID）是基于存储设备的存储虚拟化的典型代表，通过将多块物理磁盘组成为磁盘阵列，实现了一个统一的、高性能的容错存储空间。存储区域网（Storage Area Network，SAN）和网络存储（Network Attached Storage，NAS）是基于网络的存储虚拟化技术的典型代表。SAN 是计算机信息处理技术中的一种架构，它将服务器和远程的计算机存储设备（如磁盘阵列、磁带库）连接起来，使得这些存储设备看起来就像是本地一样。与 SAN 相反，NAS 使用基于文件（File-based）的协议，如 NFS、SMB/CIFS 等，在这里仍然是远程存储，但计算机请求的是抽象文件中的一部分，而不是一个磁盘块。

文件虚拟化是指把物理上分散存储的众多文件整合为一个统一的逻辑接口，以方便用户访问，提高文件管理效率。用户通过网络访问数据，不需要知道真实的物理位置，也能够在一个控制台管理分散在不同位置存储于异构设备的数据。

2. 系统虚拟化

目前对于大多数熟悉或从事 IT 工作的人来说，系统虚拟化是最被广泛接受和认识的一种虚拟化技术。系统虚拟化实现了操作系统和物理计算机的分离，使得在一台物理计算机上可以同时安装和运行一个或多个虚拟操作系统。与使用直接安装在物理计算机上的操作系统相比，用户不能感觉出显著差异。

系统虚拟化使用虚拟化软件在一台物理机上虚拟出一台或多台虚拟机（Virtual Machine，VM）。虚拟机是指使用系统虚拟化技术，运行在一个隔离环境中、具有完整的硬件功能的逻辑计算机系统。在系统虚拟化环境中，多个操作系统可以在同一台物理机上同时运行，复用物理机资源，互不影响，如图 4.2 所示。虚拟运行环境都需要为在其上运行的虚拟机提供一套虚拟的硬件环境，包括虚拟的处理器、内存、设备与 I/O 及网络接口等。同时，虚拟运行环境也为这些操作系统提供了硬件共享、统一管理、系统隔离等诸多特性。

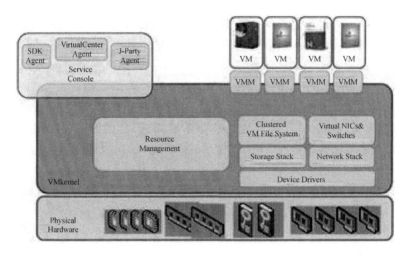

图 4.2　系统虚拟化

系统虚拟化技术在日常应用的 PC 中具有丰富的应用场景。例如，一个用户使用的是 Windows 系统的 PC，但需要使用一个只能在 Linux 下运行的应用程序，可以在 PC 上虚拟出一个虚拟机安装 Linux 操作系统，这样就可以使用他所需要的应用程序了。

系统虚拟化更大的价值在于服务器虚拟化。目前，大量应用 x86 服务器完成各种网络应用。大型的数据中心中往往托管了数以万计的 x86 服务器，出于安全性和可靠性，通常每个服务器基本只运行一个应用服务，导致了服务器利用率低下，大量的计算资源被浪费。如果在同一台物理服务器上虚拟出多个虚拟服务器，每个虚拟服务器运行不同的服务，这样便可提高服务器的利用率，减少机器数量，降低运营成本、存储空间及电能，从而达到既经济又环保的目的。

除了在 PC 和服务器上采用系统虚拟化以外，桌面虚拟化还解除了 PC 桌面环境（包括应用程序和文件等）与物理机之间的耦合关系，达到在同一个终端环境运行多个不同系统的目的。经过虚拟化后的桌面环境被保存在远程服务器上，当用户在桌面上工作时，所有的程序与数据都在这个远程的服务器上，用户可以使用具有足够显示能力的兼容设备来访问桌面环境，如 PC、手机智能终端。

虚拟化

3. 软件虚拟化

除了基础设施虚拟化和系统虚拟化外,还有另一种针对软件平台的虚拟化技术,用户使用的应用程序和编程语言,都存在相对应的虚拟化概念。这类虚拟化技术就是软件虚拟化,主要包括应用虚拟化和高级语言虚拟化。

应用虚拟化将应用程序与操作系统解耦合,为应用程序提供了一个虚拟的运行环境。这个环境不仅包括应用程序的可执行文件,还包括运行所需要的环境。应用虚拟化服务器可以实时地将用户所需的程序组件推送到客端的应用虚拟化运行环境。当用户完成操作关闭应用程序后,所做的更改被上传到服务器集中管理。这样,用户将不再局限于单一的客户端,可以在不同终端使用自己的应用。应用虚拟化领域目前有很多国内外产品得到广泛应用,下面简单介绍几个有代表性的产品。

(1) Microsoft Application Virtualization(App-V)。其前身是 Softgrid,被微软收购,主要针对企业内部的软件分发,方便了企业桌面的统一配置和管理,支持同时使用同一程序的不同版本,在客户端第一次运行程序时可以实现边用边下载等。但是对 Windows 外壳扩展程序的支持不够好,并且安装实施非常复杂,不是专业的管理员是很难部署的。

(2) VMware ThinApp。其前身是 Thinstall,被 VMware 收购。不需要第三方平台,直接把虚拟引擎(重写了几百个 Windows 的 API)和软件打包成单文件,分发简单,支持同时运行一个软件的多个版本;但是和系统的结合不够紧密,比如说文件关联、类似于 winrar 等的右键菜单、无法封装环境包(.NET 框架、Java 环境)、无法封装服务。它主要用于企业软件分发。

(3) Symantec Software Virtualization Solution(SVS)。SVS 被 Symantec 收购,它的虚拟引擎和虚拟软件包是分离的,能做到对应用程序的完美支持,包括支持 Windows 外壳扩展的程序,支持封装环境包(.NET 框架、Java 环境)、支持封装服务。但是它无法同时运行同一个软件的不同版本。它主要用于企业软件分发。

(4) Install free。Install free 是后起之秀,其最大特色在于,无需在干净的环境下打包软件,也可以做到很好的兼容性,主要应用于企业软件的分发。打包软件是应用虚拟化技术的一大难题。要实现一个软件的随处免安装使用,就必须把软件正常安装后的文件都打成包,但如果系统不干净,就会造成打包文件的不完整,分发到其他计算机后无法使用。

(5) Sandbox IE。俗称沙盘,主要用于软件测试和安全使用领域。它像个软件的囚笼,可以把软件安装在沙盘里,并运行在其中,软件所有行为都不会影响到系统。如果软件带毒或被病毒感染,可以一下扫光,就像把一个真实的沙盘里的各种沙造物体打碎再重新开始。

(6) 云端软件平台(Softcloud)。这是应用虚拟化领域的优秀国产软件,面市不久,其实现原理与 SVS 类似。但其最大特别之处在于,不是应用于企业市场,而是针对个人用户使用软件时的诸多问题和烦恼的解决方案。应用软件时无需安装,一点就可用,不用写注册表、不用写系统;无用软件可以一键删除,快速干净不残留。而且最省事的一点是,在重装系统后,所有软件不用重装。因为在云端使用的软件部在云端的缓存目录里,重装系统后只要安装云端,再次指定这个目录,所有软件就可以立即恢复使用,并且无需重配置。

高级语言虚拟化,解决的是可执行程序在不同计算平台间迁移的问题。在高级语言虚拟化中,由高级语言编写的程序被编译为标准的中间指令。这些中间指令被解释执行或被动态执行,因而可以运行在不同的体系结构之上。例如,被广泛应用的 Java 虚拟机技术,它解除下层的系统平台(包括硬件与操作系统)与上层的可执行代码间的耦合,实现跨平台执行。用户编写的 Java 源程序通过 JDK 编译成为平台中的字节码,作为 Java 虚拟机的输入。Java 虚拟机将字节码转换为特定平台上可执行的二进制机器代码,从而达到了"一次编译,处处执行"的效果。

4.2.2 从应用的领域分类

从应用的领域来划分,可分为应用虚拟化、桌面虚拟化、服务器虚拟化、网络虚拟化、存储虚拟化。

1. 应用虚拟化

应用虚拟化是把应用对底层系统和硬件的依赖抽象出来,从而解除应用与操作系统和硬件的耦合关系。应用程序运行在本地应用虚拟化环境中时,这个环境为应用程序屏蔽了底层可能与其他应用产生冲突的内容,如图 4.3 所示。

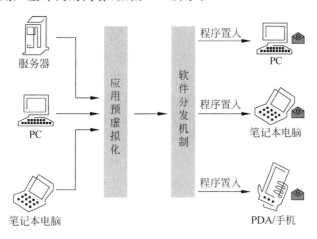

图 4.3 应用虚拟化

应用虚拟化是 SaaS 的基础。应用虚拟化需要具备以下功能和特点:

(1)解耦合。利用屏蔽底层异构性的技术解除虚拟应用与操作系统和硬件的耦合关系。

(2)共享性。应用虚拟化可以使一个真实应用运行在任何共享的计算资源上。

(3)虚拟环境。应用虚拟化为应用程序提供了一个虚拟的运行环境,不仅拥有应用程序的可执行文件,还包括所需的运行环境。

(4)兼容性。虚拟应用应屏蔽底层可能与其他应用产生冲突的内容,从而使其具有良好的兼容性。

(5)快速升级更新。真实应用可以快速升级更新,通过流的方式将相对应的虚拟应用及环境快速发布到客户端。

(6)用户自定义。用户可以选择自己喜欢的虚拟应用的特点以及所支持的虚拟环境。

2. 桌面虚拟化

桌面虚拟化将用户的桌面环境与其使用的终端设备解耦。服务器上存放的是每个用户的完整桌面环境。用户可以使用不同终端设备通过网络访问该桌面环境,如图 4.4 所示。

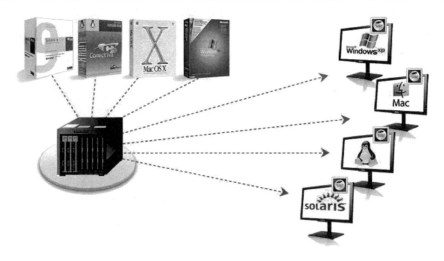

图 4.4　桌面虚拟化

桌面虚拟化具有以下功能和接入标准:

(1) 集中管理维护。集中在服务器端管理和配置 PC 环境及其他客户端需要的软件,可以对企业数据、应用和系统进行集中管理、维护和控制,以减少现场支持工作量。

(2) 使用连续性。确保终端用户下次在另一个虚拟机上登录时,依然可以继续以前的配置和存储文件内容,让使用具有连续性。

(3) 故障恢复。桌面虚拟化是用户的桌面环境被保存为一个个虚拟机,通过对虚拟机进行快照和备份,就可以快速恢复用户的故障桌面,并实时迁移到另一个虚拟机上继续进行工作。

(4) 用户自定义。用户可以选择自己喜欢的桌面操作系统、显示风格、默认环境以及其他各种自定义功能。

3. 服务器虚拟化

服务器虚拟化技术可以将一个物理服务器虚拟成若干个服务器使用,如图 4.5 所示。服务器虚拟化是基础设施即服务(Infrastructure as a Service,IaaS)的基础。

服务器虚拟化需要具备以下功能和技术:

(1) 多实例。在一个物理服务器上可以运行多个虚拟服务器。

(2) 隔离性。在多实例的服务器虚拟化中,一个虚拟机与其他虚拟机完全隔离,以保证良好的可靠性及安全性。

(3) CPU 虚拟化。把物理 CPU 抽象成虚拟 CPU,无论任何时间一个物理 CPU 只能运行一个虚拟 CPU 的指令。而多个虚拟机可以同时提供服务将会大大提高物理 CPU 的利用率。

(4) 内存虚拟化。统一管理物理内存,将其包装成多个虚拟的物理内存分别供给若干个虚拟机使用,使得每个虚拟机拥有各自独立的内存空间而互不干扰。

(5) 设备与 I/O 虚拟化。统一管理物理机的真实设备,将其包装成多个虚拟设备给若干个虚拟机使用,响应每个虚拟机的设备访问请求和 I/O 请求。

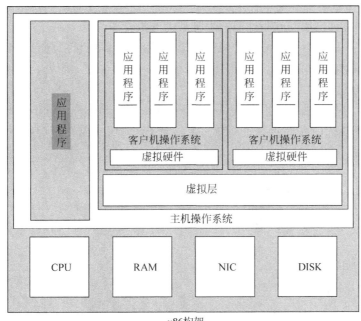

图 4.5　服务器虚拟化

（6）无知觉故障恢复。运用虚拟机之间的快速热迁移技术（Live Migration），可以使一个故障虚拟机上的用户在没有明显感觉的情况下迅速转移到另一个新开的正常虚拟机上。

（7）负载均衡。利用调度和分配技术，平衡各个虚拟机和物理机之间的利用率。

（8）统一管理。由多个物理服务器支持的多个虚拟机的动态实时生成、启动、停止、迁移、调度、负荷、监控等应当有一个方便、易用的统一管理界面。

（9）快速部署。整个系统要有一套快速部署机制，对多个虚拟机及上面的不同操作系统和应用进行高效部署、更新和升级。

4. 网络虚拟化

网络虚拟化也是基础设施即服务（Infrastructure as a Service，IaaS）的基础。网络虚拟化是让一个物理网络能够支持多个逻辑网络，虚拟化保留了网络设计中原有的层次结构、数据通道和所能提供的服务，使得最终用户的体验和独享物理网络一样，同时网络虚拟化技术还可以高效地利用网络资源，如空间、能源、设备容量等。

网络虚拟化具有以下功能和特点：

（1）网络虚拟化能大幅度节省企业的开销。一般只需要一个物理网络即可满足服务要求。

（2）简化企业网络的运维和管理。

（3）提高了网络的安全性。多套物理网络很难做到安全策略的统一和协调，在一套物理网络可以将安全策略下发到各虚拟网络中，各虚拟网络间是完全的逻辑隔离，一个虚拟网络上操作、变化、故障等不会影响到其他的虚拟网络。

（4）提升了网络和业务的可靠性。如在虚拟网络中可以把多台核心交换机通过虚拟化技术融合为一台，当集群中的一些小的设备故障时对整个业务系统不会有任何影响。

（5）满足新型数据中心应用程序的要求。如云计算、服务器集群技术等新数据中心应用都要求数据中心和广域网有高性能的可扩展的虚拟化能力。

企业可以将园区和数据中心内的网络虚拟化，通过广域网扩展到企业分布在各地的小型数据中心、灾备数据中心等。

5. 存储虚拟化

存储虚拟化也是基础设施即服务（Infrastructure as a Service，IaaS）的基础。存储虚拟化将整个云计算系统的存储资源进行统一整合管理，为用户提供一个统一的存储空间，如图4.6所示。

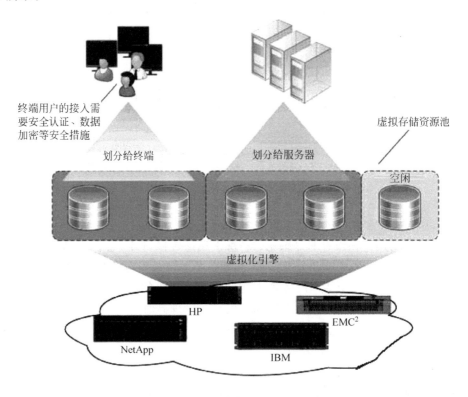

图4.6　存储虚拟化

存储虚拟化具有以下功能和特点：

（1）集中存储。存储资源统一整合管理，集中存储，形成数据中心模式。

（2）分布式扩展。存储介质易于扩展，由多个异构存储服务器实现分布式存储，以统一模式访问虚拟化后的用户接口。

（3）绿色环保。服务器和硬盘的耗电量巨大，为提供全时段数据访问，存储服务器及硬盘不可以停机。但为了节能减排、绿色环保，需要利用更合理的协议和存储模式，尽可能减少开启服务器和硬盘的次数。

（4）虚拟本地硬盘。存储虚拟化应当便于用户使用，最方便的形式是将云存储系统虚拟成用户本地硬盘，使用方法与本地硬盘相同。

（5）安全认证。新建用户加入云存储系统前，必须经过安全认证并获得证书。

（6）数据加密。为保证用户数据的私密性，将数据存储到云存储系统时必须加密。加密后的数据除被授权的特殊用户外,其他人一概无法解密。

（7）层级管理。支持层级管理模式,即上级可以监控下级的存储数据,而下级无法查看上级或平级的数据。

下面就从应用领域分类,详细介绍各种虚拟化技术。

4.3　应用虚拟化

应用程序有很多不同的程序部件,比如动态链接库。如果一个程序的正确运行需要一个特定动态链接库,而另一个程序需要这个动态链接库的另一个版本,那么在同一个系统这两个应用程序,就会造成动态链接库的冲突,其中一个程序会覆盖另一个程序动态链接库,造成程序不可用。因此,当系统或应用程序升级或打补丁时都有可能导致应用之间的不兼容。应用程序运行总是要进行严格而繁琐的测试,来保证新应用与系统中的已有应用不存在冲突。这个过程需要耗费大量的人力、物力和财力。因此,应用虚拟化技术应运而生。

4.3.1　应用虚拟化的使用特点

应用程序虚拟化安装在一个虚拟环境中,与操作系统隔离,拥有与应用程序的所有共享资源,极大地方便了应用程序的部署、更新和维护。通常应用虚拟化与应用程序生命周期管理结合起来使用效果更好。

1. 部署方面

（1）不需要安装。应用程序虚拟化的应用程序包会以流媒体形式部署到客户端,有点像绿色软件,只要复制就能使用。

（2）没有残留的信息。应用程序虚拟化并不会在移除之后,在机器上产生任何文件或者设置。

（3）不需要更多的系统资源。应用虚拟化和安装在本地的应用一样,使用本地或者网络驱动器、CPU 或者内存。

（4）事先配置好的应用程序。应用程序虚拟化的应用程序包,其本身就涵盖了程序所要的一些配置。

2. 更新方面

（1）更新方便。只需要在应用程序虚拟化的服务器上进行一次更新即可。

（2）无缝的客户端更新。一旦在服务器端进行更新,则客户端便会自动地获取更新版本,无需逐一更新。

3. 支持方面

（1）减少应用程序间的冲突。由于每个虚拟化过的应用程序均运行在各自的虚拟环境中,所以并不会有共享组件版本的问题,从而减少了应用程序之间的冲突。

（2）减少技术支持的工作量。应用程序虚拟化的程序与传统安装本地的应用不同,需要经过封装测试才能进行部署,此外也不会因为使用者误删除某些文件,导致无法运行,所以从这些角度来说,可以减少使用者对于技术支持的需求量。

（3）增加软件的合规性。应用程序虚拟化可以针对有需求的使用者进行权限配置才允许使用,这方便了管理员对于软件授权的管理。

4. 终止方面

完全移除应用程序并不会对本地计算机有任何影响,管理员只要在管理界面上进行权限设定,应用程序在客户端就会停止使用。

4.3.2 应用虚拟化的优势

应用虚拟化把应用程序从操作系统中解放出来,使应用程序不受用户计算环境变化造成的影响,带来了极大的机动性、灵活性,显著提高了 IT 效率以及安全性和控制力。用户无需在自己的计算机上安装完整的应用程序,也不受自身有限的计算条件限制,即可获得极高的使用体验。

1)降低部署与管理问题

应用程序之间的冲突,通过应用虚拟化技术隔离开来,减少了应用程序间的冲突、版本的不兼容性及多使用者同时存取的安全问题。在部署方面,操作系统会为应用虚拟提供各自虚拟组件、文件系统、服务等应用程序环境。

2)部署预先配置好的应用程序

应用程序所有的配置信息根据使用者需要预先设定,并会封装在应用程序包里,最终部署到客户端计算机上。当退出应用程序的时候,相关配置会保存在使用者的个人计算机账户的配置目录里面,下一次使用应用程序时可回到原来运行环境。

3)在同一台计算机上运行不同版本的应用程序

企业常常会有需要运行不同版本的应用程序。传统的方式是应用两台计算机运行,使管理复杂度和投资成本提高。应用程序虚拟化后,使用者可以在相同的机器上运行不同软件。

4)提供有效的应用程序管理与维护

应用程序虚拟化过的包,储存在一个文件夹中,并且在管理界面上管理员可轻松地对这些软件进行配置与维护。

5)按需求部署

用户应用程序时,服务器会以流媒体的方式根据用户需要部署到客户端。例如,一个软件完全安装要 1GB 的空间,但是使用者可能只使用了其中的 10%,服务器只会传输相应的信息到客户端,降低网络流量。应用虚拟化大大提升了部署效率及网络性能。

4.3.3 应用虚拟化要考虑的问题

应用虚拟化在使用上要考虑以下几点:

1)安全性

应用虚拟化安全性由管理员控制。管理员要考虑企业的机密软件是否允许离线使用,因而使用者可以使用哪些软件及相关配置由管理员决定。此外,由于应用程序是在虚拟环境中运行,从某种程度上避免了恶意软件或者病毒的攻击。

2)可用性

应用虚拟化中,相关程序和数据集中摆放,使用者通过网络下载,所以管理员必须考虑网络的负载均衡及使用者的并发量。

3)性能考量

应用虚拟化的程序运行,采用本地 CPU、硬盘和内存,其性能除了考虑网络速度因素,还取决于本地计算机的运算能力。

4.4 桌面虚拟化

桌面虚拟化将众多终端的资源集合到后台数据中心,以便对企业成百上千个终端统一认证、统一管理,实现资源灵活调配。终端用户通过特殊身份认证,登录任意终端即可获取自相关数据,继续原有业务,极大地提高了使用的灵活性。

4.4.1 桌面虚拟化的优势

应用桌面虚拟化,用户通常使用瘦客户端与服务器上多个虚拟机的某个终端相连,与传统的桌面部署模式相比具有以下优点:

1)降低了功耗

虚拟桌面通常考虑使用瘦客户端,极大节省了资源。

2)提高了安全性

虚拟桌面的操作系统在服务器中,因而比传统桌面 PC 更易于保护免遭恶意攻击,还可以从这个集中位置处理安全补丁;并且桌面虚拟化某种瘦客户,可以防止使用 USB 接口,减少了病毒感染和数据被窃取的可能性。

3)简化部署及管理

虚拟桌面可以集中控制各个桌面,不需要前往每个工作区,就能迅速为虚拟桌面打上补丁。

4)降低了费用

虚拟桌面的使用同时降低了硬件成本和管理成本,极大地节省了费用。先构建一个允许用户共享的“主”系统磁盘镜像,桌面虚拟化系统在用户需要时做镜像备份,提供给用户。为了让不同的用户使用不同的应用程序,需要创建一个共享镜像的“基准”,在这个基准镜像上安装所有应用程序,保证公司内的每一个人都可以使用。然后使用应用程序虚拟化包在每个用户的桌面上安装用户需要的个性化应用程序。

桌面虚拟化之所以在近年成为热点,一个很大的原因是相关产品的成熟性和安全性的提高。多个 IT 巨头纷纷推出了自己的桌面虚拟化产品。

4.4.2 桌面虚拟化的使用条件

桌面虚拟化使用瘦客户或其他设备通过网络登录用户自己的环境,因而需要使用以下条件:

1)健全的网络环境

网络作为桌面虚拟化的传输载体起着关键性作用,保证网络的稳定是桌面虚拟化实现的重要条件。

2)高可靠性的虚拟化环境

在桌面虚拟化环境中所有用户使用的桌面都运行在数据中心,其中的任何一个环节出现问题,均可能会导致整个桌面虚拟化环境崩溃,搭建高可用、高安全的数据虚拟化数据中心是关键。

3)改变原来的运行维护流程

应用桌面虚拟化环境后,如果遇到系统性问题,管理员基本不必使用者现场对桌面进行维护,通过统一的桌面管理中心能够管理所有使用者桌面,这一点和传统的运作维护流程不同。

4) 充足的网络带宽

为实现较好的用户体验,还需要具有充足的带宽以保证较好的图像显示的用户体验。

4.5 服务器虚拟化

服务器虚拟化是指能够在一台物理服务器上运行多台虚拟服务器的技术,多个虚拟服务器之间的数据是隔离的,虚拟服务器对资源的占用是可控的。用户可以在虚拟服务器上灵活地安装任何软件,在应用环境上几乎无法感觉与物理服务器的区别。

4.5.1 服务器虚拟化架构

在服务器虚拟化技术中,被虚拟出来的服务器称为虚拟机。运行在虚拟机里的操作系统称为客户操作系统,即 Guest OS。负责管理虚拟机的软件称为虚拟机管理器(VMM),也称为 Hypervisor。

服务器虚拟化通常有两种架构,分别是寄生架构(Hosted)与裸金属架构(Bare-metal)。

1. 寄生架构

一般而言,寄生架构在操作系统上再安装一个虚拟机管理器(VMM),然后用 VMM 创建并管理虚拟机。操作 VMM 看起来像是"寄生"在操作系统上的,该操作系统称为宿主操作系统,即 Host OS,如图 4.7 所示,如 Oracle 公司的 Virtual Box 就是一种寄生架构。

2. 裸金属架构

顾名思义,裸金属架构是指将 VMM 直接安装在物理服务器之上而无需先安装操作系统的预装模式。再在 VMM 上安装其他操作系统(如 Windows、Linux 等)。由于 VMM 是直接安装在物理计算机上的,称为裸金属架构,如 KVM、Xen、VMware ESX。裸金属架构是直接运行在物理硬件之上的,无需通过 Host OS,所以性能比寄生架构更高。

用 Xen 技术实现裸金属架构服务器虚拟化,如图 4.8 所示,其中有 3 个 Domain。Domain 就是"域",更通俗地说,就是一台虚拟机。Xen 发布的裸金属版本,里面就包含了一个裁剪过的 Linux 内核,它为 Xen 提供了除 CPU 调度和内存管理外的所有功能,包括硬件驱动、I/O、网络协议、文件系统、进程通信等所有其他操作系统所做的事情。这个 Linux 内核就运行在 Domain 0 里面。启动裸金属架构的 Xen 时会自动启动 Domain 0。Domain 1 和 Domain 2 启动后,几个域相互之间可能会有一些通信,以便公用服务器资源。

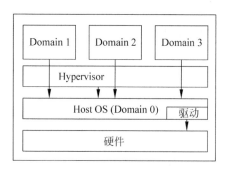

图 4.7 寄生架构

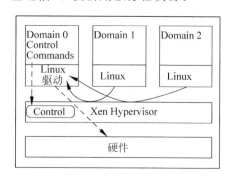

图 4.8 裸金属架构

从目前的趋势来看,虚拟化将成为操作系统本身功能的一部分。例如,KVM 就是 Linux 标准内核的一个模块,微软的 Windows 2008 也自带 Hyper-V。下面将介绍服务器几个关键部件的虚拟化方法,包括 CPU、内存、I/O 的虚拟化。

4.5.2 CPU 虚拟化

CPU 虚拟化是指将物理 CPU 虚拟成多个虚拟 CPU 供虚拟机使用。虚拟 CPU 时分复用物理 CPU,虚拟机管理器负责为虚拟 CPU 分配时间片,管理虚拟 CPU 的状态。

在 x86 指令集中,CPU 有 0～3 共 4 个特权级(Ring)。其中,0 级具有最高的特权,用于运行操作系统;3 级具有最低的特权,用于运行用户程序;1 级和 2 级则很少使用,如图 4.9 所示。在对 x86 服务器实施虚拟化时,VMM 占据 0 级,拥有最高的特权级;而虚拟机中安装的 Guest OS 只能运行在更低的特权级中,不能执行那些只能存 0 级执行的特权指令。为此,在实施服务器虚拟化时,必须要对相关 CPU 特权指令的执行进行虚拟化处理,Guest OS 将有一定权限执行特权指令。

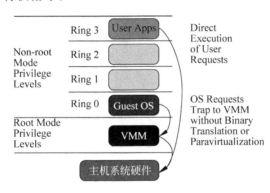

图 4.9　CPU 特权级

但是,Guest OS 中的某些特权指令,如中断处理和内存管理等指令,如果不运行在 0 级别将会具有不同的语义,产生不同的效果,或者根本不产生作用。问题的关键在于这些在虚拟机里执行敏感指令不能直接作用于真实硬件之上,而需要通过虚拟机监视器接管和模拟。这使得实现虚拟化 x86 体系结构比较困难。

为了解决 x86 体系结构下的 CPU 虚拟化问题,业界提出了全虚拟化(Full-Virtualization)和半虚拟化(Para-Virtualization)这两种通过不同的软件实现的虚拟化。业界还提出了在硬件层添加支持功能来处理这些敏感的高级别指令,实现基于硬件虚拟化(Hardware Assisted Virtualization)解决方案。

全虚拟化通常采用二进制代码动态翻译技术(Dynamic Binary Translation)来解决 Guest OS 特权指令问题。二进制代码动态翻译,在 Guest OS 的运行过程中,当它需要执行在第 0 级才能执行的特权指令时,陷入运行在第 0 级的虚拟机中。虚拟机捕捉到这一指令后,将相应指令的执行过程用本地物理 CPU 指令集中的指令进行模拟,并将执行结果返回 Guest OS,从而实现 Guest OS 在较高一级环境下对特权指令的执行。全虚拟化将在 Guest OS 内核态执行的敏感指令转换成可以通过虚拟机运行的具有相同效果的指令,而对于非敏感指令则可以直接在物理处理器上运行,Guest OS 就像是运行在真实的物理空间中。全虚拟化的优点在于代码的转换工作是动态完成的,无需修改 Guest OS,可以支持多种操作系统。然而,动态转换需要一定的性能开销。Microsoft PC、Microsoft Virtual Server、VMware WorkStation 和 VMware ESX Server 的早期版本都采用全虚拟化技术。

半虚拟化,通过修改 Guest OS,将所有敏感指令替换成底层虚拟化平台的超级调用(Hypercall),来解决虚拟机执行特权指令的问题。虚拟化平台也为敏感指令提供了调用接口。半虚拟化中,经过修改的 Guest OS,知道处在虚拟化环境中,从而主动配合虚拟机,在需要的时候对虚拟化平台进行调用来完成敏感指令的执行。在半虚拟化中,Guest OS 和虚拟化平台必须兼容;否则无法有效地操作宿主物理机。Citrix 的 Xen、VMvare 的 ESX Server 和 Microsoft 的 Hyper-V 的最新版本都采用了半虚拟化。

全虚拟化和半虚拟化,都是纯软件的 CPU 虚拟化,不要求对 x86 架构下的 CPU 做任何改变。但是,不论是全虚拟化的二进制翻译技术,还是半虚拟化的超级调用技术,都会增加系统的复杂性和开销,并且在半虚拟化中,要充分考虑 Guest OS 和虚拟化平台的兼容性。

因而,基于硬件虚拟化技术应运而生。该技术在 CPU 加入了新的指令集和相关的运行模式来完成与 CPU 虚拟化相关的功能。目前,Intel 公司和 AMD 公司分别推出了硬件辅助虚拟化技术——Intel VT 和 AMD-V,并逐步集成到最新推出的微处理器产品中。Intel VT 支持硬件辅助虚拟化,增加了名为虚拟机扩展(Virtual Machine eXtensions,VMX)的指令集,包括十几条新增指令来支持与虚拟化相关的操作。此外,Intel VT 为处理器定义了两种运行模式,即根模式(Root)和非根模式(Non-Root)。虚拟化平台运行在根模式下,Guest OS 运行在非根模式。由于硬件辅助虚拟化支持 Guest OS 直接在 CPU 上运行,无需进行二进制翻译或超级调用,因此减少了相关的性能开销,简化了设计。目前,主流的虚拟化软件厂商也在通过和 CPU 厂商的合作来提高产品效率和兼容性。

现在,主流的虚拟化产品都已经转型到基于硬件辅助的 CPU 虚拟化。例如,KVM 在一开始就要求 CPU 必须支持虚拟化技术。此外,VMware、Xen、Hyper-V 等都已经支持基于硬件辅助的 CPU 虚拟化技术了。

4.5.3　内存虚拟化

内存虚拟化技术把物理机的真实物理内存统一管理,包装成多个虚拟的物理内存,分别供若干个虚拟机使用,每个虚拟机拥有各自独立的内存空间,如图 4.10 所示。

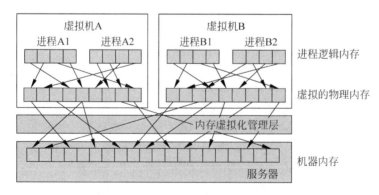

图 4.10　内存虚拟化

为实现内存虚拟化,内存系统中共有 3 种地址。

（1）机器地址（Machine Address, MA）。这是真实硬件的机器地址,是在地址总线上可以见到的地址信号。

（2）虚拟机物理地址（Guest Physical Address, GPA）。这是经过 VMM 抽象后虚拟机看到的伪物理地址。

（3）虚拟地址（Virtual Address, VA）。Guest OS 为其应用程序提供的线性地址空间。

虚拟地址到虚拟机物理地址的映射关系记做 g,由 Guest OS 负责维护。对于 Guest OS 而言,它并不知道自己所看到的物理地址其实是虚拟的物理地址。虚拟机物理地址到机器地址的映射关系记做 f,由虚拟机管理器 VMM 的内存模块进行维护。

普通的内存管理单元（Memory Management Unit, MMU）只能完成一次虚拟地址到物理地址的映射,但获得的物理地址只是虚拟机物理地址,而不是机器地址,所以还要通过 VMM 来获得总线上可以使用的机器地址。但是如果每次内存访问操作都需要 VMM 的参与,效率将变得极低。为实现虚拟地址到机器地址的高效转换,目前普遍采用的方法是由 VMM 根据映射 f 和 g 生成复合映射 $f. g$,直接写入 MMU。具体的实现方法有两种,如图 4.11 所示。

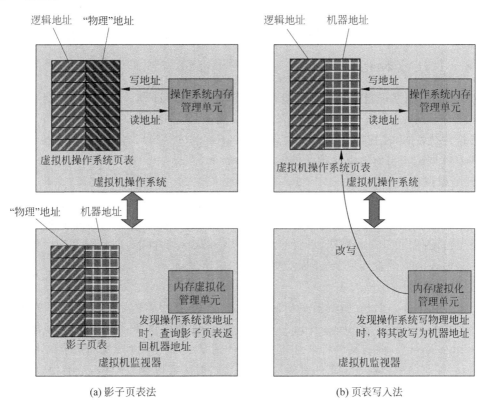

(a) 影子页表法   (b) 页表写入法

图 4.11　内存虚拟化的两种方法

1. 页表写入法

Xen 主要应用该技术,其主要原理是：当 Guest OS 创建新页表时,VMM 从维护的空闲内存中分配页面并进行注册,以后 Guest OS 对该页表的写操作都会陷入 VMM 中进行验证和转换；VMM 检查页表中的每一项，确保它们只映射属于该虚拟机的机器页面，而且不包含对页表页面的可写映射；然后，VMM 会根据其维护的映射关系将页表项中的物理地址替换为相应的机器地址；最后，再把修改过的页表载入 MMU，MMU 就可以根据修改过的页表直接完成从虚拟地址到机器地址的转换了。这种方式的本质是将映射关系 $f.g$ 直接写入 Guest OS 的页表中，替换原来的映射 g。

2. 影子页表法

影子页表与 MMU 半虚拟化的不同之处在于：VMM 为 Guest OS 的每一个页表维护一个影子页表，并将 $f.g$ 映射写入影子页表中，Guest OS 的页表内容保持不变。最后，VMM 将影子页表写入 MMU。

影子页表的维护在时间和空间上的开销较大。时间开销主要由于 Guest OS 构造页表时不会主动通知 VMM，VMM 必须等到 Guest OS 发生缺页时才通过分析缺页原因为其补全影子页表。而空间的开销主要体现在 VMM 需要支持多台虚拟机同时运行，每台虚拟机的 Guest OS 通常会为其上运行的每一个进程创建一套页表系统，因此影子页表的空间开销会随着进程数量的增多而迅速增大。

为权衡时间开销和空间开销，现在一般采用影子页表缓存（Shadow Page Table Cache）技术，即 VMM 在内存中维护部分最近使用过的影子页表，只有当缓存中找不到影子页表时，才构建一个新的影子页表。当前主要的全虚拟化技术都采用了影子页表缓存技术。

4.5.4 I/O 虚拟化

I/O 虚拟化就是通过截获 Guest OS 对 I/O 设备的访问请求，用软件模拟真实的硬件，复用有限的外设资源。I/O 虚拟化与 CPU 虚拟化是紧密相关的。例如，当 CPU 支持硬件辅助虚拟化技术时，往往在 I/O 方面也会采用 Direct I/O 等技术，使 CPU 能直接访问外设，以提高 I/O 性能。当前 I/O 虚拟化的典型方法如下。

1. 全虚拟化

VMM 对网卡、磁盘等关键设备进行模拟，以组成一组统一的虚拟 I/O 设备。Guest OS 对虚拟设备的 I/O 操作都会陷入 VMM 中，由 VMM 对 I/O 指令进行解析并映射到实际物理设备，直接控制硬件完成操作。这种方法可以获得较高的性能，而且对 Guest OS 是完全透明的。但 VMM 的设计复杂，难以应对设备的快速更新。

2. 半虚拟化

半虚拟化又称为前端/后端模拟。这种方法在 Guest OS 中需要为虚拟 I/O 设备安装特殊的驱动程序，即前端（Front-end Driver）。VMM 中提供了简化的驱动程序，即后端（Back-end Driver）。前端驱动将来自其他模块的请求通过 VMM 定义的系统调用与后端驱动通信，后端驱动后会检查请求的有效性，并将其映射到实际物理设备，最后由设备驱动程序来控制硬件完成操作，硬件设备完成操作后再将通知发回前端。这种方法简化了 VMM 的设计，但需要在 Guest OS 中安装驱动程序甚至修改代码。基于半虚拟化的 I/O 虚拟化技术往往与基于操作系统的辅助 CPU 虚拟化技术相伴随，它们都是通过修改 Guest OS 来实现的。

3. 软件模拟

软件模拟即用软件模拟的方法来虚拟 I/O 设备，指 Guest OS 的 I/O 操作被 VMM 捕获并转交给 Host OS 的用户态进程,通过系统调用来模拟设备的行为。这种方法没有额外的硬件开销,可以重用现有驱动程序。但是完成一次操作需要涉及多个寄存器的操作,使 VMM 要截获每个寄存器访问并进行相应的模拟,导致多次上下文切换。而且由于要进行模拟,所以性能较低。一般来说,如果在 I/O 方面采用基于软件模拟的虚拟化技术,其 CPU 虚拟化技术也应采用基于模拟执行的 CPU 虚拟化技术。

4. 直接划分

直接划分指将物理 I/O 设备分配给指定的虚拟机,让 Guest OS 可以在不经过 VMM 或特权域介入的情况下直接访问 I/O 设备。目前与此相关的技术有 Intel 的 VT_d、AMD 的 IOMMU 及 PCI-SIG 的 IOV。这种方法重用已有驱动,直接访问也减少了虚拟化开销,但需要购买较多的额外硬件。该技术与基于硬件辅助的 CPU 虚拟化技术相对应。VMM 支持基于硬件辅助的 CPU 虚拟化技术,往往会尽量采用直接划分的方式来处理 I/O。

4.6　网络虚拟化

网络虚拟化是通过软件统一管理和控制多个硬件或软件网络资源及相关的网络功能,为应用提供透明的网络环境。该网络环境称为虚拟网络,形成该虚拟网络的过程称为网络虚拟化。

在不同应用环境下,虚拟网络架构多种多样。不同的虚拟网络架构需要相应的技术作为支撑。当前,传统网络虚拟化技术已经非常成熟,如 VPN、VLAN 等。随着云计算的发展,很多新的问题不断涌现,对网络虚拟化提出了更大的挑战。服务器虚拟机的优势在于其更加灵活、可配置性更好,可以满足用户更加动态的需求。因此,网络虚拟化技术也紧随趋势,满足用户更加灵活、更加动态的网络结构的需求和网络服务要求,同时还必须保证网络的安全性。

具体地说,由于一个虚拟机上可能存在多个系统,系统之间通信就需要通过网络,但和普通的物理系统间通过实体网络设备互联不同,各个系统的网络接口也是虚拟的,因此不能直接通过实体网络使设备互联。同时外部网络又要适应虚拟机的变化而进行安全动态通信,拥有合理授权、保证数据不被窃听、不被伪造成为对网络虚拟化技术提出的新需求。因此,在云计算环境下,网络虚拟化技术需要解决以下问题:

(1) 如何构建物理机内部的虚拟网络?

(2) 外部网络如何动态调整以适应虚拟机不灵活变化的要求?

(3) 如何确保虚拟网络环境的安全性?如何对物理机内、外部的虚拟网络进行统一管理?

4.6.1　传统网络虚拟化技术

传统的网络虚拟化技术主要指 VPN 和 VLAN 这两种典型的传统网络虚拟化技术,对于改善网络性能、提高网络安全性和灵活性起到良好效果。

1. VPN

VPN(Virtual Private Network,虚拟专网)指的是在公用网络上建立专用网络的技术。整个 VPN 网络的任意两个节点之间的连接并没有传统专网所需的端到端的物理链路,而是架构在公用网络服务商所提供的网络平台上。VPN 实质上就是利用加密技术在公网上封装出一个数据通信隧道。有了 VPN 技术,用户无论是在外地出差还是在家中办公,只要能上互联网就能利用 VPN 非常方便地访问内网资源。VPN 作为传统的网络虚拟化技术，对于提高网络安全性和应用效率起到良好作用。

2. VLAN

VLAN(Virtual Local Area Network,虚拟局域网)是一种将局域网设备从逻辑上划分成一个个网段,从而实现虚拟工作组的数据交换技术。应用 VLAN 技术,管理员根据实际应用需求,把同一物理局域网内的不同用户逻辑地划分成不同的广播域,每一个 VLAN 都包含一组有着相同需求的计算机工作站,与物理上形成的 LAN 有着相同的属性。由于它是从逻辑上划分,而不是从物理上划分,所以同一个 VLAN 内的各个工作站没有限制在同一个物理范围中,即这些工作站可以在不同物理 LAN 网段。由 VLAN 的特点可知,一个 VLAN 内部的广播和单播流量都不会转发到其他 VLAN 中,从而有助于控制流量,减少设备投资,简化网络管理,提高网络的安全性。

4.6.2 主机网络虚拟化

云计算的网络虚拟化归根结底是为了主机之间安全、灵活地进行网络通信,因而主机网络虚拟化是云计算的网络虚拟化的重要组成部分。主机网络虚拟化通常与传统网络虚拟化相结合,主要包括虚拟网卡、虚拟网桥、虚拟端口聚合器。

1. 虚拟网卡

虚拟网卡就是通过软件手段模拟出来在虚拟机上看到的网卡。虚拟机上运行的操作系统(Guest OS)通过虚拟网卡与外界通信。当一个数据包从 Guest OS 发出时,Guest OS 会调用该虚拟网卡的中断处理程序,而这个中断处理程序是模拟器模拟出来的程序逻辑。当虚拟网卡收到一个数据包时,它会将这个数据包从虚拟机所在物理网卡接收进来,就好像从物理机自己接收一样。

2. 虚拟网桥

由于一个虚拟机上可能存在多个 Guest OS,各个系统的网络接口也是虚拟的,相互通信和普通的物理系统间通过实体网络设备互联不同,因此不能直接通过实体网络设备互联。这样虚拟机上的网络接口可以不需要经过实体网络,直接在虚拟机内部 VEB(Virtual Ethernet Bridges,虚拟网桥)进行互联。

VEB 上有虚拟端口(VLAN Bridge Ports),虚拟网卡对应的接口就是和网桥上的虚拟端口连接,这个连接称为 VSI(Virtual Station Interface,虚拟终端接口)。VEB 实际上就是实现常规的以太网网桥功能如图 4.12 所示。一般来说,VEB 用于在虚拟网卡之间进行本地转发,即负责不同虚拟网卡间报文的转发。注意,VEB 不需要通过探听(Snooping)网络流量来获知 MAC 地址,因为它通过诸如访问虚拟机的配置文件等手段来获知虚拟机的 MAC 地址。

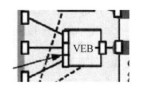

图 4.12　VEB 进行本地转发

此外,VEB 也负责虚拟网卡和外部交换机之间的报文传输,但不负责外部交换机本身的报文传输,如图 4.13 所示,1 表示虚拟网卡和邻接交换机通信,2 表示虚拟网卡之间通信,3 表示 VEB 不支持交换机本身的互相通信。

3. 虚拟端口聚合器

虚拟以太网端口聚合器(Virtual Ethernet Port Aggregator,VEPA),即将虚拟机上以太

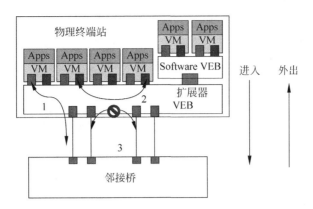

图 4.13　VEB 转发图示

网口聚合起来,作为一个通道和外部实体交换机进行通信,以减少虚拟机上网络功能的负担。

　　VEPA 指的是将虚拟机上若干个 VSI 口汇聚起来,交换机发向各个 VSI 的报文首先到达 VEPA,再由 VEPA 负责朝某个 VSI 转发。另外,VSI 所生成的报文不通过 VEB 进行转

发,而是统统汇聚在一起通过物理链路发送到交换机,由交换机来完成转发,交换机将报文送回虚拟机或将报文转发到外网。这样既可以利用交换机实现更多的功能(如安全策略、流量监控统计),又可以减轻虚拟机上的转发负担。图 4.14 中 VEPA 负责汇聚3 个 VSI 的流量,再转发到邻接桥上。

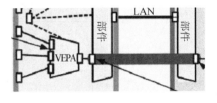

图 4.14　VEPA 部分

　　根据原来的转发规则,一个端口收到报文后,无论是单播还是广播,该报文均不能再从接收端口发出。由于交换机和虚拟机只通过一个物理链路连接,要将虚拟机发送来的报文转发回去,就得对网桥转发模型进行修订。为此,802.1Qbg 中在交换机桥端口上增加了一种 Reflective Relay 模式。当端口上支持该模式,并且该模式打开时,接收端口也可以成为潜在的发送端口。

　　如图 4.15 所示,VEPA 只支持虚拟网卡和邻接交换机之间的报文传输,不支持虚拟网卡之间报文传输,也不支持邻接交换机本身的报文传输。对于需要获取流量监控、防火墙或其他连接桥上的服务的虚拟机可以考虑连接到 VEPA 上。

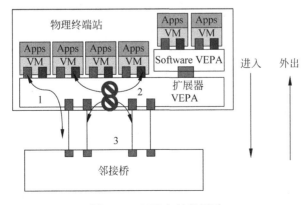

图 4.15　VEPA 转发图示

从以上可以看出，由于 VEPA 将转发工作都推卸到了邻接桥上，VEPA 就不需要像 VEB 那样需要支持地址学习功能来负责转发。实际上，VEPA 的地址表是通过注册方式来实现的，即 VSI 主动到 Hypervisor 注册自己的 MAC 地址和 VLAN id，然后 Hypervisor 更新 VEPA 的地址表，如图 4.16 所示。

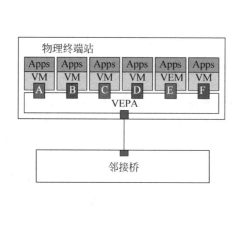

Destination MAC	VLAN	Copy To (ABCDEF)
A	1	100000
B	2	010000
C	1	001000
D	2	000100
E	1	000010
F	2	000001
Broadcast	1	101010
Broadcast	2	010101
Multicast C	1	101010
Unknown Multicast	1	100010
Unknown Multicast	2	010101
Unknown Unicast	1	000000
Unknown Unicast	2	000000

图 4.16　VEPA 地址表

物理终端站

Apps | Apps | Apps | Apps | Apps | Apps
VM A | VM B | VM C | VM D | VEM E | VM F

VEPA

邻接桥

4.6.3　网络设备虚拟化

随着互联网的快速发展，云计算兴起，需要的数据量越来越庞大，用户的带宽需求不断提高。在这样的背景下，不仅服务器需要虚拟化，网络设备也需要虚拟化。目前国内外很多网络设备厂商如锐捷、思科都生产出相应产品，应用于网络设备虚拟化取得良好效果。

网络设备的虚拟化通常分成了两种形式：一种是纵向分割；另一种是横向整合。将多种应用加载在同一个物理网络上，势必需要对这些业务进行隔离，使它们相互不干扰，这种隔离称为纵向分割。VLAN 就是用于实现纵向隔离技术的。但是，最新的虚拟化技术还可以对安全设备进行虚拟化。例如，可以将一个防火墙虚拟成多个防火墙，使防火墙用户认为自己独占该防火墙。下面从虚拟交换单元、交换机虚拟化、虚拟机迁移等方面探讨网络设备虚拟化。

1. 虚拟交换单元

虚拟交换单元(Virtual Switch Unit，VSU)技术将两台核心层交换机虚拟化为一台，VSU 和汇聚层交换机通过聚合链路连接，将多台物理设备虚拟为一台逻辑上统一的设备，使其能够实现统一的运行，从而达到减小网络规模、提升网络高可靠性的目的，如图 4.17 所示。

VSU 的组网模式还具有以下优势。首先，简化了网络拓扑。VSU 在网络中相当于一台交换机，通过聚合链路和外围设备连接，不存在二层环路，没必要配置 MSTP 协议，各种

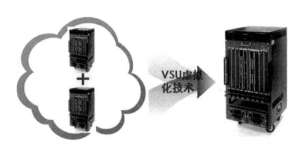

图 4.17 VSU 虚拟化技术

控制协议是作为一台交换机运行的,如单播路由协议。VSU 作为一台交换机,减少了设备间大量协议报文的交互,缩短了路由收敛时间。其次,这种组网模式的故障恢复时间缩短到了 ms 级。VSU 和外围设备通过聚合链路连接,如果其中一条成员链路出现故障,切换到另一条成员链路的时间是 50~200ms。而且,VSU 和外围设备通过聚合链路连接,既提供了冗余链路又可以实现负载均衡,充分利用了所有带宽。

2. 交换机虚拟化

虚拟交换机 vSwitch 作为最早出现的一种网络虚拟化技术,已经在 Linux Bridge、VMWare vSwitch 等软件产品中实现。vSwitch 就是基于软件的虚拟交换,不涉及外部交换机。该技术最大的优点是流量完全在服务器上进行传递,能够享受到最大的带宽和最小的延迟。

如图 4.18 所示,VEB 和 VEPA 被看成了网络虚拟化的两个方向。VEB 朝的是低延迟方向,流量在服务器内平行流动,因此称为东西流策略;VEPA 朝的是多功能方向,流量需要在服务器和交换机之间传递,因此称为南北流策略。

由于仅靠软件来实现虚拟网桥会影响到服务器的硬件性能,因此出现了单一源 I/O 虚拟化(SR-IOV)技术,也就是将 vSwitch 技术在网卡 NIC 上实现,如图 4.19 所示。

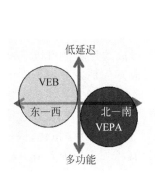

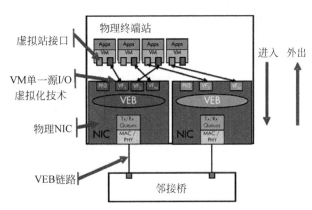

图 4.18　VEB VS VEPA　　　　　　　图 4.19　SR-IOV

VEB 直接嵌入在物理 NIC 中,负责虚拟 NIC 之间的报文转发,也负责将虚拟 NIC 发送的报文通过 VEB 上链口发到邻接桥上。与虚拟机上通过软件实现交换对比,由硬件 NIC 实现交换可以提高 I/O 性能,减轻了由于软件模拟交换机而给服务器 CPU 带来的负担,而且由于是 NIC 硬件来实现报文传输,提高了虚拟机和外部网络的交互性能,如图 4.20 所示。

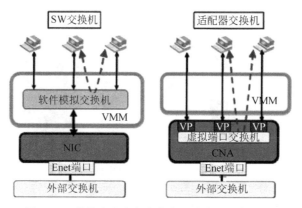

图 4.20　软件实现虚拟交换与网卡实现硬件交换

3. 虚拟机迁移

在大规模计算资源集中的云计算数据中心,以 x86 架构为基准的不同服务器资源,通过虚拟化技术将整个数据中心的计算资源统一抽象出来,形成可以按一定粒度分配的计算资源池,如图 4.21 所示。虚拟化后的资源池屏蔽了各种物理服务器的差异,形成了统一的、云内部标准化的逻辑 CPU、逻辑内存、逻辑存储空间、逻辑网络接口,任何用户使用的虚拟化资源在调度、供应、度量上都具有一致性。

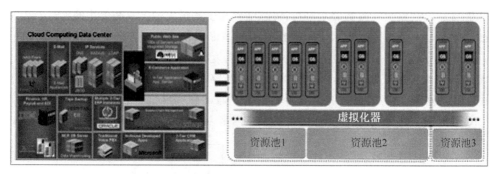

图 4.21　虚拟化资源

虚拟化技术不仅消除了大规模异构服务器的差异化,而且其形成的计算池可以具有超级的计算能力,如图 4.21 所示,一个云计算中心物理服务器达到数万台是一个很正常的规模。一台物理服务器上运行的虚拟机数量是动态变化的,当前一般是 4～20,某些高密度的虚拟机可以达到 100：1 的虚拟比(即一台物理服务器上运行 100 个虚拟机),在 CPU 性能不断增强(主频提升、多核多路)、当前各种硬件虚拟化(CPU 指令级虚拟化、内存虚拟化、桥片虚拟化、网卡虚拟化)的辅助下,物理服务器上运行的虚拟机数量会迅猛增加。一个大型 IDC 中运行数十万个虚拟机是可预见的,当前的云服务 IDC 在业务规划时,已经考虑了这些因素。

虚拟化的云中,计算资源能够按需扩展、灵活调度部署,这可由虚拟机的迁移功能实现,虚拟化环境的计算资源必须在二层网络范围内实现透明化迁移,如图 4.22 所示。

透明环境不仅限于数据中心内部,对于多个数据中心共同提供的云计算服务,要求云计算的网络对数据中心内部、数据中心之间均实现透明化交换,如图 4.23 所示,这种服务能力可以使客户分布在云中的资源逻辑上相对集中(如在相同的一个或数个 VLAN 内),而不必关心具体物理位置;对云服务供应商而言,透明化网络可以在更大范围内优化计算资源的

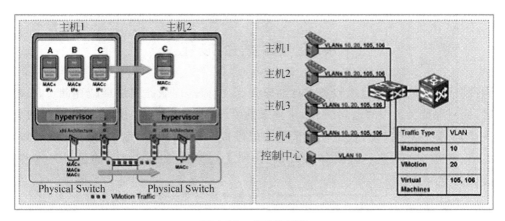

图 4.22 虚拟机迁移

供应,提升云计算服务的运行效率,有效节省资源和成本。

虚拟化技术是云计算的关键技术之一,将一台物理服务器虚拟化成多台逻辑虚拟机,不仅可以大大提升云计算环境 IT 计算资源的利用效率、节省能耗,同时虚拟化技术提供的动态迁移、资源调度,使得云计算服务的负载可以得到高效管理、扩展,云计算的服务更具有弹性和灵活性。

服务器虚拟化的一个关键特性是虚拟机动态迁移,迁移需要在二层网络内实现;数据中心的发展正在经历从整合、虚拟化到自动化的演变,基于云计算的数据中心是未来的更远的目标。虚拟化技术是云计算的关键技术之。如何简化二层网络、甚至是跨地域二层网络的部署,解决生成树无法大规模部署的问题,是服务器虚拟化对云计算网络层面带来的挑战,如图 4.23 所示。

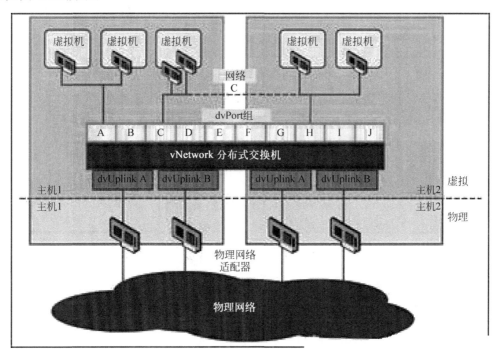

图 4.23 跨服务器的虚拟机迁移

4.7 存储虚拟化

虚拟存储技术将底层存储设备进行抽象化统一管理,向服务器层屏蔽存储设备硬件的特殊性,而只保留其统一的逻辑特性,从而实现了存储系统集中、统一而又方便的管理。对于一个计算机系统来说,整个存储系统中的虚拟存储部分就像计算机系统中的操作系统,对下层管理着各种特殊而具体的设备,而对上层则提供相对统一的运行环境和资源使用方式。

4.7.1 存储虚拟化概述

SNIA(Storage Networking Industry Association,存储网络工业协会)对存储虚拟化是这样定义的:通过将一个或多个目标(Target)服务或功能与其他附加的功能集成,统一提供有用的全面功能服务。当前存储虚拟化是建立在共享存储模型基础之上,如图 4.24 所示,其主要包括 3 个部分,分别是用户应用、存储域和相关的服务子系统。其中,存储域是核心,在上层主机的用户应用与部署在底层的存储资源之间建立了普遍的联系,其中包含多个层次;服务子系统是存储域的辅助子系统,包含一系列与存储相关的功能,如管理、安全、备份、可用性维护及容量规划等。

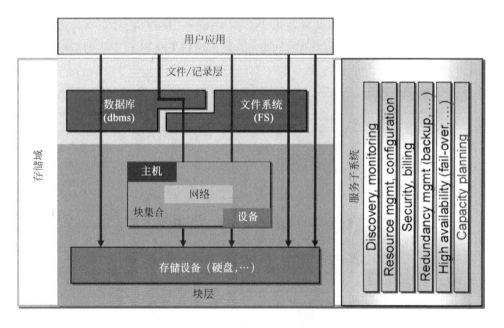

图 4.24 SNIA 共享存储模型

对于存储虚拟化而言,可以按实现不同层次划分:基于设备的存储虚拟化、基于网络的存储虚拟化、基于主机的存储虚拟化,如图 4.25 所示。从实现的方式划分,存储虚拟化可以分为带内虚拟化和带外虚拟化,如图 4.26 所示。

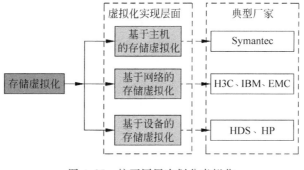

图 4.25　按不同层次划分虚拟化

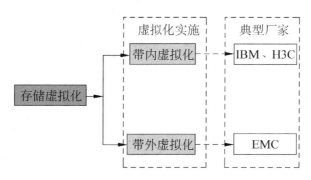

图 4.26　按实现的方式划分虚拟化

4.7.2　根据层次划分存储虚拟化

存储的虚拟化可以在 3 个不同的层面上实现,包括:基于专用卷管理软件在主机服务器上实现基于主机的存储虚拟化;利用专用的虚拟化引擎在存储网络上实现基于网络的存储虚拟化;利用阵列控制器的固件(Firmware)在磁盘阵列上实现存储设备虚拟化。具体使用哪种方法来做,应根据实际需求来决定。

1. 基于主机的存储虚拟化

基于主机的存储虚拟化,通常由主机操作系统下的逻辑卷管理软件(Logical Volume Manager)来实现,如图 4.27 所示。不同操作系统的逻辑卷管理软件也不相同。它们在主机系统和 UNIX 服务器上已经有多年的广泛应用,目前在 Windows 操作系统上也提供类似的卷管理器。

基于主机的虚拟化主要用途是使服务器的存储空间可以跨越多个异构的磁盘阵列,常用于在不同磁盘阵列之间做数据镜像保护。如果仅仅需要单个主机服务器(或单个集群)访问多个磁盘阵列,就可以使用基于主机的存储虚拟化技术。此时,虚拟化的工作通过特定的软件在主机服务器上完成,而经过虚拟化的存储空间可以跨越多个异构的磁盘阵列。

其优点是:支持异构的存储系统,不占用磁盘控制器资源。

其缺点如下:

(1) 占用主机资源,降低了应用性能。

(2) 存在操作系统和应用的兼容性问题。

图 4.27　基于主机的存储虚拟化

（3）主机数量越多，实施/管理成本越高。

2. 基于网络的存储虚拟化

基于网络的存储虚拟化，通过在存储域网（SAN）中添加虚拟化引擎实现，实现异构存储系统整合和统一数据管理（灾备），如图 4.28 所示。也就是说，多个主机服务器需要访问多个异构存储设备，从而实现多个用户使用相同的资源，或者多个资源对多个进程提供服务。基于网络的存储虚拟化，优化资源利用率，是构造公共存储服务设施的前提条件。

图 4.28　基于网络的存储虚拟化

当前基于网络的存储虚拟化，已经成为存储虚拟化的发展方向，这种虚拟化工作需要使用相应的专用虚拟化引擎来实现。目前市场上的 SAN Appliances 专用存储服务器，或是建立在某种专用的平台上，或是在标准的 Windows、UNIX 和 Linux 服务器上配合相应的虚拟化软件而构成。在这种模式下，因为所有的数据访问操作都与 SAN Appliances 相关，所以必须消除它的单点故障。在实际应用中，SAN Appliance 通常都是冗余配置的。

其优点如下：

（1）与主机无关，不占用主机资源。

（2）能够支持异构主机、异构存储设备。

（3）使不同存储设备的数据管理功能统一。

（4）构建统一管理平台，可扩展性好。

其缺点如下：

（1）占用交换机资源。

（2）面临带内、带外的选择。

（3）存储阵列的兼容性需要严格验证。

（4）原有盘阵的高级存储功能将不能使用。

3. 基于设备的存储虚拟化

基于设备的存储虚拟化，用于异构存储系统整合和统一数据管理（灾备），通过在存储控制器上添加虚拟化功能实现，应用于中、高端存储设备，如图 4.29 所示。具体地说，当有多个主机服务器需要访问同一个磁盘阵列时，可以采用基于阵列控制器的虚拟化技术。此时虚拟化的工作是在阵列控制器上完成的，将一个阵列上的存储容量划分为多个存储空间（LUN），供不同的主机系统访问。

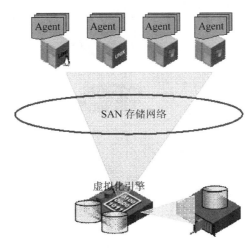

图 4.29　基于设备的存储虚拟化

智能的阵列控制器提供数据块级别的整合，同时还提供一些附加的功能，如 LUN Masking、缓存、即时快照、数据复制等。配合使用不同的存储系统，这种基于存储设备的虚拟化模式可以实现性能的优化。

其优点如下：

（1）与主机无关，不占用主机资源。

（2）数据管理功能丰富。

（3）技术成熟度高。

其缺点如下：

（1）消耗存储控制器的资源。

（2）接口数量有限，虚拟化能力较弱。

（3）异构厂家盘阵的高级存储功能将不能使用。

4.7.3　根据实现方式划分存储虚拟化

按实现方式不同划分两种形式的虚拟化，分别为带内存储虚拟化和带外存储虚拟化：带内存储虚拟化引擎位于主机和存储系统的数据通道中间（带内，In-Band）；带外虚拟化引擎是一个数据访问必须经过的设备，位于数据通道外（带外，Out-of-Band），仅仅向主机服务器传送一些控制信息（Metadata）来完成物理设备和逻辑卷之间的地址映射。

1. 带内虚拟化

带内虚拟化引擎位于主机和存储系统的数据通道中间，控制信息和用户数据都会通过它,而它会将逻辑卷分配给主机,就像一个标准的存储子系统一样。因为所有的数据访问都会通过这个引擎,所以它可以实现很高的安全性,如图4.30所示。就像一个存储系统的防火墙,只有它允许的访问才能通行,否则会被拒绝。

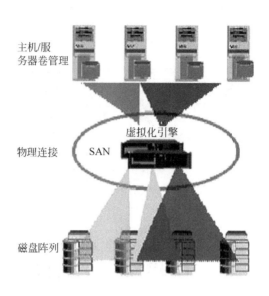

图 4.30　带内虚拟化引擎

　　带内虚拟化的优点是:可以整合多种技术的存储设备,安全性高。此外,该技术不需要在主机上安装特别的虚拟化驱动程序,比带外的方式易于实施。其缺点为:当数据访问量异常大时,专用的存储服务器会成为瓶颈。

　　目前市场上使用该技术的产品主要有:IBM的TotalStorage SVC,HP的VA、EVA系列,HDS的TagmaStore,NetApp的V-Series及H3C的IV5000。

2. 带外虚拟化

　　带外虚拟化引擎是一个数据访问必须经过的设备,通常利用Caching技术来优化性能,如图4.31所示。带外虚拟化引擎物理上不位于主机和存储系统的数据通道中间,而是通过其他的网络连接方式与主机系统通信。于是,在每个主机服务器上,都需要安装客户端软件,或者特殊的主机适配卡驱动,这些客户端软件接收从虚拟化引擎传来的逻辑卷结构和属性信息,以及逻辑卷和物理块之间的映射信息,在SAN上实现地址寻址。存储的配置和控制信息由虚拟化引擎负责提供。

　　该方式的优点为:能够提供很好的访问性能,并无需对现存的网络架构进行改变。其缺点是:数据的安全性难以控制。此外,这种方式的实施难度大于带内模式,因为每个主机都必须有一个客户端程序。也许就是这个原因,目前大多数的SAN Appliances都采用带内的方式。

　　目前市场上使用该技术的产品主要有EMC的InVista和StoreAge的SVM。

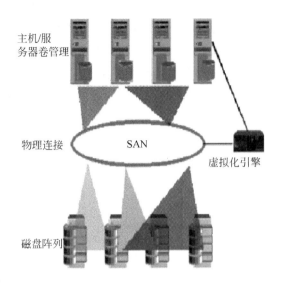

主机/服
务器卷管理

物理连接

SAN

虚拟化引擎

磁盘阵列

图 4.31　带外虚拟化引擎

4.8　本章小结

本章介绍了构成云计算主要的关键技术——虚拟化技术。虚拟化技术是一种调配计算资源的方法,它将应用系统的不同层面(硬件、软件、数据、网络存储等)隔离起来,从而打破服务器、存储、网络数据和应用的物理设备之间的划分,实现架构动态化,并达到集中管理和动态使用物理资源及虚拟资源,以提高系统结构的弹性和灵活性,降低成本、改进服务、减少管理风险等目标。

虚拟化技术从实现的层次可以分为基础设施虚拟化、系统虚拟化、软件虚拟化,从应用的领域来划分,可分为服务器虚拟化、存储虚拟化、应用虚拟化、网络虚拟化和桌面虚拟化。

(1)基础设施虚拟化,将相关硬件(CPU、内存、硬盘、声卡、显卡、光驱)虚拟化、网络虚拟化、存储虚拟化、文件虚拟化。

(2)系统虚拟化,实现了操作系统和物理计算机的分离,使得在一台物理计算机上可以同时安装和运行一个或多个虚拟操作系统,用户不会感觉出显著差异。

(3)软件虚拟化,主要包括应用虚拟化和高级语言虚拟化。

(4)应用虚拟化,把应用对底层系统和硬件的依赖抽象出来,从而解除应用与操作系统和硬件的耦合关系。应用程序运行在本地应用虚拟化环境中时,这个环境为应用程序屏蔽了底层可能与其他应用产生冲突的内容。

(5)桌面虚拟化,将用户的桌面环境与其使用的终端设备解耦,服务器上存放的是每个用户的完整桌面环境,用户可以使用不同终端设备通过网络访问该桌面环境。

（6）服务器虚拟化，将一个物理服务器虚拟成若干个服务器使用。

（7）网络虚拟化是让一个物理网络能够支持多个逻辑网络，虚拟化保留了网络设计中原有的层次结构、数据通道和所能提供的服务，使得最终用户体验和独享物理网络一样，同时网络虚拟化技术还可以高效地利用网络资源，如空间、能源、设备容量等。

（8）存储虚拟化将整个云计算系统的存储资源进行统一整合和管理，为用户提供一个统一的存储空间。

第5章　分布式计算

云计算是由分布式计算(Distributed Computing)、并行计算(Parallel Computing)发展而来的。云计算根据需求访问计算机和存储系统,将计算并非在本地计算机或远程服务器中,而是分布在大量的分布式计算机上运行。因而分布式计算和并行计算是实现云计算的技术支撑。

5.1　分布式计算的基本概念和基本原则

分布式计算和并行计算是相互关联的两个不同概念,成为实现云计算的关键技术。分布式计算和并行计算由来已久,但是面向云计算应用领域的相关技术有其自己的特点和实现原则。

5.1.1　分布式计算与并行计算

下面描述分布式计算与并行计算的概念,并对二者进行比较。

1. 分布式计算

传统上认为,分布式计算是一种把需要进行大量计算的数据分割成小块,由多台计算机分别计算,再上传运算结果后,将结果合并起来得出最后结果的计算方式。也就是说,分布式计算一般是指通过网络将多个独立的计算节点(即物理服务器)连接起来共同完成一个计算任务的计算模式。通常来说,这些节点都是物理独立的,它们可能彼此距离很近,处于同一个物理 IDC 内部,或相距很远分布在 Internet 上。现在对分布式计算有了更广义的定义:即使是在同一台服务器上运行的不同进程,只要通过消息传递机制而非共享全局数据的形式来协调,并用于共同完成某个特定任务的计算,也被认为是分布式计算。但在本书中,如未特别指明,分布式计算指的是多个物理节点传统分布式计算。

2. 并行计算

并行计算一般是指许多指令得以同时进行的计算模式,其实就是指同时使用多种计算资源解决计算问题的过程。并行计算可以划分成时间并行和空间并行。时间并行即流水线技术,指在程序执行时多条指令重叠进行操作的一种准并行处理实现技术。空间并行使用多个处理器执行并发计算,当前研究的主要是空间的并行问题。空间上的并行导致两类并行机的产生,即单指令流多数据流(SIMD)和多指令流多数据流(MIMD)。SIMD 是一种采用一个控制器来控制多个处理器,同时对一组数据(又称"数据向量")中的每一个分别执行相同的操作从而实现空间上的并行性的技术。MIMD 是使用多个控制器来异步地控制多个处理器,从而实现空间上的并行性的技术。MIMD 类的机器又可分为常见的 5 类:并行向量处理机(PVP)、对称多处理机(SMP)、大规模并行处理机(MPP)、工作站机群(COW)和分布式共享存储处理机(DSM)。

(1) 并行向量处理机(PVP)。并行向量处理机最大的特点是系统中的 CPU 是专门定制的向量处理器(VP)。系统还提供共享存储器以及与 VP 相连的高速交叉开关。

(2) 对称多处理机(SMP)。这是一种多处理机硬件架构,有两个或更多的相同的处理机(处理器)共享同一主存,由一个操作系统控制。使用对称多处理机的计算机系统称为"对称多处理机"或"对称多处理机系统"。在对称多处理机系统上,任何处理器可以运行任何任务,不管任务的数据在内存的什么地方,只要一个任务没有同时运行在多个处理器上。有了操作系统的支持,对称多处理机系统就能够轻易地让任务在不同的处理器之间移动,以此来有效地均衡负载。

(3) 大规模并行处理机(MPP)。由多个微处理器、局部存储器及网络接口电路构成的节点组成的并行计算体系;节点间以定制的高速网络互联。大规模并行处理机是一种异步的多指令流多数据流,因为它的程序有多个进程,它们分布在各个微处理器上,每个进程有自己独立的地址空间,进程之间以消息传递进行相互通信。

(4) 工作站机群(COW)。它可以近似地看成一个没有本地磁盘的工作站机群,网络接口是松耦合的,接到 I/O 总线上而不是像 MPP 那样直接接到处理器存储总线上。

(5) 分布式共享存储处理机(DSM)。它也被视为一种分散的全域地址空间,属于计算机科学的一种机制,可以通过硬件或软件来实现。分散式共享内存主要使用在丛集计算机中,丛集计算机中的每一个网络节点都有非共享的内存空间与共享的内存空间。该共享内存的位置空间(Address Space)在所有节点是一致的。

现在,多核计算和对称多处理计算往往是综合使用的。例如,一台服务器上可以安装 2~4 个物理处理器芯片,每个物理处理器芯片上有 2~4 个核。对于对称多处理器操作系统来说,每个 CPU 都是平等的,任何任务都可以从一个处理器迁移到另一个处理器,而与任务所处的内存位置无关。操作系统会确保处理器之间的负载均衡,因此称为"对称"多处理。对称多处理计算的瓶颈在于总线带宽。由于多个物理处理器共享总线,因此制约 CPU 的原因往往是总线冲突。所以,基于对称多处理架构的系统一般不会使用超过 32 个处理器芯片。

3. 分布式计算和并行计算的比较

分布式计算和并行计算的共同点都是将大任务化为小任务,但是分布式的任务互相之间有独立性,并行程序并行处理的任务包之间有很大的联系。

在分布式计算中,上个任务的结果未返回或者是结果处理错误,对下一个任务的处理几乎没有什么影响。因此,分布式的实时性要求不高,而且允许存在计算错误(因为每个计算任务给好几个参与者计算,上传结果到服务器后要比较结果,然后对结果差异大的进行验证)。

并行计算的每一个任务块都是必要的,没有浪费的、分割的,就是每个任务包都要处理,而且计算结果相互影响,要求每个计算结果要绝对正确,而且在时间上要尽量做到同步。并且分布式的很多任务块中有大量的无用数据块,可以不处理;而并行处理则不同,它的任务包个数相对有限,在一个有限的时间应该是可能完成的。

并行计算和分布式计算在很多时候是同时存在的。例如,一个系统在整体上采用多个节点进行分布式计算,节点之间靠消息传递保持协同,而在每个节点内部又采用并行计算来提高性能,这种计算模式就可以称为分布式并行计算。一般来说分布式计算有以下特征:

(1) 由于网络可跨越的范围非常广,因此如果设计得当,分布式计算可扩展性会非常好。

(2) 分布式计算中的每个节点都有自己的处理器和主存,并且该处理器只能访问自己的主存。

(3) 在分布式计算中,节点之间的通信以消息传递为主,数据传输较少,因此每个节点看不到全局,只知道自己那部分的输入和输出。

(4) 分布式计算中节点的灵活性很大,即节点可随时加入或退出,节点的配置也不尽相同,但是拥有良好设计的分布式计算机制应保证整个系统可靠性不受单个节点的影响。

5.1.2 分布式计算的 CAP 理论和云计算的 BASE 理论

1. CAP 理论

分布式系统有一个重要的理论——CAP 理论。CAP 理论指出:一个分布式系统不可能同时满足一致性(Consistency)、可用性(Availibility)和分区容忍性(Partition Tolerance)这 3 个需求,最多只能同时满足其中的两个。下面分别介绍这 3 个性质。

(1) 一致性(Consistency)。

对于分布式系统,一个数据往往会存在多份。简单地说,一致性会让客户对数据的修改操作(增、删、改)要么在所有的数据副本(在英文文献中常称为 Replica)全部成功,要么全部失败。即,修改操作对于一份数据的所有副本而言是原子(Atomic)的操作。如果一个存储系统可以保证一致性,那么客户读、写的数据完全可以保证是最新的。不会发生两个不同的客户端在不同的存储节点中读取到不同副本的情况。

(2) 可用性(Availability)。

可用性很简单,顾名思义,就是指在客户端想要访问数据的时候,可以得到响应。但是应该注意,系统可用(Available)并不代表存储系统所有节点提供的数据是一致的。比如客户端想要读取文章评论,系统可以返回客户端数据,但是评论缺少最新的一条。这种情况仍然说系统是可用的。往往会对不同的应用设定一个最长响应时间,超过这个响应时间的服务就称之为不可用的。

(3) 分区容忍性(Partition Tolerance)。

如果存储系统只运行在一个节点上,要么系统整个崩溃,要么全部运行良好。一旦针对同一服务的存储系统分布到了多个节点后,整个系统就存在分区的可能性。例如,两个节点之间联通的网络断开(无论长时间或者短暂的),就形成了分区。对当前的互联网公司(如Google)来说,为了提高服务质量,同一份数据放置在不同城市乃至不同国家是很正常的,节点之间形成了分区。除全部网络节点全部故障外,所有子节点集合的故障都不允许导致整个系统不正确响应。

在设计一个分布式存储系统时,必须考虑将 3 个特性中放弃一个。如果选择分区容忍性和一致性,那么即使坏了节点,只要操作一致,就能顺利完成。要 100% 保证所有节点之间有很好的连通性,是很难做到的。最好的办法就是将所有数据放到同一个节点中。但是显然这种设计是满足不了可用性的。

如果要满足可用性和一致性,那么为了保证可用,数据必须要有两个副本(Replica)。这样系统显然无法容忍分区。当同一数据的两个副本分配到了两个无法通信的分区上时,显然会返回错误的数据。

最后看一下满足可用性和分区容忍性的情况。满足可用性,就说明数据必须要在不同节点中有两个副本。然而还必须保证在产生分区的时候仍然可以使操作完成。那么,操作必然无法保证一致性。

2. ACID 模型

关系数据库放弃了分区容忍性,具有高一致性和高可靠性,采用 ACID 模型解决方案:

(1)原子性 Atomicity。一个事务中所有操作都必须全部完成,要么全部不完成。

(2)一致性 Consistency。在事务开始或结束时,数据库应该在一致状态。

(3)隔离性 Isolation。事务将假定只有它自己在操作数据库,彼此不知晓。

(4)持久性 Durability。一旦事务完成,就不能返回。

对于单个节点的事务,数据库都是通过并发控制(两阶段封锁,Two Phase Locking 或者多版本)和恢复机制(日志技术)保证事务的 ACID 特性。对于跨多个节点的分布式事务,通过两阶段提交协议(Two Phase Commiting)来保证事务的 ACID。可以说,数据库系统是伴随着金融业的需求而快速发展起来的。对于金融业,可用性和性能都不是最重要的,而一致性是最重要的,用户可以容忍系统故障而停止服务,但绝不能容忍账户上的钱无故减少(当然,无故增加是可以的)。而强一致性的事务是这一切的根本保证。

3. BASE 思想

BASE 思想来自于互联网的电子商务领域的实践,它是基于 CAP 理论逐步演化而来的,核心思想是即便不能达到强一致性(Strong Consistency),但可以根据应用特点采用适当的方式来达到最终一致性(Eventual Consistency)的效果。BASE 是 Basically Available、Soft-State、Eventually Consistent 3 个词组的简写,是对 CAP 中 C&A 的延伸。BASE 的含义如下:

(1)Basically Available:基本可用。

(2)Soft-State:软状态/柔性事务,即状态可以有一段时间的不同步。

(3)Eventual Consistency:最终一致性。

BASE 是反 ACID 的,它完全不同于 ACID 模型,牺牲强一致性,获得基本可用性和柔性可靠性并要求达到最终一致性。CAP、BASE 理论是当前在互联网领域非常流行的分布式 NoSQL 的理论基础。

5.2 Hadoop 系统介绍

Hadoop 是由 Apache 基金会开发的,设计用来在由通用计算设备组成的大型集群上执行分布式应用的基础框架。用户可以在不了解分布式底层细节的情况下,开发分布式程序。充分利用集群的威力高速运算和存储。简单说来,Hadoop 是一个可以更容易开发和运行处理大规模数据的软件平台。

5.2.1 Hadoop 发展历程

Hadoop 是由 Apache Software Foundation 公司于 2005 年秋天作为 Lucene 的子项目 Nutch 的一部分正式引入的。它受到最先由 Google Lab 开发的 MapReduce 和 Google File System 的启发。2006 年 3 月，MapReduce 和 Nutch Distributed File System（NDFS）分别被纳入称为 Hadoop 的项目中。Nutch 中的 NDFS 和 MapReduce 实现的应用远不只是搜索领域，从 Nutch 转移出来成为一个独立的 Lucene 子项目，称为 Hadoop。大约在同一时间，Doug Cutting 加入雅虎（Yahoo），Yahoo 提供一个专门的团队和资源将 Hadoop 发展成一个可在网络上运行的系统。2008 年 2 月，雅虎宣布其搜索引擎产品部署在一个拥有 1 万个内核的 Hadoop 集群上。2008 年 1 月，Hadoop 已成为 Apache 顶级项目，证明它是成功的，是一个多样化、活跃的社区。通过这次实践，Hadoop 成功地被雅虎之外的很多公司应用，如 Last. fm、Facebook 和《纽约时报》。

2008 年 4 月，Hadoop 打破世界纪录，成为排序 1TB 数据的最快系统。运行在一个 910 节点的群集，Hadoop 在 209s 内排序了 1TB 的数据（还不到 3.5min），击败了前一年的 297s 冠军。同年 11 月，谷歌在报告中声称，它的 MapReduce 实现执行 1TB 数据的排序只用了 68s。2009 年 5 月，有报道宣称 Yahoo 的团队使用 Hadoop 对 1TB 的数据进行排序只花了 62s。构建互联网规模的搜索引擎需要大量的数据，因此需要大量的机器来进行处理。

Hadoop 大事记：

- 2004 年——最初的版本（现在称为 HDFS 和 MapReduce）由 Doug Cutting 和 Mike Cafarella 开始实施。
- 2005 年 12 月——Nutch 移植到新的框架，Hadoop 在 20 个节点上稳定运行。
- 2006 年 1 月——Doug Cutting 加入雅虎。
- 2006 年 2 月——Apache Hadoop 项目正式启动以支持 MapReduce 和 HDFS 的独立发展。
- 2006 年 2 月——雅虎的网格计算团队采用 Hadoop。
- 2006 年 4 月——标准排序（10GB 每个节点）在 188 个节点上运行 47.9h。
- 2006 年 5 月——雅虎建立了一个 300 个节点的 Hadoop 研究集群。
- 2006 年 5 月——标准排序在 500 个节点上运行 42h（硬件配置比 4 月的更好）。
- 2006 年 11 月——研究集群增加到 600 个节点。
- 2006 年 12 月——标准排序在 20 个节点上运行 1.8h，100 个节点 3.3h，500 个节点 5.2h，900 个节点 7.8h。
- 2007 年 1 月——研究集群到达 900 个节点。
- 2007 年 4 月——研究集群达到两个 1000 个节点的集群。
- 2008 年 4 月——赢得世界最快 1TB 数据排序在 900 个节点上用时 209s。
- 2008 年 10 月——研究集群每天装载 10 TB 的数据。
- 2009 年 3 月——17 个集群总共 24 000 台机器。
- 2009 年 4 月——赢得每分钟排序，59s 内排序 500GB（在 1400 个节点上）和 173min 内排序 100TB 数据（在 3400 个节点上）。

5.2.2　Hadoop 使用场景和特点

Hadoop 最适合的就是海量数据处理分析。应用 Hadoop，海量数据被分割成多个节点，然后由每一个节点并行计算，将得出的结果归并到输出。同时第一阶段的输出又可以作为下一阶段计算的输入，因此可以想象到一个树状结构的分布式计算图，在不同阶段都有不同产出，同时并行和串行结合的计算也可以很好地在分布式集群的资源下得以高效地处理。

下面列举 Hadoop 的主要特点：

（1）扩容能力（Scalable）。能可靠地（Reliably）存储和处理千兆字节（PB）数据。

（2）成本低（Economical）。可以通过普通机器组成的服务器群来分发及处理数据。这些服务器群总计可达数千个节点。

（3）高效率（Efficient）。通过分发数据，Hadoop 可以在数据所在的节点上并行地（Parallel）处理它们，这使得处理非常快速。

（4）可靠性（Reliable）。Hadoop 能自动维护数据的多份复制，并且在任务失败后能自动重新部署（Redeploy）计算任务。

5.2.3　Hadoop 项目组成

今天，Hadoop 是一个分布式计算基础架构这把"大伞"下的相关子项目的集合。这些项目属于 Apache 软件基金会（http://hadoop.apache.org），为开源软件项目社区提供支持。虽然 Hadoop 最出名的是 MapReduce 及其分布式文件系统（HDFS，从NDFS 改名而来），但还有其他子项目提供配套服务，其他子项目提供补充性服务。这些子项目的简要描述如下，其技术栈如图 5.1 所示。

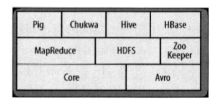

图 5.1　Hadoop 的子项目的技术栈

（1）Core。一系列分布式文件系统和通用 I/O 的组件和接口（序列化、Java RPC 和持久化数据结构）。

（2）Avro。一种提供高效、跨语言 RPC 的数据序列系统，持久化数据存储（在本书写作期间，Avro 只是被当作一个新的子项目创建，而且尚未有其他 Hadoop 子项目在使用它）。

（3）MapReduce。分布式数据处理模式和执行环境，运行于大型商用机集群。

（4）HDFS。分布式文件系统，运行于大型商用机集群。

（5）Pig。一种数据流语言和运行环境，用以检索非常大的数据集。Pig 运行在 MapReduce 和 HDFS 的集群上。

（6）HBase。一个分布式的、列存储数据库。HBase 使用 HDFS 作为底层存储，同时支持 MapReduce 的批量式计算和点查询（随机读取）。

（7）ZooKeeper。一个分布式的、高可用性的协调服务。ZooKeeper 提供分布式锁之类的基本服务用于构建分布式应用。

（8）Hive。分布式数据仓库。Hive 管理 HDFS 中存储的数据，并提供基于 SQL 的查询语言（由运行时引擎翻译成 MapReduce 作业）用以查询数据。

（9）Chukwa。分布式数据收集和分析系统。Chukwa 运行 HDFS 中存储数据的收集器，它使用 MapReduce 来生成报告。

5.3 分布式文件系统

分布式文件系统(Distributed File System)是指文件系统管理的物理存储资源不一定直接连接在本地节点上,而是通过计算机网络与节点相连。分布式文件系统的设计基于C/S模式。一个典型的网络可能包括多个供多用户访问的服务器。另外,对等特性允许一些系统扮演客户机和服务器的双重角色。

5.3.1 分布式文件系统概述

文件系统是操作系统的重要组成部分,通过操作系统管理存储空间,向用户提供统一的、对象化的访问接口,屏蔽对物理设备的直接操作和资源管理。根据计算环境和所提供的功能不同,文件系统可划分为本地文件系统(Local File System)和分布式文件系统(Distributed File System)。本地文件系统是指文件系统管理的物理存储资源直接连接在本地节点上,处理器通过系统总线可以直接访问。分布式文件系统是指文件系统管理的物理存储资源不一定直接连接在本地节点上,而是通过计算机网络与节点相连。

由于互联网应用的不断发展,本地文件系统由于单个节点本身的局限性,已经很难满足海量数据存取的需要了,因而不得不借助分布式文件系统,把系统负载转移到多个节点上。传统的分布式文件系统(如 NFS)中,所有数据和元数据存放在一起,通过单一的存储服务器提供。这种模式一般称为带内模式(In-band Mode)。随着客户端数目的增加,服务器就成了整个系统的瓶颈。因为系统所有的数据传输和元数据处理都要通过服务器,不仅单个服务器的处理能力有限,而且存储能力受到磁盘容量的限制,吞吐能力也受到磁盘 I/O 和网络 I/O 的限制。在当今对数据存储量要求越来越大的互联网应用中,传统的分布式文件系统已经很难满足应用的需要了。

如今,Google 作为云计算领域的带头大哥,开发了可扩展的分布式文件系统(Google File System,GFS),对于大型分布式海量数据进行管理的应用。2003 年 Google 发表论文公开了分布式文件系统 GFS 的设计思想,引起业界的高度重视,开发了多种类似文件系统,如 HDFS(Hadoop Distressed File System)。

5.3.2 HDFS 架构

Hadoop 项目,最底部、最基础的是(HDFS),被设计成适合运行在通用硬件(Commodity Hardware)上的分布式文件系统。它和现有的分布式文件系统有很多共同点。但同时,它和其他的分布式文件系统的区别也是很明显的。HDFS 是一个高度容错性的系统,适合部署在廉价的机器上。HDFS 能提供高吞吐量的数据访问,非常适合大规模数据集上的应用。HDFS 放宽了一部分 POSIX 约束,来实现流式读取文件系统数据的目的。HDFS 在最开始是作为 Apache Nutch 搜索引擎项目的基础架构而开发的。

对外部客户机而言,HDFS 就像一个传统的分级文件系统,可以创建、删除、移动或重命名文件等。HDFS 采用 Master/Slave 架构,基于一组特定的节点构建的,如图 5.2 所示。

HDFS 集群是由一个 NameNode 和一定数目的 DataNode 组成。NameNode 是一个中心服务器,负责管理文件系统的名字空间(Namespace)及客户端对文件的访问。集群中的

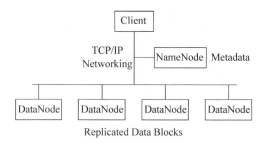

图 5.2　Hadoop 集群的简化图示

DataNode 一般是一个节点,负责管理它所在节点上的存储。HDFS 暴露了文件系统的名字空间,用户能够以文件的形式在上面存储数据。从内部看,一个文件其实被分成一个或多个数据块,这些块存储在一组 DataNode 上。NameNode 执行文件系统的名字空间操作,比如打开、关闭、重命名文件或目录。它也负责确定数据块到具体 DataNode 节点的映射。DataNode 负责处理文件系统客户端的读、写请求。在 NameNode 的统一调度下进行数据块的创建、删除和复制,如图 5.3 所示。

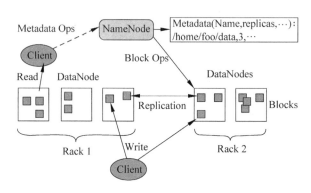

图 5.3　HDFS 结构示意图

　　存储在 HDFS 中的文件被分成块,然后将这些块复制到多个计算机中(DataNode)。这与传统的 RAID 架构大不相同。块的大小(通常为 64MB)和复制的块数量在创建文件时由客户机决定。NameNode 可以控制所有文件操作。HDFS 内部的所有通信都基于标准的TCP/IP 协议。

5.3.3　HDFS 的设计特点

下面介绍 HDFS 的几个设计特点(对于框架设计值得借鉴)。

1. Block 的放置

默认不配置。一个 Block 会有 3 个备份,一份放在 NameNode 指定的 DataNode,另一份放在与指定 DataNode 非同一 Rack 上的 DataNode,最后一份放在与指定 DataNode 同一Rack 上的 DataNode 上。备份无非就是为了数据安全,考虑同一 Rack 的失败情况以及不同 Rack 之间数据复制性能问题就采用这种配置方式。

2. 心跳检测

心跳检测 DataNode 的健康状况,如果发现问题就采取数据备份的方式来保证数据的安全性。

3. 数据复制

数据复制(场景为 DataNode 失败、需要平衡 DataNode 的存储利用率和需要平衡 DataNode 数据交互压力等情况):这里先说一下,使用 HDFS 的 balancer 命令,可以配置一个 Threshold 来平衡每一个 DataNode 磁盘利用率。例如,设置了 Threshold 为 10%,那么执行 balancer 命令的时候,首先统计所有 DataNode 的磁盘利用率的均值,然后判断如果某一个 DataNode 的磁盘利用率超过这个均值 Threshold 以上,那么把这个 DataNode 的 block 转移到磁盘利用率低的 DataNode,这对于新节点的加入来说十分有用。

4. 数据校验

采用 CRC32 作数据校验。在文件 Block 写入的时候除了写入数据还会写入校验信息,在读取的时候需要校验后再读入。

5. NameNode 是单点

如果失败的话,任务处理信息将会记录在本地文件系统和远端的文件系统中。

6. 数据管道性的写入

当客户端要写入文件到 DataNode 上,首先客户端读取一个 Block 然后写到第一个 DataNode 上,之后由第一个 DataNode 传递到备份的 DataNode 上,一直到所有需要写入这个 Block 的 NataNode 都成功写入,客户端才会继续开始写下一个 Block。

7. 安全模式

安全模式主要是为了系统启动的时候检查各个 DataNode 上数据块的有效性,同时根据策略,必要地复制或者删除部分数据块。在启动分布式文件系统的时候,开始会有安全模式,当分布式文件系统处于安全模式的情况下,文件系统中的内容不允许修改也不允许删除,直到安全模式结束。运行期通过命令也可以进入安全模式。在实践过程中,系统启动的时候去修改和删除文件也会有安全模式不允许修改的出错提示,只需要等待一会儿即可。

5.4 MapReduce 计算模型

传统的分布式计算模型主要用于解决大规模的计算密集型任务,通过将数据推向分布式计算节点并行地进行处理。每个计算节点会缓存部分数据,进而通过同步协议做及时的更新,以保证系统数据的一致性。云计算中各节点之间由网络相连,如果在处理海量数据时仍旧像在传统方式中计算节点之间传输数据,则开销高昂,严重影响性能。为此,Google 公司基于 GFS 的分布式文件系统进行部署,将计算推向数据存储节点,尽量减少海量数据传输,最先提出 MapReduce 计算模型。

2004 年,Google 发表了论文,向全世界介绍了 MapReduce,受到了很多互联网公司高度关注。2006 年 MapReduce 纳入开放源代码 Hadoop 项目中,目前得到广泛认可。

5.4.1 MapReduce 概述

MapReduce 从名字上来看就大致可以看出个缘由,两个动词 Map 和 Reduce,"Map(展开)"就是将一个任务分解成为多个任务,"Reduce"就是将分解后多任务处理的结果汇总起来,得出最后的分析结果。在分布式系统中,机器集群就可以看作硬件资源池,将并行的任务拆分,然后交由每一个空闲机器资源去处理,能够极大地提高计算效率,同时这种资源无关性,对于计算集群的扩展无疑提供了最好的设计保证。任务分解处理以后,就需要将结果再汇总起来,这就是 Reduce 要做的工作。

MapReduce 模型提供了一种简单的编程模型,每天数以千万亿字节的海量数据,HDFS作为其计算所需数据的分布式文件系统。用户通过设定 Map 功能将一组 key/value 对转换为一组中间 key/value 对。然后,Reduce 功能将具有相同中间 key 值的中间 value 值进行整合,从而得到计算结果。具体执行流程如图 5.4 所示。

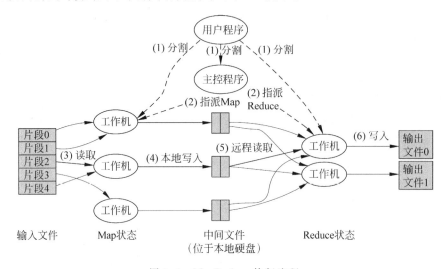

图 5.4　MapReduce 执行流程

(1) 在用户程序里的 MapReduce 库首先分割输入文件成 M 个片,每个片的大小一般从 16~64MB(用户可以通过可选的参数来控制),然后在机群中开始大量地复制程序。

(2) 这些程序复制中的一个是 Master,其他的都是由 Master 分配任务的 Worker。有 M 个 Map 任务和 R 个 Reduce 任务将被分配。Master 分配一个 Map 任务或 Reduce 任务给一个空闲的 Worker。

(3) 一个被分配了 Map 任务的 Worker 读取相关输入 Split 的内容。它从输入数据中分析出 Key/Value 对,然后把 Key/Value 对传递给用户自定义的 Map 函数。由 Map 函数产生的中间 Key/Value 对被缓存在内存中。

(4) 缓存在内存中的 Key/Value 对被周期性地写入到本地磁盘上,通过分割函数把它们写入 R 个区域。在本地磁盘上的缓存对的位置被传送给 Master,Master 负责把这些位置传送给 Reduce Worker。

(5) 当一个 Reduce Worker 得到 Master 的位置通知的时候,它使用远程过程调用从 Map Worker 的磁盘上读取缓存的数据。当 Reduce Worker 读取了所有的中间数据后,它通过排序使具有相同 Key 的内容聚合在一起。因为许多不同的 Key 映射到相同的 Reduce 任务,所以排序是必需的。如果中间数据比内存还大,那么还需要一个外部排序。

(6) Reduce Worker 迭代排过序的中间数据,对于遇到的每一个唯一的中间 Key,它把

Key 和相关的中间 Value 集传递给用户自定义的 Reduce 函数。Reduce 函数的输出被添加到这个 Reduce 分割的最终的输出文件中。

5.4.2 MapReduce 应用实例

MapReduce 本身就是用于并行处理大数据集的软件框架应用程序,至少包含 3 个部分:一个 Map 函数、一个 Reduce 函数和一个 Main 函数。main 函数将作业控制和文件输入/输出结合起来。MapReduce 的运行可能包含有许多实例(许多 Map 和 Reduce)的操作组成,其结构示意如图 5.5 所示。Map 函数接收一组数据并将其转换为一个 Key/Value 对列表,输入域中的每个元素对应一个 Key/Value 对。Reduce 函数接收 Map 函数生成的列表,然后根据它们的键(为每个键生成一个 Key/Value 对)缩小 Key/Value 对列表,下面简单描述两个应用实例。

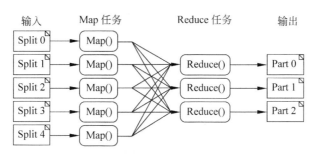

图 5.5 MapReduce 结构示意图

1. 示例 1

假设输入域是 one small step for man、one giant leap for mankind。在这个域上运行 Map 函数将得出以下的 Key/Value 对列表:

(one, 1)	(small, 1)	(step, 1)	(for, 1)	(man, 1)
(one, 1)	(giant, 1)	(leap, 1)	(for, 1)	(mankind, 1)

如果对这个 Key/Value 对列表应用 Reduce 函数,将得到以下一组 Key/Value 对:

(one, 2)	(small, 1)	(step, 1)	(for, 2)	(man, 1)
(giant, 1)	(leap, 1)	(mankind, 1)		

结果是对输入域中的单词进行计数,这无疑对处理索引十分有用。但是,现在假设有两个输入域,第一个是 one small step for man,另一个是 one giant leap for mankind。可以在每个域上执行 Map 函数和 Reduce 函数,然后将这两个 Key/Value 对列表应用到另一个 Reduce 函数,这时得到与前面一样的结果。换句话说,可以在输入域并行使用相同的操作,得到的结果是一样的,但速度更快。这便是 MapReduce 的威力;它的并行功能可在任意数量的系统上使用。

2. 示例 2

Hadoop 提供的范例 Wordcount(计算网页中各个单词的数量)如下。

(1) Input:文本内容→<行号,文本内容>

(2) Map:<行号,文本内容>→List<<单词,数量 1>>

（3）Reduce：<单词，List<数量1>>→<单词，数量合计>

（4）Output：List<<单词，数量>>→文本文件

5.4.3 MapReduce 实现和架构

通常，MapReduce 框架系统运行在一组相同的节点上，计算节点和存储节点通常在一起，这种配置允许框架在已经存好数据的节点上高效地调度任务。MapReduce 采用主/从结构，由一个负责主控的 JobTracker 服务器（Master）及若干个执行任务的 TaskTracker（Slave）组成，如图 5.6 所示。JobTracker 与 HDFS 的 NameNode 处于同一节点，而 TaskTracker 则与 DataNode 处于同一节点，一台物理机器上只运行一个 TaskTracker。在 MapReduce 框架里，客户的一个作业通常会把输入数据集分成若干独立的数据块，由 Map 任务并行地处理。框架会对 Map 的输出结果进行排序和汇总，然后输入给 Reduce 任务。作业的 I/O 结果存储在 HDFS 文件系统中。JobTracker 负责调度所有的任务，并监控它们的执行，重新执行已经失败的任务。

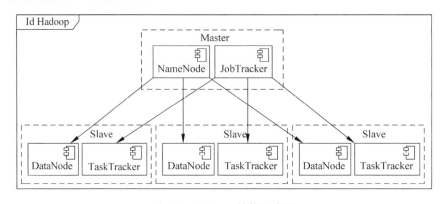

图 5.6　Hadoop 结构示意图

5.5　分布式协同控制

分布式系统中的每个节点既独立运行又与所有其他节点并行工作，因而要进行协同控制。本部分先介绍一般的分布式系统并发控制方法，然后对 Google 分布式锁机制进行分析。

5.5.1 常见分布式并发控制方法

分布式并发控制作为分布式事务管理的基本任务之一，其目的是保证分布式数据库系统中多个事务高效而正确地并发执行。并发控制就是负责正确协调并发事务的执行，保证这种并发存取操作不会破坏系统的完整性和一致性，以确保并发执行的多个事务能够正确运行并获得正确结果。下面介绍几种常见分布式并发控制方法。

1. 基于锁机制的并发控制方法

基于锁（Locking）机制的并发控制方法的基本思想是：事务对任何数据的操作均须先申请该数据项的锁，只有申请到锁，即加锁成功后才可对数据进行操作。操作完成以后，释

放所申请的锁。如果需申请的锁已被其他事务锁定则要等待,直到那个事务释放该锁为止。通过锁的共享及排斥特性,来实现事务的可串行化调度。两阶段锁协议是最著名的锁并发控制算法之一。

对分布式计算而言,考虑到数据的冗余(同一数据在系统中有多个副本存在),需要引入专门的多副本锁并发控制算法。

2. 基于时间戳的并发控制方法

与锁机制试图通过互斥来支持串行性不同,基于时间戳的并发控制方法,通过选择一个事先的串行次序来执行事务。为建立次序,需要在每个事务初始化时由事务管理器为事务分配一个唯一的时标,用以识别事务并准许排序。基于时间戳的思想是:赋予每个事务唯一的时标,事务的执行等效于按时标次序串行执行。如果发生冲突,则通过撤销并重新启动一个事务来解决。

时间戳法按时标递增次序来决定串行序列,无需加锁也没有死锁,避免了加锁和死锁检测造成的通信开销,但是它要求时标在全系统中是唯一的。对于较少的系统,时间戳法较为方便;而对于冲突较多的系统,则要以增加事务的重新启动为代价。目前,时间戳法仅限于理论研究,实际运用较少。

3. 乐观并发控制方法

乐观并发控制(Optimistic Concurrency Control)方法以事务间极少发生冲突为前提。与加锁法和时间戳法遇到冲突操作即停止或拒绝执行不同,乐观并发控制方法并不考虑冲突,而是让事务执行完毕。乐观并发控制方法将写操作的结果暂存,在事务结束后,通过一项专门的检测来检验事务的执行是否可串行化,如果可以才把写操作的结果永久化,否则将重新启动该事务。

乐观并发控制方法具有不阻塞、无死锁等优点,但它造成的重启代价是巨大的,因为事务行将结束。乐观并发控制方法是并发控制领域的一种新技术,并行度高,但存储开销也大。

4. 基于版本的并发控制方法

基于版本的并发控制方法把版本管理的概念引入并发控制,使分布式应用能够并行进行,适用于分布式数据库。多用户版本允许用户把初始数据读取到自己的工作区,用户在工作区内对数据进行操作,并用版本来记录每次操作的结果。任务结束时,利用 EDBMS(工程数据库管理系统)的版本合并功能对版本进行管理,如指定、合并或者删除版本。多用户版本在一定程度上可以避免死锁的发生,也避免了为预防和解除死锁而增加的代价,但它增加了任务需要的工作空间。

5. 基于事务类的并发控制方法

基于事务类的并发控制方法把数据库的不同部分划分为不同的冲突类,用存储过程来访问数据库,一个存储过程对应于一个事务。一个冲突类由若干对象决定,属于该冲突类的事务只能存取这些对象。一个事务可以属于多个冲突类,每个冲突类设一个主节点。利用一个读/写所有可用站点的副本控制法,读事务可在任何节点执行,而写事务则被广播到组内的所有节点,且只在冲突类的主节点执行。按照这种原则,属于同一冲突类的事务发生冲突的可能性较大,属于不同冲突类的事务不会发生冲突。每一个冲突类中存在一个先进先出的类队列,当事务处在相同的冲突队列中时,它们将按照一定的次序执行,以保证冲突事务的串行化。这种方法有效避免了死锁的发生。

5.5.2 Google Chubby 并发锁

对于由大规模服务器群构成的云计算数据中心而言,分布式同步机制是系统正确性和可靠性的基本保证,是开展一切上层应用的基础。Google Chubby 和 Hadoop ZooKeeper 是云基础架构分布式同步机制的典型代表,可用于协调系统中的各个部件,再协同运作来同步访问信息资源使数据保持一致性。下面进行简要介绍。

Chubby 系统提供粗粒度的锁服务,并且基于松耦合分布式系统设计一致性问题。Chubby 系统本质上是一个分布式的文件系统,存储大量的小文件。每一个文件就代表了一个锁,并且保存一些应用层面的小规模数据。用户通过打开、关闭和读取文件,获取共享锁或者独占锁;并且通过通信机制,向用户发送更新信息。

Google Chubby 系统基本上分为两部分:服务器端,称为 Chubby Cell;客户端,每个 Chubby 的客户都有一个 Chubby Library。这两部分通过 RPC 进行通信,如图 5.7 所示。客户端通过 Chubby Library 的接口调用,在 Chubby Cell 上创建文件来获得相应的锁的功能。由于整个 Chubby 系统比较复杂且细节很多,可将整个系统分为 3 个部分:Chubby Cell 的一致性部分、分布式文件系统部分、客户与 Chubby Cell 的交互部分。

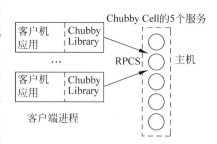

图 5.7 Google Chubby 系统架构

1. Chubby Cell 的一致性

一般来说,一个 Chubby Cell 由 5 台服务器组成,可以支持一整个数据中心的上万台机器的锁服务。Cell 中的每台服务器称为 Replicas(副本)。

当 Chubby 工作的时候,首先它需要从这些 Replicas 中选举出一个主机。注意,这其实也是一个分配一致问题,也就是说 Chubby 也存在着分布式的一致性问题。每个主机都具有一定的期限,称为主机租赁期。在这个期限内,副本们不会再选举一个其他的主机。

出于安全性和容错的考虑,所有的 Replicas(包括主机)都维护同一个数据的副本。但是,只有主机能够接受客户端提交的操作对数据进行读和写,而其他的 Replicas 只是和主机进行通信来修改它们各自的数据。所以,一旦一个主机被选举出来后,所有的客户端都只和主机进行通信,如果是读操作,一台主机就够了,如果是写操作,主机会通知其他的 Replicas 进行修改。这样,一旦主机意外停机,那么其他的 Replicas 也能够很快地选举出另外一个主机。

2. Chubby 的文件系统

前文说过,Chubby 的底层实现其实就是一个分布式的文件系统。这个文件系统的接口是类似于 UNIX 系统的。例如,对于文件名/ls/foo /wombat/pouch,ls 表示的是"锁服务",foo 表示的是某个 Chubby Cell 的名字,wombat/pouch 则是这个 Cell 上的某个文件目录或者文件名。如果一个客户端使用 Chubby Library 来创建这样一个文件名,那么这样一个文件就会在 Chubby Cell 上被创建。

由于 Chubby 的文件系统的特殊用途做了很多的简化,如它不支持文件的转移,不记录文件最后访问时间等,因此整个文件系统只包含文件和目录,统一称为"Node"。文件系统采用 Berkeley DB 来保存 Node 的信息,主要是一种 Map 的关系。Key 就是 Node 的名字,Value 就是 Node 的内容。

Chubby Cell 和客户端之间用了事件形式的通知机制。客户端在创建文件后会得到一个 Handle,并且还可以订阅一系列的事件,如文件内容修改的事件。这样,一旦客户端相关的文件内容被修改了,那么 Cell 会通过机制发送一个事件来告诉客户端该文件被修改了。

3. 客户端与 Chubby Cell 的交互

这里大致包含两部分的内容:Cache 的同步机制和 KeepAlive 握手协议。为了降低客户端和 Cell 之间通信的压力和频率,客户端在本地会保存一个和自己相关的 Chubby 文件的 Cache。例如,如果客户端通过 Chubby Library 在 Cell 上创建了一个文件,那么在客户端本地,也会有一个相同的文件在 Cache 中创建,这个 Cache 中的文件内容和 Cell 上文件的内容是一样的。这样,如果客户端想访问这个文件,就可以直接访问本地的 Cache 而不通过网络去访问 Cell。

Cache 有两个状态,即有效和无效。当有一个客户端要改变某个文件的时候,整个修改会被主机封锁,然后主机会发送无效标志给所有 Cache 这个数据的客户端(它维护了这么一个表),当其他客户端收到这个无效标志后,就会将 Cache 中的状态置为无效,然后返回一个应合;当主机确定收到了所有的应合后,才完成整个修改过程。

需要注意的是,主机并不是发送修改给客户端而是发送无效标志给客户端。这是因为如果发送修改给客户端,那么每一次数据的修改都需要发送一大堆的修改,而发送无效标示的话,对一个数据的很多次修改只需要发送一个无效标示,这样大大降低了通信量。

关于 KeepAlive 协议,则是为了保证客户端和主机随时都保持联系。客户端和主机每隔一段时间就会 KeepAlive 一次,这样,如果主机意外停机,客户端可以很快地知道这个消息,然后迅速地转移到新的主机上。并且,这种转移对于客户端的应用是透明的,也就是说应用并不会知道主机发生了错误。

5.6 本章小结

本章介绍了构成云计算的主要关键技术——分布式计算技术。分布式计算和并行计算是相互关联的两个不同概念,成为实现云计算的关键技术。分布式计算是指通过网络将多个独立的计算节点(即物理服务器)连接起来共同完成一个计算任务的计算模式。并行计算是指许多指令得以同时进行的计算模式,其实就是指同时使用多种计算资源解决计算问题的过程。

分布式系统有一个重要的理论就是 CAP 理论。CAP 理论指出:一个分布式系统不可能同时满足一致性、可用性和分区容忍性这 3 个需求。最多只能同时满足其中的两个。BASE 是基于 CAP 理论逐步演化而来的,核心思想是即便不能达到强一致性,但可以根据应用特点采用适当的方式来达到最终一致性的效果。

Hadoop 是由 Apache 基金会开发,设计用来由通用计算设备组成的大型集群上执行分布式应用的基础框架。用户可以在不了解分布式底层细节的情况下开发分布式程序,以充分利用集群的威力,即高速运算和存储。

分布式文件系统是指文件系统管理的物理存储资源不一定直接连接在本地节点上,而是通过计算机网络与节点相连。Hadoop 项目,最底部、最基础的是 HDFS,被设计成适合运行在通用硬件(Commodity Hardware)上的分布式文件系统。DFS 集群是由一个 NameNode 和一定数目的 DataNode 组成。NameNode 是一个中心服务器,负责管理文件系统的名字空间(NameSpace)及客户端对文件的访问。集群中的 DataNode 一般是一个节点,负责管理它所在节点上的存储。

MapReduce 在分布式系统中,机器集群就可以看作硬件资源池,将并行的任务拆分,然后交由每一个空闲机器资源去处理,能够极大地提高计算效率,同时这种资源无关性,对于计算集群的扩展无疑提供了最好的设计保证。任务分解处理以后,就需要将处理以后的结果再汇总起来。

Google Chubby 和 Hadoop ZooKeeper 是云基础架构分布式同步机制的典型代表,可用于协调系统中的各个部件,协同运作来同步访问信息资源以保证数据一致性。

Chubby 是一个分布式的文件系统,存储大量的小文件。每一个文件就代表了一个锁,并且保存一些应用层面的小规模数据。用户通过打开、关闭和读取文件,获取共享锁或者独占锁;并且通过通信机制向用户发送更新信息。

第6章 Web 2.0

Web 2.0 是相对 Web 1.0 的新的一类互联网应用的统称。Web 1.0 的主要特点在于用户通过浏览器获取信息。Web 2.0 则更注重用户的交互作用,用户既是网站内容的浏览者,也是网站内容的制造者。互联网上的每一个用户不再仅仅是互联网的读者,同时也成为互联网的作者;不再仅仅是在互联网上冲浪,同时也成为波浪制造者;在模式上由单纯的"读"向"写"及"共同建设"方向发展;由被动地接收互联网信息向主动创造互联网信息发展。当前,Web 2.0 已成为构成云计算的关键技术。

6.1 Web 2.0 的产生背景和定义

6.1.1 Web 2.0 的产生背景

互联网迅猛发展,正在经历着重大变革,Web 2.0 就是在这样的时代背景之下诞生的。

1. 互联网质的变化引发升级换代

互联网用户量不断增多,成员扩充到一定阶段必然引发质的变化。互联网正在经历重大的变革,逐步升级换代,不仅是技术上的,而且包括互联网社会体制的变化,笼统地将其称为 Web 2.0(互联网2.0)。社会体系的变化是深层次的,将引起生产关系和生产力的变化,从而激发出更高的效率和巨大的财富。

2. 互联网用户强劲的个性独立和社会化需求

互联网用户需求和行为一直是互联网产业所关注的重心。个性独立和社会化是今天互联网用户日益深化的需求,也是未来不可阻挡的趋势,并且个性独立是社会化的前提。Web 2.0 的本质是社会化的互联网,是要重构过去的少数人主导的集中控制式的体系,而更多关注个体以及在个体基础上形成的社群,并在充分激发释放出个体能量的基础上带动体系的增长。

(1) 个性独立起因。

个性独立是独立的人的基本需求,会延伸到整个网络社会中,而个性独立今天爆发出来的原因在于:技术和理念的发展使得互联网用户自我呈现表达的门槛降低;互联网用户需求在深化,在很多基本需求被满足后,有了社会交往和个性表达的深入需求;有越来越多的人在网上表达出自己。

(2) 社会化起因。

互联网用户的增多,相互就会形成各种隐性的(看不见的)、显性的(看得见的)千丝万缕的联系。今天和未来是一个开放的社会,一个趋于真实的社会,今天的社会学理论(如六度分隔理论以及社会资本、社会性网络)同样也在互联网社会中得到实践和验证,并推动网络社会的和谐,而今天的互联网社会和商业体制也在社会化的浪潮中开始升级换代。

3. 互联网创新应用和创新思考的积累

公众互联网的商业发展经历了若干年,留给今天业者的思考就是:为什么有些互联网公司取得了非凡的成功,而有些互联网公司却消失了或在苦苦挣扎?这些成功的互联网公司其成功的决定性因素是什么?还有一些新涌现的现象,如博客(Blog)在蓬勃发展,一些新的创新应用的轻量型的公司在给用户带来非凡的体验。而它们似乎都有一些共同之处。这都是要思考的问题,到 2004 年这些创新思考的片段汇聚在了一起,逐渐在讨论中形成了系统的理论和思想体系,并不断被认识、思考、完善和应用,这个系统的理论和思想体系就是 Web 2.0。

6.1.2 Web 2.0 的概念

Web 2.0 是什么这一问题很多人在说,又好像所有的人都无法说清。可以肯定地是,Web 2.0 不是一种单纯的技术变革,不是一种简单的诸如 C2C、IM 这样可以描述出来的相对独立的服务或应用。对 Web 2.0 目前还没有一个统一的定义,它只是一个符号,表明的是正在变化中的互联网,这些变化相辅相成,彼此联系在一起,才促使互联网出现今天的模样,才让社会性、用户、参与和创作浮出水面而成为互联网文化的中坚力量并表征着未来。

互联网协会对 Web 2.0 的定义是:Web 2.0 是互联网的一次理念和思想体系的升级换代,由原来的自上而下的由少数资源控制者集中控制主导的互联网体系,转变为自下而上的由广大用户集体智慧和力量主导的互联网体系。Web 2.0 内在的动力来源是将互联网的主导权交还个人,从而充分发掘出个人的积极性并使他们参与到体系中来,广大个人所贡献的影响和智慧和个人联系形成的社群的影响替代了原来少数人所控制和制造的影响,从而极大解放了个人的创作和贡献的潜能,使得互联网的创造力上升到了新的量级。

6.1.3 Web 2.0 和 Web 1.0 的比较

Web 1.0 泛指 Web 2.0 概念产生之前即 2003 年之前互联网应用的统称,两者对比如表 6.1 所列。

表 6.1 Web 1.0 和 Web 2.0 的对比

项　目	Web 1.0	Web 2.0
时间	1993—2003	2003—?
表现形式	通过浏览器浏览大量网页	网页,加上很多通过 Web 分享的其他"内容",更加互动,更像一个应用程序而非一个"网页"
模式	"读"	"写"和贡献
主要内容单元	"网页"	"帖子/记录"(微内容)
形态	"静态"	"动态"(聚合)
浏览方式	浏览器	浏览器、RSS 阅读器、其他
体系结构	客户服务器	"Web 服务"
内容创建者	网页编写者	任何人
主导者	"geeks"极客	"大量业余人士"
旗手	Netscape、Yahoo、Google	Google

Web 1.0 是为人创造的 Internet，经常谈到的是门户、内容、商业模式、封闭、大而全、以网站为中心等名词，它是一对一的（网站对用户）。Web 2.0 是为计算机更好地创造 Internet，相对于 Web 1.0，其谈论的是个性化、应用、服务、开放、聚合、以个人为中心等名词，它是社会性网络（用户对用户）。Web 1.0 典型旗手公司是 Netscape，而 Web 2.0 典型旗手公司是 Google。

（1）Netscape。以传统的软件摹本来勾勒其所谓的"互联网作为平台"，其旗舰产品是互联网浏览器，即一个桌面应用程序。同时，它们的战略是利用其在浏览器市场的统治地位，来为昂贵的服务器产品建立起市场。最终，浏览器和网络服务器都变成了"日用品"，同时价值链条也向上移动到了在互联网平台上传递的服务。

（2）Google。以天生的网络应用程序的角色问世，它从不出售或者打包程序，而是以服务的方式来传递。没有了定期的软件发布，只需要持续地改善；没有了许可证或销售，只需要使用；没有了平台迁移，只需要搭建宏大的、由众多个人计算机组成的、可伸缩的网络，其上运行开源操作系统，及其自行研制的应用程序和工具，而公司之外的任何人则永远无法接触到这些东西。

关于 Web 1.0 是为人创造 Internet 而 Web 2.0 是为计算机更好地创造 Internet 的解释：World Wide Web，简称 WWW，是英国人 TimBerners-Lee 于 1989 年在欧洲共同体的一个大型科研机构任职时发明的。通过 Web，互联网上的资源可以在一个网页里比较直观地表示出来；而且资源之间，在网页上可以链来链去。在 Web1.0 上做出巨大贡献的公司有 Netscape、Yahoo 和 Google。Netscape 研发出第一个大规模商用的浏览器，Yahoo 的杨致远提出了互联网黄页，将互联网进行了分类，而 Google 后来居上，推出了大受欢迎的搜索服务。

搜索最大的贡献是，把互联网上海量的信息用机器初步进行了个分类。但是，仅知道网页里有哪些关键字，只是解决了人浏览网页的需求。所以，Tim-Berners-Lee 在提出 WWW 后不久，即开始推出语义网（Semantic Web）的概念。为什么呢？因为互联网上的内容机器不能理解。他的理想是，网页制作时和架构数据库时，大家都用一种语义的方式，将网页里的内容表述成机器可以理解的格式。这样，整个互联网就成了一个结构严谨的知识库。从理想的角度，这是很诱人的，因为科学家和机器都喜欢有秩序的东西。Berners-Lee 关心的是，互联网上的数据及能否被其他的互联网应用所重复引用。下面举一个例子来说明标准数据库的魅力。有个产品叫 LiberyLink。装了它后，到 Amazon 上去浏览时会自动告诉你某一本书在用户当地的图书馆能否找到、书号是多少等。因为一本书有统一的书号和书名，两个不同的互联网服务（Amazon 和当地图书馆数据库检索）可以共享数据，给用户提供全新服务。

但是，语义网提出之后曲高和寡，响应的人并不多。为什么呢？因为指望网页的制作者提供这么多额外的信息去让机器理解一个网页太难了；简直就是人给机器打工。这违反了人们能偷懒就偷懒的本性。看看 Google 的成功就知道了。Google 有个 Page Rank 技术，将网页之间互相链接的关系，用来做结果排序的一个依据，变相利用了网页制作人的判断力。想一想网页的制作者们，从数量来说，比纯浏览者的数量小得多。但 Google 就这一革新再加上网页制作者的部分力量，已将其推上了互联网的顶峰。

互联网下一步是要让所有的人都忙起来，全民织网，然后用软件、机器的力量使这些信息更容易被需要的人找到和浏览。如果说 Web 1.0 是以数据为核心的互联网,那么 Web 2.0 可以说是以人为出发点的互联网。

6.1.4 Web 2.0 的特征

Web 2.0 具有以下特征。

1. 多人参与

在 Web 1.0 里,互联网内容是由少数编辑人员(或站长)定制的,比如各门户网站;而在 Web 2.0 里,每个人都是内容的供稿者。

2. 人是灵魂

在互联网的新时代,信息是由每个人贡献出来的,每个人共同组成互联网信息源。Web 2.0 的灵魂是人。

3. 可读、可写互联网

在 Web 1.0 里,互联网是"阅读式互联网",而 Web 2.0 是"可写可读互联网"。虽然每个人都参与信息供稿,但从大范围看,贡献大部分内容的是小部分的人。

4. Web 2.0 的元素

Web 2.0 包含了经常使用的服务,如博客、维基、P2P 下载、社区、分享服务等。博客是 Web 2.0 里十分重要的元素,因为它打破了门户网站的信息垄断,在未来,博客的地位将更为重要。

5. 个人看法

Web 2.0 实际上是对 Web 1.0 的信息源进行扩展,使其多样化和个性化。

6.2 Web 2.0 应用产品

互联网现在已经全面进入了 Web 2.0 时代,可以称为又一次的互联网黄金时代,微博、轻博客的诞生和迅猛发展,体现出 Web 2.0 在网络中的强烈互动性。有相当多的 Web 2.0 产品得到广泛应用,如百度百科、Wiki 百科、人人网、点点网、Wallop、Yahoo360、Openbc、Cyworld、43things、Flickr、Cragslist、Glob、客齐集、Friendster、LinkedIn、UU 通、优友、天际网、爱米网、Linkist、新浪点点通、Skype、亿友、新浪名博、土豆网、猪八戒威客网等都是 Web 2.0 产品,下面主要介绍几个最常用的产品。

6.2.1 Web 2.0 的主要应用产品

1. Blog

Blog 是个人或群体以时间顺序所作的一种记录,且不断更新。Blog 之间的交流主要是通过反向引用(TrackBack)和留言/评论(Comment)的方式来进行的。Blog 的作者(Blogger),既是这个 Blog 的创作人,也是其档案管理人。

TrackBack 是一种 Blog 应用工具,它可以让 Blogger 知道有哪些人看到自己的文章后撰写了与之有关的内容。这种功能实现了网站之间的互相通告,因此它也可以看作一种提醒功能。

在 Web 2.0 的世界中,Blog(中文翻译作"网志"、"博客")绝对是个"招牌菜",它已获得了广泛的知名度,代表个人媒体的崛起。

"911 事件"是 Blog 发展史上的里程碑阶段。人们发现,恐怖事件现场当事人建立的 Blog 才是最可能给出第一手和最真实信息的人。一个重要的博客类战争 Blog(WarBlog)因此繁荣起来。"对 911 事件最真实、最生动的描述不在《纽约时报》,而在那些幸存者的 Blog 中"一位 Blog 作者这样写道。

在中文世界,让"博客"一举成名的人当属"木子美",她对个人隐私毫不避讳地曝光,完全颠覆了中国人的伦理传统。网民们蜂拥而至"木子美"的 Blog,"木子美"私生活曝光的同时,Blog 也走进大众传播领域。

Blog 并不是一个充满技术含量的概念,为了便于理解,你甚至可以把它看作以时间为顺序更新的个人主页。Blog 的可贵之处在于,它让世人认识到,写作并不是媒体的专利,新闻也不是记者的特权。再眼疾手快的记者也不如在现场的人更了解事实。目击者的 Blog 比新闻记者拥有更高的权威和更接近事实的判断。

在亚洲,韩国人 Oh Yeon Ho 创立的 Blog 网站已经成为韩国重要的媒体力量,通过发动全社会的力量,无论是韩国总统卢武铉遭弹劾事件,还是韩国人金善逸在伊拉克遭到绑架并被杀害事件,都走在了韩国各大媒体的前列。这个网站的一条新闻上竟然有 85000 条评论,远超过其他媒体互动水平。

著名硅谷 IT 专栏作家丹·吉尔默总结说,Blog 本身代表着"新闻媒体 3.0"。1.0 是指传统媒体或说旧媒体(Old Media,如"晚报、CCTV"),2.0 就是人们通常所说的新媒体(New Media,如新浪、雅虎)也称为跨媒体,3.0 就是以 Blog 为代表的个人媒体或者称为自媒体(We Media)。

Blog 发展至今,内容已并不仅局限于文字,图片、音频和视频都是可选项,而音频 Blog 就有一个自己的名字——Podcast(国内翻译为"播客")。Blog 搭起了从互联网阅读时代到写录时代的桥梁。

2. Wiki

Wiki 是 Web 2.0 体系下的又一个概念。Wiki 可以简单地解释为由网友自发维护的网络大百科全书,这个大百科全书由网友自发编辑并修改内容,每个人既可以是某个词条的读者,又可以是这个词条的编撰者,读者和编辑的界限在 Wiki 中被模糊了。首个 Wiki 网站的创建者 Ward Cunningham 说:"我创建第一个 Wiki 的初衷就是要建立一种环境,我们能够交流彼此的经验。"

3. Tag

标签(Tag)是一种更为灵活、有趣的日志分类方式,可以让你为自己所创造的内容(Blog 文字、图片、音频等)创建多个用作解释的关键字。比如一幅雪景的图片就可以定义为"雪花"、"冬天"、"北极"、"风景照片"等。雅虎刚刚收购的图片共享网站 Flickr 就对此提供支持。Tag 类似于传统媒体的"栏目",它的相对优势则在于创作者不会因媒体栏目的有限性而无法给作品归类,体现了群体的力量,使得日志之间的相关性和用户之间的交互性大大增强,其核心价值是社会化书签(SocialBookmark),用于分享多人的网络书签。

4. SNS

SNS(Social Network Service,社会性网络服务)依据六度分隔理论,以认识朋友的朋友为基础,扩展自己的人脉,便于在需要的时候可以随时获取一点该人脉的帮助。SNS 网站,就是依据六度分隔理论建立的网站,帮你运营朋友圈里的朋友。

Google 推出 1GB 免费信箱也是一个 SNS 的应用,通过网友之间的互相邀请,Gmail 在很短的时间内就获得了巨大的用户群。

5. RSS

RSS 是一种用于共享新闻和其他 Web 内容的数据交换规范,起源于网景通讯公司 Netscape 的推(Push)技术,将订户订阅的内容传送给他们的通讯协同格式(Protocol)。其主要版本有 0.91、1.0 和 2.0。广泛用于 Blog、Wiki 和网上新闻频道。借助 RSS,网民可以自由订阅指定 Blog 或是新闻等支持 RSS 的网站(绝大多数的 Blog 都支持 RSS),也就是说,读者可以自定义自己喜欢的内容,而不是像 Web 1.0 那样由网络编辑选出读者阅读的内容。世界多数知名新闻社网站都提供 RSS 订阅支持。它的核心价值在于颠覆了传统媒体中心的理念。雅虎首席运营官丹尼尔·罗森格告诉记者,"(对传统媒体的)颠覆倒不敢说,但 RSS 重新定义了信息分享的方法,颠覆了未来信息社会必须有一个核心的理念,虽然 RSS 眼下并不会为网络广告带来什么帮助,但是却能让所有人更好地分享信息。"

6.2.2 主要产品的区别

1. Blog 和 BBS 的区别

Blog 是集原创文章、链接评价、链接、网友跟进于一体的,比起 BBS 那种口无遮拦、随心所欲、良莠不齐的情绪化发言,博客制作的日志更加审慎、仔细和周详,其单个文本的丰富性、讨论脉络的清晰度、论题的拓展空间都超过了 BBS 的网友发言帖子。

2. Wiki 和 BBS 的区别

BBS 没有上下文的概念,讨论经常无法持久地进行。讨论组反复围绕着同一个话题,但是人们经常忘了以前说过什么,讨论的内容无法积累和沉淀。

3. Wiki 和 Blog 的区别

Wiki 站点一般都有着一个严格的共同关注点,Wiki 的主题一般是明确而坚定的。Wiki 站点的内容要求有高度相关性。其确定的主旨,任何写作者和参与者都应当严格地遵从。Wiki 的协作是针对同一主题作外延式和内涵式的扩展,将同一个问题谈得很充分、很深入。

Wiki 非常适合做一种"任何事物"的站点。个性化在这里不是最重要的,信息的完整性和充分性及权威性才是真正的目标。由于 Wiki 的技术实现和含义的交织和复杂性,如果你漫无主题地去发挥,最终连建立者自己都会很快迷失。Wiki 使用最多也最合适的就是去共同进行文档的写作或者文章/书籍的写作。特别是技术相关的(尤以程序开发相关的)FAQ,更合适以 Wiki 来展现。

Blog 是一种无主题变奏,一般来说是少数人(大多数情况下是一个人)关注的蔓延。一般的 Blog 站点都会有一个主题,凡是这个主旨往往都是很松散的,而且一般不会去刻意控制内容的相关性。

Blog 注重的是个人的思想(不管多么不成熟,多么地匪夷所思),个性化是 Blog 的最重要特色。Blog 注重交流,一般是小范围的交流,访问者通过对一些或者一篇 Blog 文章的评论进行交互。Blog 也有协作的意思,但是协作一般是指多人维护,而维护者之间可能着力于完全不同的内容。这种协作的内容是比较松散的。任何人、任何主题的站点,都可以以

Blog 方式展示,都有它的生机和活力。

6.3 Web 2.0 相关技术

6.3.1 Web 2.0 的设计模式

Web 2.0 应用"模式语言"(a Pattern Language)描述了问题的核心解决方案。以此方式可以在方案中重复使用很多次,可减少工作量。

1. 长尾

小型网站构成了互联网内容的大部分内容,细分市场构成了互联网的大部分可能的应用程序。所以,利用客户的自服务和算法上的数据管理来延伸到整个互联网,到达边缘而不仅仅是中心,到达长尾而不仅仅是头部。

2. 数据是下一个 Intel Inside

应用程序越来越多地由数据驱动。因此为获得竞争优势,应设法拥有一个独特的、难以再造的数据资源。

3. 用户增添价值

对互联网程序来说,竞争优势的关键在于,用户多大程度上会在你提供的数据中添加他们自己的数据。因而,不要将你的"参与的体系"局限于软件开发,要让你的用户们隐式和显式地为你的程序增添价值。

4. 默认的网络效应

只有很小一部分用户会不嫌麻烦地为你的程序增添价值。因此,要将默认设置得适合用户的数据,使之成为用户使用程序的副产品。

5. 一些权力保留

知识产权保护限制了重用也阻碍了实验。因而,在好处来自于集体智慧而不是私有约束的时候,应确认采用的门槛要低。遵循现存准则,并以尽可能少的限制来授权。设计程序使之具备可编程性和可混合性。

6. 永远的测试版

当设备和程序连接到互联网时,程序已经不是软件作品了,它们是正在展开的服务。因此,不要将各种新特性都打包到集大成的发布版本中,而应作为普通用户体验的一部分来经常添加这些特性。吸引你的用户来充当实时的测试者,并且记录这些服务以便了解人们是如何使用这些新特性的。

7. 合作而非控制

Web 2.0 的程序是建立在合作性的数据服务网络之上的。因此,提供网络服务界面和内容聚合,并重用其他人的数据服务。支持允许松散结合系统的轻量型编程模型。

8. 软件超越单一设备

PC 不再是互联网应用程序的唯一访问设备,而且局限于单一设备的程序的价值小于那些相连接的程序。因此,从一开始就设计你的应用程序,使其集成跨越手持设备、PC 和互联网服务器的多种服务。

6.3.2 Web 标准

1. Web 标准的定义

Web 标准不是某一个标准,而是一系列标准的集合。网页主要由 3 部分组成:结构(Structure)、表现(Presentation)和行为(Behavior)。对应的标准也分为 3 个方面:结构化标准,语言主要包括 XHTML 和 XML;表现标准,语言主要包括 CSS;行为标准,主要包括对象模型,如 W3C DOM、ECMAScript 等。这些标准大部分由 W3C 起草和发布,也有一些是其他标准组织制订的标准,比如 ECMA(European Computer Manufacturers Association)的 ECMAScript 标准。

2. 相应的标准

1) XML

XML(the eXtensible Markup Language)是可扩展标识语言的简写。目前推荐遵循的是 W3C 于 2000 年 10 月 6 日发布的 XML 1.0(参考 WWW. W3. org/TR/2000/REC-XML-20001006)。和 HTML 一样,XML 同样来源于 SGML,但 XML 是一种能定义其他语言的语言。XML 最初设计的目的是弥补 HTML 的不足,以强大的扩展性满足网络信息发布的需要,后来逐渐用于网络数据的转换和描述。关于 XML 的好处和技术规范细节这里就不多说了,网上有很多资料,也有很多书籍可供参考。

2) XHTML

XHTML (the eXtensible HyperText Markup Language)是可扩展超文本标识语言的缩写。目前推荐遵循的是 W3C 于 2000 年 1 月 26 日推荐的 XML 1.0(参考 HTTP://WWW. W3. org/TR/xhtml1)。XML 虽然数据转换功能强大,完全可以替代 HTML,但面对成千上万已有的站点,直接采用 XML 还为时过早。因此,在 HTML 4.0 的基础上,用 XML 的规则对其进行扩展,得到了 XHTML。简单地说,建立 XHTML 的目的就是实现 HTML 向 XML 的过渡。

3) CSS

CSS(Cascading Style Sheets)是层叠样式表的缩写。目前推荐遵循的是 W3C 于 1998 年 5 月 12 日推荐的 CSS2(参考 HTTP://WWW. W3. org/TR/CSS2/)。W3C 创建 CSS 标准的目的是以 CSS 取代 HTML 表格式布局、帧和其他表现的语言。纯 CSS 布局与结构式 XHTML 相结合能帮助设计师分离外观与结构,使站点的访问及维护更加容易。

4) DOM

DOM(Document Object Model)是文档对象模型的缩写。根据 W3C DOM 规范(HTTP://WWW. W3. org/DOM/),DOM 是一种与浏览器、平台、语言的接口,使得可以访问页面其他的标准组件。简单理解,DOM 解决了 Netscaped 的 JavaScript 和 Microsoft 的 JScript 之间的冲突,给予 Web 设计师和开发者一个标准的方法,让他们来访问站点中的数据、脚本和表现层对象。

5) ECMAScript

ECMAScript 是 ECMA(European Computer Manufacturers Association)制定的标准脚本语言(JAVAScript)。目前推荐遵循的是 ECMAScript 262(http://www. ecma. ch/ecma1/STAND/ECMA-262. HTM)。

3. Web 标准的目的

大部分人都有深刻体验,每当主流浏览器版本升级,刚建立的网站就可能变得过时,就需要升级或者重新建造一遍网站。例如,1996~1999 年典型的"浏览器大战",为了兼容 Netscape 和 IE,网站不得不为这两种浏览器编写不同的代码。同样地,每当新的网络技术和交互设备出现,也需要制作一个新版本来支持这种新技术或新设备,如支持手机上网的 WAP 技术。类似的问题举不胜举:网站代码臃肿、繁杂浪费了大量的带宽;针对某种浏览器的 DHTML 特效,屏蔽了部分潜在的客户;不易用的代码,残障人士无法浏览网站等。这是一种恶性循环,是一种巨大的浪费。

如何解决这些问题呢?有识之士早已开始思考,需要建立一种普遍认同的标准来结束这种无序和混乱。商业公司(Netscape、Microsoft 等)也终于认识到统一标准的好处,因此在 W3C(W3C.org)的组织下,网站标准开始建立(以 1998 年 2 月 10 日发布 XML1.0 为标志),并在网站标准组织(Webstandards.org)的督促下推广执行。网站标准的目的就是:

(1) 提供最多利益给大多数的网站用户。

(2) 确保任何网站文档都能长期有效。

(3) 简化代码,降低建设成本。

(4) 让网站更容易使用,能适应更多不同用户和更多网路设备。

(5) 当浏览器版本更新或者出现新的网络交互设备时,确保所有应用能够继续正确执行。

4. 采用 Web 标准的好处

(1) 对网站浏览者的好处如下:

① 文件下载与页面显示速度更快。

② 内容能被更多的用户(包括失明、视弱、色盲等残障人士)所访问。

③ 内容能被更广泛的设备(包括屏幕阅读机、手持设备、搜索机器人、打印机、电冰箱等)所访问。

④ 用户能够通过样式选择定制自己的表现界面。

⑤ 所有页面都能提供适于打印的版本。

(2) 对网站所有者和开发者的好处如下:

① 更少的代码和组件,容易维护。

② 带宽要求降低(代码更简洁),成本降低。举个例子:当 ESPN.com 使用 CSS 改版后,每天节约超过两兆字节(2MB)的带宽。

③ 更容易被搜寻引擎搜索到。

④ 改版方便,不需要变动页面内容。

⑤ 提供打印版本而不需要复制内容。

⑥ 提高网站易用性。在美国,有严格的法律条款(Section 508)来约束政府网站必须达到一定的易用性,其他国家也有类似的要求。

6.3.3 向 Web 标准过渡

大部分网页采用传统的表格布局、表现与结构混杂在一起的方式来建立网站。学习使用 XHTML+CSS 的方法需要一个过程,使现有网站符合网站标准也不可能一步到位。最好的方法是循序渐进,分阶段逐步达到完全符合网站标准的目标。如果是新手,或者对代码不是很熟悉,也可以采用遵循标准的编辑工具,如 Dreamweaver MX 2004,它是目前支持CSS 标准最完善的工具。

1. 初级改善

(1) 为页面添加正确的 DOCTYPE。

很多设计师和开发者都不知道什么是 DOCTYPE,DOCTYPE 有什么用。DOCTYPE 是 DOCument TYPE 的简写,其主要用来说明用的 XHTML 或者 HTML 是什么版本。浏览器根据 DOCTYPE 定义的 DTD(文档类型定义)来解释页面代码。所以,如果不注意设置了错误的 DOCTYPE,结果会让你大吃一惊。XHTML1.0 提供了 3 种 DOCTYPE 可供选择:

① 过渡型(Transitional):

```
<! DOCTYPE html PUBLIC " - //W3C//DTD XHTML 1.0 Transitional//EN" "http://www. w3. org/TR/
xhtml1/DTD/xhtml1 - transitional.dtd">
```

② 严格型(Strict):

```
<! DOCTYPE html PUBLIC " - //W3C//DTD XHTML 1.0 Strict//EN" "http://www. w3. org/TR/xhtml1/DTD/
xhtml1 - strict.dtd">
```

③ 框架型(Frameset):

```
<! DOCTYPE html PUBLIC " - //W3C//DTD XHTML 1.0 Frameset//EN" "http://www. w3. org/TR/xhtml1/
DTD/xhtml1 - frameset.dtd">
```

(2) 设定一个名字空间。

直接在 DOCTYPE 声明后面添加以下代码:

```
< html XMLns = "http://www. w3. org/1999/xhtml" >
```

一个 Namespace 是收集元素类型和属性名字的一个详细的 DTD,Namespace 声明允许你通过一个在线地址指向来识别你的 Namespace,只要照样输入代码就可以。

(3) 声明编码语言。

为了被浏览器正确解释和通过标识校验,所有的 XHTML 文档都必须声明它们所使用的编码语言。代码如下:

```
< meta http - equiv = "Content - Type" content = "text/html; charset = GB2312" />
```

(4) 用小写字母书写所有的标签。

XML 对大小写是敏感的,所以,XHTML 也是大小写有区别的。所有的 XHTML 元素和属性的名字都必须使用小写,否则你的文档将被 W3C 校验认为是无效的。

(5) 为图片添加 alt 属性。

为所有图片添加 alt 属性。alt 属性指定了当图片不能显示的时候就显示供替换的文本,这样做对正常用户可有可无,但对纯文本浏览器和使用屏幕阅读机的用户来说是至关重要的。只有添加了 alt 属性,代码才会被 W3C 正确性校验通过。注意要添加有意义的 alt 属性。

（6）给所有属性值加引号。

在 HTML 中，可以不需要给属性值加引号，但是在 XHTML 中，必须加引号，这是向 XML 过渡的要求。

（7）关闭所有的标签。

在 XHTML 中，每一个打开的标签都必须关闭。

经过上述 7 个规则处理后，页面就基本符合 XHTML 1.0 的要求了。但还需要校验一下是否真的符合标准。可以利用 W3C 提供免费校验服务（http://validator.w3.org/）。发现错误后逐个修改。在后面的资源列表中也提供了其他校验服务和对校验进行指导的网址，可以作为 W3C 校验的补充。当最后通过了 XHTML 验证时，恭喜你已经向网站标准迈出了一大步。不是想象中的那么难吧！

2. 中级改善

中级改善需要应用 CSS 技术，可以有效地对页面的布局、字体、颜色、背景和其他效果进行更加精确的控制。

（1）用 CSS 定义元素外观。

在写标识时已经养成习惯，当希望字体大点就用<h1>，希望在前面加个点符号就用<li>。我们总是想< h1>的意思是大的，<li>的意思是圆点，<b>的意思是"加粗文本"。而实际上，<h1>能变成你想要的任何样子，通过 CSS，<h1>能变成小的字体，<p>文本能够变成巨大的、粗体的，<li>能够变成一张图片等。不能强迫用结构元素实现表现效果，应该使用 CSS 来确定元素的外观，如可以使原来默认的 6 级标题看起来大小一样：

```
h1, h2, h3, h4, h5, h6{ font - family:宋体, serif; font - size: 12px; }
```

（2）用结构化元素代替无意义的垃圾。

许多人可能从来都不知道 HTML 和 XHTML 元素设计的本意是用来表达结构的。很多人已经习惯用元素来控制表现，而不是结构。例如，一段列表内容可能会使用下面这样的标识：

```
句子一< br /> 句子二< br /> 句子三< br />
```

如果采用一个无序列表代替会更好：

```
< ul >< li>句子一</li >< li>句子二</li >< li>句子三</li >< /ul >
```

你或许会说"但是<li>显示的是一个圆点，我不想用圆点"。事实上，CSS 没有设定元素看起来是什么样子，你完全可以用 CSS 关掉圆点。

（3）给每个表格和表单加上 id。

给表格或表单赋予一个唯一的、结构的标记，例如：

```
< table id = "menu">
```

接下来，在书写样式表的时候，就可以创建一个"menu"的选择器，并且关联一个 CSS 规则，用来告诉表格单元、文本标签和所有其他元素怎么去显示。这样，不需要对每个<td>标签附带一些多余的、占用带宽的表现层的高、宽、对齐和背景颜色等属性。只需要一个附着的标记(标记"menu"的 id 标记),就可以在一个分离的样式表内为干净的、紧凑的代码标记进行特别的表现层处理。

中级改善这里先列出主要的 3 点,但其中包含的内容和知识点非常多,需要逐步学习和掌握。

3. 高级改善

高级改善往往基于 Ajax 创建更好、更快及交互性更强的 Web 应用程序。

(1) AJAX(Asynchronous JavaScript And XML)(异步 JavaScript 和 XML)是创建交互式网页应用的网页开发技术。AJAX 不是一种技术,它实际上是几种技术,每种技术都有其独特之处,合在一起就成了一个功能强大的新技术。AJAX 包括以下功能:

① 使用 XHTML+CSS 来表示信息。

② 使用 JavaScript 操作 DOM(Document Object Model)进行动态显示及交互。

③ 使用 XML 和 XSLT 进行数据交换及相关操作。

④ 使用 XMLHttpRequest 对象与 Web 服务器进行异步数据交换。

⑤ 使用 JavaScript 将所有的东西绑定在一起。

(2) 与传统 Web 应用模型的对比如图 6.1 所示。

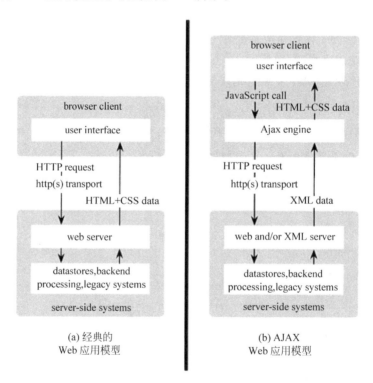

图 6.1 传统 Web 应用模型与 AJAX 模型的比较

传统的 Web 应用模型工作起来就像这样:大部分界面上的用户动作触发一个连接到 Web 服务器的 HTTP 请求。服务器完成一些处理——接收数据、处理计算,再访问其他的数据库系统,最后返回一个 HTML 页面到客户端。这是一个老套的模式,自采用超文本作为 Web 使用以来,一直都这样用,这就限制了 Web 界面没有桌面软件那么好用。传统技术不会产生很好的用户体验,每一个动作用户都要等待。很明显,如果按桌面程序的思维设计Web应用,我们不愿意让用户总是等待。

(3) AJAX 好处。

① 减轻服务器的负担。因为 AJAX 的根本理念是"按需取数据",所以最大可能地减少了冗余请求和影响对服务器造成的负担。

② 无刷新更新页面,减少用户实际和心理等待时间。首先,"按需取数据"的模式减少了数据的实际读取量;其次,即使要读取比较大的数据,也不用像 RELOAD 一样出现白屏的情况,由于 AJAX 是用 XMLHTTP 发送请求得到服务端应答数据,在不重新载入整个页面的情况下用 JavaScript 操作 DOM 最终更新页面的,所以在读取数据的过程中,用户所面对的也不是白屏,而是原来的页面状态(或者可以加一个 LOADING 的提示框让用户了解数据读取的状态),只有当接收到全部数据后才更新相应部分的内容,而这种更新也是瞬间的,用户几乎感觉不到。

③ 更好的用户体验。

④ 也可以把以前的一些服务器负担的工作转嫁到客户端,利于客户端闲置的处理能力来处理,减轻服务器和带宽的负担,节约空间和带宽租用成本。

⑤ AJAX 可以调用外部数据。

⑥ 基于标准化的并被广泛支持的技术,并且不需要插件或下载小程序。

⑦ AJAX 使 Web 中的界面与应用分离(也可以说是数据与呈现分离)。

(4) AJAX 的问题。

① 搜索引擎不友好。

② 一些手持设备(如手机、PDA 等)现在还不能很好地支持 AJAX。

③ 用 JavaScript 作的 AJAX 引擎,JavaScript 的兼容性和调试都是让人头痛的事。

④ AJAX 的无刷新重载,由于页面的变化没有刷新重载那么明显,所以容易给用户带来困扰,不知道现在的数据是新的还是已经更新过的。

⑤ 对流媒体的支持没有 Flash、Java Applet 好。

(5) AJAX 框架及分类。

① Application Frameworks 应用程序框架,通过窗口生成组件建立 GUI Bindows BackBase DOJO qooxdoo。

② Infrastructural Frameworks 提供基本的框架功能和轻便式浏览器端操作,让开发者去创建具体应用,主要功能包括:

a. 基于 XMLHttpRequest 组件的浏览器交互功能。

b. XML 解析和操作功能。

c. 根据 XMLHttpRequest 的返回信息进行相应的 DOM 操作。

d. 在一些特殊情况下,和其他的浏览器端技术如 Flash(或 Java Applets)等集合到一起应用 AjaxCaller。

e. Flash JavaScript Integration Kit。

f. Google AJAXSLT。

③ 基于服务器端的应用框架通。

服务器端框架实现的基本原理,通常浏览器上运行的 JavaScript 代码可直接请求服务

器端,运行在服务器上的 Servlet 负责处理请求并将结果返回浏览器,运行在浏览器上的
JavaScript 根据服务器端 Java 类动态的生成客户端 JavaScript 代码,并负责数据的传递和
转换,常见框架有 CPAINT、Sajax、JSON/JSON-RPC、Direct Web Remoting 和 SWATO。

6.4　本　章　小　结

　　本章介绍了构成云计算主要的关键技术——Web 2.0 技术。Web 2.0 是相对 Web 1.0
而言的新一类互联网应用的统称。Web 2.0 是互联网的一次理念和思想体系的升级换代,
由原来的自上而下的由少数资源控制者集中控制主导的互联网体系,转变为自下而上的由
广大用户集体智慧和力量主导的互联网体系。

　　Web 标准不是某一个标准,而是一系列标准的集合。网页主要由 3 部分组成:结构、表
现和行为。对应的标准也分 3 方面:结构化标准,语言主要包括 XHTML 和 XML;表现标
准,语言主要包括 CSS;行为标准,主要包括对象模型,如 W3C DOM、ECMAScript 等。

第7章 绿色数据中心

数据中心是在一幢建筑物内,以特定的业务应用中的各类数据为核心,依托 IT 技术,按照统一的标准,建立数据处理、存储、传输、综合分析的一体化数据信息管理体系。云计算的诞生和发展,意味着更加高效地应用 IT 资源,节能减排、低碳环保等理念逐渐深入人心,绿色数据中心成为构成云计算的相关技术。

7.1 绿色数据中心概述

绿色数据中心(Green Data Center)是指数据机房中的 IT 系统、机械、照明和电气等能取得最大化的能源效率和最小化的环境影响。绿色数据中心是数据中心发展的必然产物。总的来说,可以从建筑节能、运营管理、能源效率等方面来衡量一个数据中心是否为"绿色"。绿色数据中心的"绿色"具体体现在整体的设计规划以及机房空调、UPS、服务器等 IT 设备、管理软件应用上,要具备节能环保、高可靠可用性和合理性。从普通数据中心到适应云计算的绿色数据中心,要经历好几个阶段。

7.1.1 云数据中心发展阶段

云计算进入商用阶段,相对于传统的数据中心,云数据中心可以逐渐升级。从提供的服务方面划分,普通数据中心向云计算数据中心进阶的过程可以划分为 4 个阶段,即托管型、管理服务型、托管管理型和云计算管理型(也就是云计算绿色数据中心)。

1) 服务器托管型数据中心

提供 IP+宽带+电力

对于托管型数据中心来说,服务器由客户自行购买安装,在托管期间对设备监控及管理工作也由客户自行完成。数据中心主要提供 IP 接入、带宽接入和电力供应等服务。简而言之,就是为服务器提供一个运行的物理环境。云主机租用。

2) 管理服务型数据中心

安装、调试、监控、湿度控制+IP/带宽/VPN+电力

普通客户自行购买的服务器设备进入到管理服务型数据中心,工程师完成从安装到调试的整个过程。当客户的服务器开始正常运转,与之相关联的网络监控(包括 IP、带宽、流量、网络安全等)和机房监控(机房环境参数、机电设备等)也随之开始。对客户设备状态进行实时监测以提供最适宜的运行环境。除提供 IP、带宽资源外,还提供这 VPN 接入和管理。

3) 托管管理型数据中心

服务器/存储+咨询+自动化的管理和监控+IP/带宽/VPN +电力

相对管理服务型数据中心,托管管理型数据中心提供的不仅是管理服务,而且还提供着服务器和存储,客户则不需要自行购买安装服务器等硬件设备,即可使用数据中心所提供的存储空间和物理环境。同时,相关 IT 咨询服务也可以帮助客户选择最适合的 IT 解决方案以优化 IT 管理结构。

4)云计算绿色数据中心

IT 效能托管＋服务器/存储＋咨询＋自动化的管理和监控＋IP/带宽/VPN ＋电力

云计算绿色数据中心托管的是计算能力和 IT 可用性,而不再是客户的设备。数据在云端进行传输,云计算数据中心为其调配所需的计算能力,并对整个基础构架的后台进行管理。从软件、硬件两方面运行维护,软件层面不断根据实际的网络使用情况对云平台进行调试,硬件层面保障机房环境和网络资源正常运转调配。数据中心完成整个 IT 的解决方案,客户可以完全不用操心后台,因此有充足的计算能力可用。

7.1.2 绿色数据中心架构

计算机技术的迅猛发展促进了机房工程建设,对数据中心的安全性、可用性、灵活性、机架化、节能性等方面提出了更高的要求,绿色数据中心的架设,综合体现在节能环保、高可靠可用性和合理性 3 个方面,其架构如图 7.1 所示。

图 7.1 绿色数据中心架构

节能环保体现在环保材料的选择、节能设备的应用、IT 运行维护系统的优化及避免数据中心过度的规划。如 UPS 效率的提高能有效降低对电力的需求,达到节能的目的。在机房的密封、绝热、配风、气流组织这些方面,如果设计合理会降低空调的使用成本。进一步考虑系统的可用性、可扩展性、各系统的均衡性、结构体系的标准化以及智能人性化管理,能降低整个数据中心的成本(TCO)。

7.1.3 云数据中心需要整合的资源

未来的云计算,可以按需提供大规模信息服务,是对现有业务的继承和发展,因此要对现有数据中心和相关的基础设施进行整合管理。具体有以下 3 个方面：

（1）设备方面。需要实现对大容量设备(上万台服务器和网络设备)的管理，同时要考虑物理上分布式部署，逻辑上统一的管理需求。

（2）业务方面。需要实现在同一个平台中实现对 IT 和 IP 设备的融合，可以从业务的角度对网络进行管理，也可以从性能和流量的角度对业务进行监控和优化。

（3）服务方面。需要提供运行维护服务方面的支持，帮助 IT 部门向规范化、可审计的服务运营中心转变。

总的来说，云数据中心要整合好各种资源，包括设备、应用、流量、服务等，为将来建立虚拟化资源池，对外提供云服务打下基础。

7.2　数据中心管理和维护

随着数据中心、超级计算、云计算等技术与概念的兴起，信息产业正经历着从商业模式、技术架构到管理运营等各方面的巨大变革。与之相应，云数据中心管理的相关话题也变得越来越热门。普通数据中心管理关注重点资源和业务的整合、可视化和虚拟化，而云数据中心管理关注重点按需分配资源和云的收费运营等。云数据中心管理，主要包括基础设施管理、虚拟化管理、业务管理和运行维护管理 4 个部分，如图 7.2 所示。

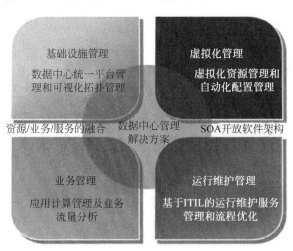

图 7.2　数据中心管理解决方案模型

7.2.1　实现端到端、大容量、可视化的基础设施整合

数据中心除了传统的网络、安全设备外，还存在存储、服务器等设备，这要求对常见的网管功能进行重新设计，包括拓扑、告警、性能、面板、配置等，以实现对基础设施的整合管理。在底层协议方面，需要将传统的 SNMP 网络管理协议和 WMI、JMX 等其他管理协议进行整合，以同时支持对 IP 设备和 IT 设备的管理。

在软件架构方面，需要考虑上万台设备对管理平台性能的冲击，因此必须采用分布式的架构设计，让管理平台可以同时运行在多个物理服务器上，实现管理负载的分担。

数据中心所在的机房、机架等也需要进行管理,这些靠传统物理拓扑的搜索是搜不出来的,需要考虑增加新的可视化拓扑管理功能,让管理员可以查看如分区、楼层、机房、机架、设备面板等视图,方便管理员从各个维度对数据中心的各种资源进行管理,如图 7.3 所示。

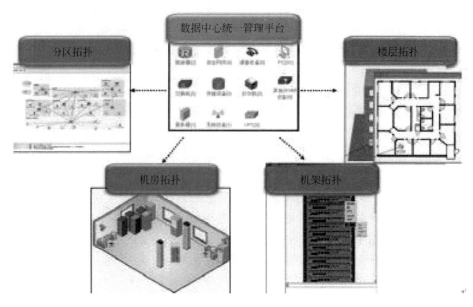

图 7.3　数据中心可视化拓扑视图(机房、机架等)

7.2.2　实现虚拟化、自动化的管理

传统的管理软件只考虑物理设备的管理,对于虚拟机、虚拟网络设备等虚拟资源无法识别,更不要说对这些资源进行配置。然而,数据中心虚拟化和自动化是大势所趋,虚拟资源的监控、部署与迁移等需求,将推动数据中心管理平台进行新的变革,如图 7.4 所示。

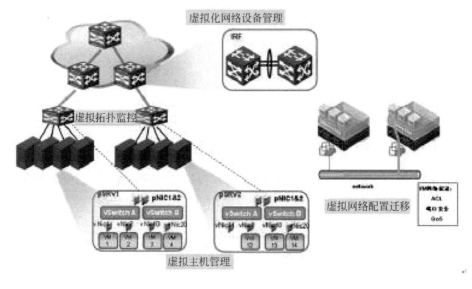

图 7.4　数据中心虚拟化资源管理

对于虚拟资源,需要考虑在拓扑、设备等信息中增加相关的技术支持,使管理员能够在拓扑图上同时管理物理资源和虚拟化资源,查看虚拟网络设备的面板以及虚拟机的 CPU、内存、磁盘空间等信息。其次,加强对各种资源的配置管理能力,能够对物理设备和虚拟设备下发网络配置,建立配置基线模板,定期自动备份,并且支持虚拟网络环境(VLAN、ACL、QoS 等)的迁移和部署,满足快速部署、业务迁移、新系统测试等不同场景的需求。

7.2.3 实现面向业务的应用管理和流量分析

数据中心存在着各种关键业务和应用,如服务器、操作系统、数据库、Web 服务、中间件、邮件等,对这些业务系统的管理应该遵循高可靠性原则,采用 Agentless 无监控代理的方式进行监控,尽量不影响业务系统的运行。

在可视化方面,为便于实现 IP 与 IT 的融合管理,需要将网络管理与业务管理的功能进行对接,拓扑图上不仅可以显示设备信息,也可以显示服务器菜单运行业务及详细性能参数。另外,数据中心带来了新的业务模型,如 1∶N(一台服务器运行多个业务)、N∶1(多台服务器运行同一个业务)和 N∶M(不同业务间的流量模型),这些业务对于数据中心的流量带来了很大的冲击,有可能会造成流量瓶颈,影响业务运行。数据中心业务流量模型如图 7.5 所示。

因此可以对诸如流量分析软件进行改进,提供基于 NetFlow/NetStream/sFlow 等流量分析技术的分析功能,并通过各种可视化的流量视图,对业务流量中的接口、应用、主机、会话、IP 组、7 层应用等进行分析,从而找出瓶颈,规划接口带宽,满足用户对内部业务进行持续监控和改进的流量分析需求。

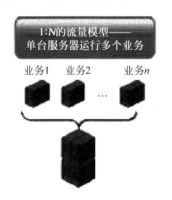
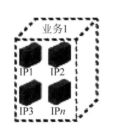

图 7.5 数据中心业务流量模型

7.3 本 章 小 结

本章介绍了构成云计算主要的关键技术——绿色数据中心。绿色数据中心是指数据机房中的 IT 系统、机械、照明和电气等能取得最大化的能源效率和最小化的环境影响。

云数据中心管理,主要包括基础设施管理、虚拟化管理、业务管理、运行维护管理 4 个部分;实现端到端、大容量、可视化的基础设施整合,虚拟化、自动化的管理,面向业务的应用管理和流量分析。

第三篇

云计算体系架构

第8章　基础设施即服务

基础设施即服务(Infrastructure as a Service,IaaS)是为用户按需提供基础设施资源(服务器/存储和网络)的共享服务,是当前业界相对成熟的云计算服务形式。本章主要对IaaS的定义和特征进行阐述,接着进一步探讨IaaS管理平台的架构,最后本章还对IaaS领域Amazon的代表产品EC2进行介绍。

8.1　IaaS 概述

要实现信息化,就需要一系列的应用软件来处理应用的业务逻辑,还需要将数据以结构化或非结构化的形式保存起来,也要构造应用软件与使用者之间的桥梁,使应用软件的使用者可以使用应用软件获取或保存数据。这些应用软件需要一个完整的平台以支撑它的运行,这个平台通常包括网络、服务器和存储系统等构成企业IT系统的硬件环境,也可以包括操作系统、数据库、中间件等基础软件,这个由IT系统的硬件环境和基础软件共同构成的平台称为IT基础设施。IaaS就是将这些硬件和基础软件以服务的形式交付给用户,使用户可以在这个平台上安装部署各自的应用系统。

8.1.1　IaaS 的定义

IaaS指将IT基础设施能力(如服务器、存储、计算能力等)通过网络提供给用户使用,并根据用户对资源的实际使用量或占有量进行计费的一种服务。因此,IaaS的服务通常包括以下内容:

① 网络和通信系统提供的通信服务。
② 服务器设备提供的计算服务。
③ 数据存储系统提供的存储服务。

8.1.2　IaaS 提供服务的方法

首先,IaaS云服务的提供者会依照其希望提供的服务建设相应的资源池,即通过虚拟化或服务封装的手段,将IT设备可提供的各种能力,如通信能力、计算能力、存储能力等,构建成资源池,在资源池中,这种能力可以被灵活地分配、使用与调度。但由一种资源池提供的服务的功能较单一,不能直接满足应用系统的运行要求,IaaS提供者需将几种资源池提供的服务进行组合,包装成IaaS服务产品。例如,一个虚拟化服务器(VM)产品可能需要来自网络和通信服务的IP地址和VLAN ID,需要来自计算服务的虚拟化服务器,需要来自存储服务的存储空间,还可能需要来自软件服务的操作系统。

同时,IaaS 提供者还需要将能够提供的服务组织成 IaaS 服务目录,以说明能够提供何种 IaaS 服务产品,使 IaaS 使用者可以根据应用系统运行的需要选购 IaaS 产品。IaaS 提供者通常以产品包的形式向 IaaS 使用者交付 IaaS 产品,产品包可能很小,也可能很大,小到一台运行某种操作系统的服务器,大到囊括支持应用系统运行的所有基础设施,包括网络、安全、数据处理和数据存储等多种产品,IaaS 使用者可以像使用直接采购的物理硬件设备和软件设备一样使用 IaaS 提供的服务产品。

8.1.3 IaaS 云的特征

作为云服务的一种类型,IaaS 服务同样具备云服务的特征,同时具备 IaaS 云独有的特性。

(1) 随需自服务。对于 IaaS 服务的使用者,从 IaaS 服务产品的选择,发出服务订单,获取和使用 IaaS 服务产品,到注销不再需要的产品都可以通过自助服务的形式进行;对于 IaaS 服务的提供者,从 IaaS 服务订单确认,服务资源的分配,服务产品的组装生产,到对服务包交付过程中全生命周期的管理,都使用了自动化的管理工具,可以随时响应使用者提出的请求。

(2) 广泛的网络接入。IaaS 获取和使用 IaaS 服务都需要通过网络进行,网络成为连接服务提供者和使用者的纽带。同时,在云服务广泛存在的情况下,IaaS 服务的提供者也会是服务的使用者,这不单是指支撑 IaaS 提供者服务的应用系统运行在云端(Run Cloud on Cloud),IaaS 提供者还可能通过网络获取其他提供者提供的各种云服务,以丰富自身的产品目录。

(3) 资源池化。IaaS 服务的资源池化是指通过虚拟化或服务封装的手段,将 IT 设备可提供的各种能力,如通信能力、计算能力、存储能力等,构建成资源池,在资源池中,这些能力可以被灵活的分配、使用与调度。各种各样的能力被封装为各种各样的服务,进一步组成各种各样的服务产品。使用者为使用某种能力而选择某种服务产品,而真正能力的提供者是资源池。

(4) 快速扩展。在资源池化后,用户所需要或订购的能力和资源池能够提供的能力相比较是微不足道的,因此,对某个用户来说,资源池的容量是无限的,可以随时获得所需的能力。另一方面,对服务提供者来说,资源池的容量一部分来自底层的硬件设施,可以随时采购,不会过多受到来自应用系统需求的制约,另一部分可能来自其他云服务的提供者,它可以整合多个提供者的资源为用户提供服务。

(5) 服务可度量。不论是公有云还是私有云,服务的使用者和提供者之间都会对服务的内容与质量有一个约定(SLA),为了保证 SLA 的达成,提供者需要对提供的服务进行度量与评价,以便对所提供的服务进行调度、改进与计费。

8.1.4 IaaS 和虚拟化的关系

服务器虚拟化与 IaaS 云既有密切的联系又有本质的区别,不能混为一谈。

首先,服务器虚拟化是一种虚拟化技术,它将一台或多台物理服务器的计算能力组合在一起,组成计算资源池,并能够从计算资源池中分配适当的计算能力重新组成虚拟化的服务器。常见的服务器虚拟化技术包括 x86 平台上的 VMware,微软 Hyper-V、Xen 和 KVM

等,IBM Power 平台上的 PowerVM,Oracle Sun 平台上的 Sun Fire 企业级服务器动态系统域,T5000 系列服务器支持的 LDOM,Solaris 10 操作系统支持的 Container 等。服务器虚拟化和网络虚拟化(如 VLAN)及存储虚拟化都是数据中心常见的虚拟化技术。

其次,IaaS 云是一种业务模式,它以服务器虚拟化、网络虚拟化、存储虚拟化等各种虚拟化技术为基础,向云用户提供各种类型的能力的服务。为了达到这一目的,IaaS 云的运营者首先需要对通过各种虚拟化技术构成的资源池进行有效的管理,并能够向云用户提供清晰的服务目录以说明 IaaS 云能够提供何种服务,同时能够对已经交付给云用户的服务进行监控与管理,以满足服务的 SLA 需求,这些工作都属于 IaaS 云业务管理体系的内容。由此可见,IaaS 云较服务器虚拟化具有更多的内容。

另外,服务器虚拟化又是 IaaS 云的关键技术之一,通常也是 IaaS 建设过程中第一个关键性步骤,很多企业都希望从服务器虚拟化入手进行 IaaS 云建设。在服务器虚拟化建设完成后,要达到 IaaS 云的建设目标还要完成 IaaS 云的业务管理体系的建设等工作。

8.2　IaaS 技术架构

IaaS 通过采用资源池构建、资源调度、服务封装等手段,可以将资源池化,实现 IT 资产向 IT 资源按需服务的迅速转变。通常,基础设施服务的总体技术架构主要分为资源层、虚拟化层、管理层和服务层等 4 层架构,如图 8.1 所示。

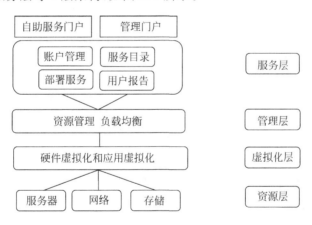

图 8.1　IaaS 的技术架构

8.2.1　资源层

位于架构最底层的是资源层,主要包含数据中心所有的物理设备,如硬件服务器、网络设备、存储设备及其他硬件设备,在基础架构云平台中,位于资源层中的资源不是独立的物理设备个体,而是组成一个集中的资源池,因此,资源层中的所有资源将以池化的概念出现。这种汇总或者池化,不是物理上的,而是一种概念,指的是资源池中的各种资源都可以由 IaaS 的管理人员进行统一的、集中的运行维护和管理,并且可以按照需要随意地进行组合,形成一定规模的计算资源或者计算能力。

资源层的主要资源如下:

（1）计算资源。计算资源指的是数据中心各类计算机的硬件配置,如机架式服务器、刀片服务器、工作站、桌面计算机和笔记本等。

在 IaaS 架构中,计算资源是一个大型资源池,不同于传统数据中心的最明显特点是,计算资源可动态、快速地重新分配,并且不需要中断应用或者业务。不同时间,同一计算资源被不同的应用或者虚拟机使用。

（2）存储资源。存储资源一般分为本地存储和共享存储。本地存储指的是直接连接在计算机上的磁盘设备,如 PC 普通硬盘、服务器高速硬盘、外置 USB 接口硬盘等;共享存储一般指的是 NAS、SAN 或者 iSCSI 设备,这些设备通常由专用的存储厂提供。

在 IaaS 架构中,存储资源的主要目的除了存放应用数据或者数据库外,更主要的用途是存放大量的虚拟机。而且,在合理设计的 IaaS 架构中,由于应用高可用性、业务连续性等因素,一般都会选择在共享存储上存放虚拟机,而不是在本地存储中。

（3）网络资源。网络资源一般分为物理网络和虚拟网络。物理网络指的是硬件网络接口（NIC）连接物理交换机或其他网络设备的网络。虚拟网络是人为建立的网络连接,其连接的另一方通常是虚拟交换机或者虚拟网卡。为了适应架构的复杂性,满足多种网络架构的需求,IaaS 架构中的虚拟网络可以具有多种功能,在前面虚拟化中网络虚拟化已提到过。虚拟网络资源往往带有物理网络的特征,如可以为其指定 VLAN ID,允许虚拟网络划分虚拟子网等。

8.2.2　虚拟化层

位于资源层之上的是虚拟化层,虚拟化层的作用是按照用户或者业务的需求,从资源池中选择资源并打包,从而形成虚拟机应用于不同规模的计算。如果从池化资源层中选择了两颗物理 CPU、4GB 物理内存、100GB 存储,便可以将以上资源打包,形成一台虚拟机。

虚拟化层是实现 IaaS 的核心模块,位于资源层与管理层中间,包含各种虚拟化技术,其主要作用是为 IaaS 架构提供最基本的虚拟化实现。针对虚拟化平台,IaaS 应该具备完善的运行维护和管理功能。这些管理功能以虚拟化平台中的内容及各类资源为主要操作对象,而对虚拟化平台加以管理的目的是保证虚拟化平台的稳定运行,可以随时顺畅地使用平台上的资源以及随时了解平台的运行状态。虚拟化平台主要包括虚拟化模块、虚拟机、虚拟网络、虚拟存储以及虚拟化平台所需要的所有资源,包括物理资源及虚拟资源,如虚拟机镜像、虚拟磁盘、虚拟机配置文件等。其主要功能包括以下几种:

① 对虚拟化平台的支持。

② 虚拟机管理（创建、配置、删除、启动、停止等）。

③ 虚拟机部署管理（克隆、迁移、P2V、V2V）。

④ 虚拟机高可用性管理。

⑤ 虚拟机性能及资源优化。

⑥ 虚拟网络管理。

⑦ 虚拟化平台资源管理。

正是因为有了虚拟化技术,才可以灵活地使用物理资源构建不同规模、不同能力的计算资源,并可以动态、灵活地对这些计算资源进行调配。因此,对于 IaaS 架构的运行、维护,针对虚拟化平台的管理是必不可少的,这也是极其重要的一部分。

8.2.3 管理层

虚拟化层之上为管理层,管理层主要对下面的资源层进行统一的运行、维护和管理,包括收集资源的信息,了解每种资源的运行状态和性能情况,决定如何借助虚拟化技术选择、打包不同的资源,以及如何保证打包后的计算资源——虚拟机的高可用性或者如何实现负载均衡等。

通过管理层,一方面可以了解虚拟化层和资源层的运行情况以及计算资源的对外提供情况,另一方面,也是更重要的一点,管理层可以保证虚拟化层和资源层的稳定、可靠,从而为最上层的服务层打下了坚实的基础。

管理层的主要构成包括以下几个部分:

(1)资源配置模块。资源配置模块作为资源层的主要管理任务处理模块,管理人员可以通过资源配置模块方便、快速地建立不同的资源,包括计算资源、网络资源和存储资源;此外,管理人员还应该能够按照不同的需求灵活地分配资源、修改资源分配情况等。

(2)系统监控平台。在IaaS架构中,管理层位于虚拟化层与服务层之间。管理层的主要任务是对整个IaaS架构进行运行、维护和管理,因此,其包含的内容非常广泛,主要有配置管理、数据保护、系统部署和系统监控。

(3)数据备份与恢复平台。同系统监控一样,数据备份与恢复也属于位于虚拟化层与服务层之间的管理层中的一部分。数据备份与恢复的作用是帮助IT运行、维护,管理人员按照提前制订好的备份计划,进行各种类型数据、各种系统中数据的备份,并在任何需要的时候,恢复这些备份数据。

(4)系统运行、维护中心平台。在IaaS架构中包含各种各样的专用模块,这些模块需要一个总的接口,一方面能够连接到所有的模块,对其进行控制,得到各个模块的返回值,从而实现交互;另一方面需要能够提供人机交互界面,便于管理人员进行操作、管理,这就是IaaS中的系统运行、维护中心平台。

(5)IT流程的自动化平台。位于服务层的管理平台主要是IT流程的自动化平台。在传统数据中心,IT管理人员的任务往往是单一的、任务化的。即使数据中心包含多个模块、组成部分,但管理人员所需要进行的工作往往只发生在一个独立的系统中,且通过简单的步骤或者过程即可完成。既不需要牵扯其他的模块、组成部分,同时参与的人员数量也相对较少,大部分的工作通过手工或半自动的方式即可完成,因此对于服务流程自动化的需求相对较低。

8.2.4 服务层

服务层位于整体架构的最上层,服务层主要向用户提供使用管理层、虚拟化层、资源层的良好接口。不论是通过虚拟化技术将不同的资源打包形成虚拟机,还是动态调配这些资源,IaaS的管理人员和用户都需要统一的界面来进行跨越多层的复杂操作。

服务门户可对资源进行综合运行监控管理,一目了然地掌控多时运行状态。

(1)服务器资源信息,这里是用户所拥有的服务器信息一览,并可以直观地看到服务器所处的状况。

(2)应用程序信息,是用户在自己服务器上安装的应用程序的信息,这里可以直观地看到应用程序的状况。

（3）资源统计信息，即用户拥有资源的一个综合汇总信息。

（4）系统报警信息，这里是系统告警信息的一个汇总。

（5）由云数据中心提供各类增值服务，如系统升级维护、数据备份/恢复、系统告警、运行趋势分析等。

另外，对所有基于资源层、虚拟化层、管理层，但又不限于这几层资源的运行、维护和管理任务，将包含在服务层中。这些任务在面对不同业务时往往有很大差别，其中比较多的是自定义、个性化因素，如用户账号管理、用户权限管理、虚拟机权限设定及其他各类服务。

8.3 IaaS 云计算管理

IaaS 需要将经过虚拟化的资源进行有效整合，形成可统一管理、灵活分配调度、动态迁移、计费度量的基础服务设施资源池，并按需向用户提供自动化服务。因而需要对基础设施进行有效管理。

8.3.1 自动化部署

自动化部署包含两部分的内容，一部分是在物理机上部署虚拟机，另一部分是将虚拟机从一台物理机迁移到另一台物理机。前者是初次部署，后者是迁移。

1）初次部署

虚拟化的好处在于 IT 资源的动态分配所带来的成本降低。为了提高物理资源的利用率，降低系统运营成本，自动化部署过程首先要合理地选择目标物理服务器。通常会考虑以下要素：

（1）尽量不启动新的物理服务器。为了降低能源开销，应该尽量将虚拟机部署到已经部署了其他虚拟机的物理服务器上，尽量不启动新的物理服务器。

（2）尽可能让 CPU 和 I/O 资源互补。有的虚拟机所承载的业务是 CPU 消耗型的，而有的虚拟机所承载的业务是 I/O 消耗型的，那么通过算法让两种不同类型的业务尽可能分配到同一台物理服务器上，以最大化地利用该物理服务器的资源，或者在物理服务器层面上进行定制，将物理服务器分为 I/O 消耗型、CPU 消耗型及内存消耗型，然后在用户申请虚拟机的时候配置虚拟机的资源消耗类型，最后根据资源消耗类型将虚拟机分配到物理服务器上。

在实际的部署过程中，如果让用户安装操作系统则费时费力。为了简化部署过程，系统模板出现了。系统模板其实就是一个预装了操作系统的虚拟磁盘映像，用户只要在启动虚拟机时挂接映像，就可以使用操作系统。

2）迁移

当一台服务器需要维护时，或者由于资源限制，服务器上的虚拟机都应迁移到另一台物理机上时，通常要具备两个条件，即虚拟机自身能够支持迁移功能、物理服务器之间有共享存储。

虚拟机实际上是一个进程。该进程由两部分构成，一部分是虚拟机操作系统，另一部分则是该虚拟操作系统所用到的设备。虚拟操作系统其实是一大片内存，因此，迁移虚拟机就是迁移虚拟机操作系统所处的整个内存,并且把整个外设全部迁移,使操作系统感觉不到外设发生了变化。这就是迁移的基本原理。

8.3.2 弹性能力提供技术

通常,用户在构建新的应用系统时,都会按照负载的最高峰值来进行资源配置,而系统的负载在大部分时间内都处于较低的水平,导致了资源的浪费。但如果按照平均负载进行资源配置,一旦应用达到高峰负载时,将无法正常提供服务,影响应用系统的可用性及用户体验。所以,在平衡资源利用率和保障应用系统的可用性方面总是存在着矛盾。云计算以其弹性资源提供方式正好可以解决目前所面临的资源利用率与应用系统可用性之间的矛盾。

弹性能力提供通常有以下两种模式:

1) 资源向上/下扩展(Scale Up/Down)

资源向上扩展是指当系统资源负载较高时,通过动态增大系统的配置,包括 CPU、内存、硬盘、网络带宽等,来满足应用对系统资源的需求。资源向下扩展是指当系统资源负载较低时,通过动态缩小系统的配置,包括 CPU、内存、硬盘、网络带宽等,来提高系统的资源利用率。小型机通常采用这种模式进行扩展。

2) 资源向外/内扩展(Scale Out/In)

资源向外扩展是指当系统资源负载较高时,通过创建更多的虚拟服务器提供服务,分担原有服务器的负载。资源向内扩展是指当由多台虚拟服务器组成的集群系统资源负载较低时,通过减少集群中虚拟服务器的数量来提升整个集群的资源利用率。通常所说的云计算即采用这种模式进行扩展。

为实现弹性能力的提供,需要首先设定资源监控阈值(包括监控项目和阈值)、弹性资源提供策略(包括弹性资源提供模式、资源扩展规模等),然后对资源监控项目进行实时监测。当发现超过阈值时,系统将根据设定的弹性资源提供策略进行资源的扩展。

对于资源向外/内扩展,由于是通过创建多个虚拟机来扩展资源的,所以需要解决:虚拟机文件的自动部署,即将原有虚拟机文件复制,生成新的虚拟机文件,并在另一台物理服务器中运行;多台虚拟机的负载均衡。负载均衡的解决有两种方式:一种是由应用自己进行负载均衡的实现,即应用中有一些节点不负责具体的请求处理,而是负责请求的调度;另一种是由管理平台来实现负载均衡,即用户在管理平台上配置好均衡的策略,管理平台根据预先配置的策略对应用进行监控,一旦某监控值超过了阈值,则自动调度另一台虚拟机加入该应用,并将一部分请求导入该虚拟机以便进行分流,或者当流量低于某一阈值时自动回收一台虚拟机,减少应用对虚拟机的占用。

8.3.3 资源监控

1) 资源监控概念

虚拟化技术引入,需要新的工具监控虚拟化层,保障 IT 设施的可用性、可靠性、安全性。传统资源监控主要对象是物理设施(如服务器、存储、网络)、操作系统、应用与服务程序。由于虚拟化的引入,资源可以动态调整,因此增加了系统监控的复杂性。主要表现在以下方面:

（1）状态监控。

状态监控是监控所有物理资源和虚拟资源的工作状态，包括物理服务器、虚拟化软件VMM、虚拟服务器、物理交换机与路由器、虚拟交换机与路由器、物理存储与虚拟存储等。

（2）性能监控。

IaaS 虚拟资源的性能监控分为两个部分，即基本监控和虚拟化监控。基本监控主要是从虚拟机操作系统——VMM 的角度来监视与度量 CPU、内存、存储、网络等设施的性能。与虚拟化相关的监控主要提供关于虚拟化技术的监控度量指标，如虚拟机部署的时间、迁移的时间、集群性能等。

（3）容量监控。

当前企业对 IT 资源的需求不断变化，这就需要做出长期准确的 IT 系统规划。因此，容量监控是一种从整体、宏观的角度长期进行的系统性能监控。容量监控的度量指标包括服务器、内存、网络、存储资源的平均值和峰值使用率，以及达到资源瓶颈的临界用户数量。

（4）安全监控。

在 IaaS 环境，除存在传统的 IT 系统安全问题，虚拟化技术的引入也带来新的安全问题，虚拟机蔓生(Sprawl)现象导致虚拟化层的安全威胁。

① 传统安全监控，包括入侵检测、漏洞扫描、病毒扫描、网络风暴检测等。

② 虚拟机蔓生活动监控。监控虚拟机的活动，如虚拟机克隆、复制、迁移、网络切换、存储切换等。

③ 合规监控。监控各种操作、配置是否符合标准及规范，强化使用正版软件，检测违背IT 管理策略的事件等。

④ 访问控制监控。监控用户访问行为。

（5）使用量度量。

为了使 IaaS 服务具备可运营的条件，需要度量不同组织、团体、个人使用资源和服务的情况，有了这些度量信息，便可以生成结算信息和账单。为了实现资源度量监控，需要收集以下方面的信息：

① 服务使用时间，包括计算、存储、网络等服务的使用时间。

② 配置信息，包括虚拟机等服务的资源配置、软件配置信息。

③ 事件信息，包括虚拟机等服务的开始、结束，以及资源分配与调整。

因为当前流行的虚拟化软件种类很多，所以在开发虚拟化资源池监控程序时需要一个支持主流虚拟化软件的开发库，它能够与不同的虚拟化程序交互，收集监控度量信息。监控系统会将收集到的信息保存在历史数据库中，为容量规划、资源度量、安全等功能提供历史数据。虽然虚拟化向系统监控提出了新的挑战，但它也为自动响应、处理系统问题提供了很多物理环境无法提供的机会。

2）资源监控的常用方法

系统资源监控主要通过度量收集到的与系统状态、性能相关的数据的方式来实现，经常采用的方法如下：

（1）日志分析。通过应用程序或者系统命令采集性能指标、事件信息、时间信息等，并将其保存到日志文件或者历史数据库中，用来分析系统或者应用的 KPI(Key Performance Indicator，关键业绩指标)。例如，如果用户使用 Linux 操作系统的计算实例，可以运行

Linux 系统监控命令(如 top、iftop、vmstat、iostat、mpstat、df、free、pstree 等),同时将这些命令的输出结果保存到日志文件中。很多虚拟化软件也提供了系统监控命令。例如,Xen 虚拟化软件时,用户可以运行 xentop、xenmon 等命令来收集服务器的性能指标信息。

(2)包嗅探(Packet Sniffing)。其主要用于对网络中的数据进行拆包、检查、分析,提取相关信息,以分析网络或者相关应用程序的性能。

(3)探针采集(Instrumentation)。通过在操作系统或者应用中植入并运行探针程序来采集性能数据,最常见的应用实例是 SNMP 协议。大多数的操作系统都提供了 SNMP 代理运行在被监视的系统中,采集并通过 SNMP 协议发送系统性能数据。VMware ESX、Xen 虚拟化支持植入 SNMP 探针程序。通过这些探针程序,一方面可以收集物理服务器的性能信息,另一方面可以收集运行在物理服务器上的虚拟机信息。

8.3.4 资源调度

从用户的角度来看,云计算环境中资源应该是无限的,即每当用户提出新的计算和存储需求时,"云"都要及时地给予相应的资源支持。同时,如果用户的资源需求降低,那么"云"就应该及时对资源进行回收和清理,以满足新的资源需求。

在计算环境中,因为应用的需求波动,所以云环境应该动态满足用户需求,这需要云环境的资源调度策略为应用提供资源预留机制,即以应用为单位,为其设定最保守的资源供应量。是事前商定的,虽然并不一定能够完全满足用户和应用在运行时的实际需求,但是它使用户在一定程度上获得了资源供给和用户体验保证。

虽然用户的资源需求是动态可变并且事前不可明确预知的,但其中却存在着某些规律。因此,对应用的资源分配进行分析和预测也是云资源调度策略需要研究的重要方面。首先在运行时动态捕捉各个应用在不同时段的执行行为和资源需求,然后对这两方面信息进行分析,以发现它们各自内在及彼此之间可能存在的逻辑关联,进而利用发掘出的关联关系进行应用后续行为和资源需求的预测,并依据预测结果为其提前准备资源调度方案。

因为"云"是散布在互联网上的分布式计算和存储架构,因此网络因素对于云环境的资源调度非常重要。调度过程中考虑用户与资源之间的位置及分配给同一应用的资源之间的位置。这里的"位置"并不是指空间物理位置,它主要考虑用户和资源、资源和资源之间的网络情况,如带宽等。

云的负载均衡也是一种重要的资源调度策略。考察系统中是否存在负载均衡可以从多个方面进行,如处理器压力、存储压力、网络压力等,而其调度策略也可以根据应用的具体需求和系统的实际运作情况进行调整。如果系统中同时存在着处理器密集型应用和存储密集型应用,那么在进行资源调度的时候,用户可以针对底层服务器资源的配置情况作出多种选择。例如,可以将所有处理器/存储密集型应用对应部署到具有特别强大的处理器/存储能力的服务器上,还可以将这些应用通过合理配置后部署到处理器和存储能力均衡的服务器上。这样做能够提高资源利用率,同时保证用户获得良好的使用体验。

基于能耗的资源调度是云计算环境中必须考虑的问题。因为云计算环境拥有数量巨大的服务器资源,其运行、冷却、散热都会消耗大量能源,如果可以根据系统的实时运行情况,在能够满足应用的资源需求的前提下将多个分布在不同服务器上的应用整合到一台服务器上,进而将其余服务器关闭,就可以起到节省能源的作用,这对于降低云计算环境的运营成本有非常重要的意义。

8.3.5　业务管理和计费度量

　　IaaS 服务是可以向用户提供多种 IT 资源的组合,这些服务可再细分成多种类型和等级。用户可以根据自己的需求订购不同类型、不同等级的服务,还可以为级别较高的客户提供高安全性的 VPC(Virtual Private Cloud,虚拟私有云)服务。提供 IaaS 业务服务需要实现的管理功能包括服务的创建、发布、审批等。

　　云计算中的资源包括网络、存储、计算能力及应用服务,用户所使用的是一个个服务产品的实例。用户获取 IaaS 服务需要经过注册、申请、审批、部署等流程。通常,管理用户服务实例的操作包含服务实例的申请、审批、部署、查询、配置及变更、迁移、终止、删除等。

　　按资源使用付费是云计算在商业模式上的一个显著特征,它改变了传统的购买 IT 物理设备、建设或租用 IDC、由固定人员从事设备及软件维护等复杂的工作模式。在云计算中,用户只要购买计算服务,其 IT 需求即可获得满足,包括 IT 基础设施、系统软件(如操作系统、服务器软件、数据库、监控系统)、应用软件(如办公软件、ERP、CRM)等都可以作为服务从云计算服务提供商处购买,降低了用户资源投资和维护成本,同时提高了 IT 资源的利用率。

　　云服务的运营必然涉及用户计费问题。云计算服务的计费公式为:

$$消费金额＝单位价格×消费数量$$

　　通常,用户购买云计算服务时会涉及多种服务,包括计算、存储、负载均衡、监控等,每种服务都有自己的计价策略和度量方式,在结算时需要先计算每种服务的消费金额,然后将单个用户所消费服务进行汇总得到用户消费的账单。

　　"单位价格"是由云计算服务提供商的计价策略确定的。例如,EC2 的计价策略是普通 Linux 计算实例每小时 0.031 美元,普通 Windows 计算实例每小时 0.08 美元。可见,每种服务的计价策略也可以再按照多种维度进行细分。同时,云计算服务提供商也会根据市场的需求和成本的变化调整计价策略。而"消费数量"则是云计算服务商在提供服务时对用户资源使用量的度量,这种资源度量可以与资源监控结合在一起。例如,EC2 服务的度量指标是服务的使用时间,即用户使用某种计算实例的小时数,根据资源监控历史记录可以方便地统计出用户使用 EC2 服务的类型和时间。

8.4　Amazon 云计算案例

　　Amazon 公司构建了一个云计算平台,并以 Web 服务的方式将云计算产品提供给用户,AWS(Amazon Web Services)是这些 Web 服务的总称。通过 AWS 的 IT 基础设施层服务和丰富平台层服务。

8.4.1　概述

　　Amazon 公司的云计算平台提供 IaaS 服务,可以满足各种企业级应用和个人应用。用户在获得可靠的、可伸缩的、低成本的信息服务的同时,也可以从复杂的数据中心管理和维护工作中解脱出来。Amazon 公司的云计算真正实现了按使用付费的收费模式,AWS 用户只需为自己实际所使用的资源付费,从而降低了运营成本。AWS 目前提供的产品如表 8.1 所列。

表 8.1 Amazon AWS 产品分类列表

产 品 分 类	产 品 名 称
计算	Amazon Elastic Compute Cloud (E2)
	Amazon Elastic MapReduce
	Auto Scaling
内容交付	Amazon CloudFront
数据库	Amazon SimpleDB
	Amazon Relational Database Service (RDS)
电子商务	Amazon Fullfillment Web Service (FWS)
消息通信	Amazon Simple Queue Service (SQS)
	Amazon Simple Notification Service (SNS)
监控	Amazon CloudWatch
网络通信	Amazon Virtual Private Communication(VPC)
	Elastic Load Balancing
支付	Amazon Flexible Payment Service (FPS)
	Amazon DevPay
存储	Amazon Simple Storage Service (S3)
	Amazon Elastic Block Storage (EBS)
	Amazon Import/Export
支持	AWS Premium Support
Web 流量	Alexa Web Information Service
	Alexa Top Sites
人力服务	Amazon Mechanical Turk

AWS 基础设施层服务包括计算服务、消息通信服务、网络通信服务和存储服务,以 IaaS 服务为主。图 8.2 显示了在一个应用中经常使用的各个 AWS 服务之间的配合关系。用户可以将应用部署在 EC2 上,通过控制器启动、停止和监控应用。计费服务负责对应用的计费。应用的数据存储在 SimpleDB 或 S3。应用系统之间借助 SQS 在不同的控制器之间进行异步可靠的消息通信,从而减少各个控制器之间的依赖,使系统更为稳定,任何一个控制器的失效或者阻塞都不会影响其他模块的运行。

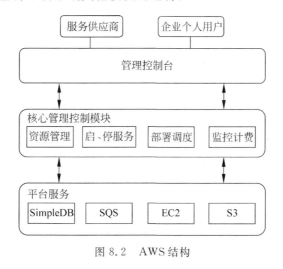

图 8.2 AWS 结构

AWS 的 IaaS 服务平台；不仅能够满足很多方面的 IT 资源需求，还提供了很多上层业务服务，包括电子商务、支付和物流等。下面将介绍 S3、SimpleDB、RDS、SQS 和 EC2 等几个底层关键产品。

8.4.2　Amazon S3

Amazon Simple Storage Service(S3)是云计算平台提供的可靠的网络存储服务，通过 S3，个人用户可以将自己的数据放到存储云上，通过互联网访问和管理。同时，Amazon 公司的其他服务也可以直接访问 S3。S3 由对象和存储桶(Bucket)两部分组成。对象是最基本的存储实体，包括对象数据本身、键值、描述对象的元数据及访问控制策略等信息。存储桶则是存放对象的容器，每个桶中可以存储无限数量的对象。目前存储桶不支持嵌套。

作为云平台上的存储服务，S3 具有与本地存储不同的特点。S3 采用的按需付费方式节省了用户使用数据服务的成本。S3 既可以单独使用，也可以同 Amazon 公司的其他服务结合使用。云平台上的应用程序可以通过 REST 或者 SOAP 接口访问 S3 的数据。以 REST 接口为例，S3 的所有资源都有唯一的 URI 标识符，应用通过向指定的 URI 发送 HTTP 请求，就可以完成数据的上传、下载、更新或者删除等操作。但用户需要了解的是，S3 作为一个分布式的数据存储服务，目前的版本存在着一些不足，如数据操作存在网络延迟以及不支持文件的重命名、部分更新等。作为 Web 数据存储服务，S3 适合存储较大的、一次性写入的、多次读取的数据对象，如声音、视频、图像等媒体文件。

安全性和可靠性是云计算数据存储普遍关心的两个问题。S3 采用账户认证、访问控制列表及查询字符串认证 3 种机制来保障数据的安全性。当用户创建 AWS 账户的时候，系统自动分配一对存取键 ID 和存取密钥，利用存取密钥对请求签名，然后在服务器端进行验证，从而完成认证。访问控制策略是 S3 采用的另一种安全机制，用户利用访问控制列表设定数据(对象和存储桶)的访问权限，比如数据是公开的还是私有的等。即使在同一公司内部，相同的数据对不同的角色也有不同的视图，S3 支持利用访问规则来约束数据的访问权限。通过对公司员工的角色进行权限划分，能够方便地设置数据的访问权限，如系统管理员能够看到整个公司的数据信息，部门经理能看到部门相关的数据，普通员工只能看到自己的信息。查询字符串认证方式广泛适用于以 HTTP 请求或者浏览器的方式对数据进行访问。为了保证数据服务的可靠性，S3 采用了冗余备份的存储机制，存放在 S3 中的所有数据都会在其他位置备份，保证部分数据失效不会导致应用失效。在后台，S3 保证不同备份之间的一致性，将更新的数据同步到该数据的所有备份上。

8.4.3　Amazon SimpleDB

Amazon SimpleDB 是一种高可用的、可伸缩的非关系型数据存储服务。与传统的关系数据库不同，SimpleDB 不需要预先设计和定义任何数据库 Schema，只需定义属性和项，即可用简单的服务接口对数据进行创建、查询、更新或删除操作。

SimpleDB 的存储模型分为 3 层：域(Domain)、项(Item)和属性(Attribute)。域是数据的容器，每个域可以包含多个项。在 SimpleDB 中，用户的数据是按照域进行逻辑划分的，所以数据查询操作只能在同一个域内进行，不支持跨域的查询操作。项是由若干属性组成的数据集合，它的名字在域中是全局唯一的。项与关系数据库中表的一行类似，用户可以对项进行创建、查询、修改和删除操作。但又与表的一行有所差异,项中的数据不受固定 Schema 的约束,项中的属性可以包含多个值。属性是由一个或者多个文本值所组成的数据集合,在项内具有唯一的标识。在 SimpleDB 中,属性与关系数据库中的列类似,不同的是每个属性可以同时拥有多个字符串数值,而关系数据库的列不能拥有多个值。

SimpleDB 是一种简单易用的、可靠的结构化数据管理服务,它能满足应用不断增长的需求,用户不需要购买、管理和维护自己的存储系统,是一种经济、有效的数据库服务。SimpleDB 提供两种服务访问方式——REST 接口和 SOAP 接口。这两种方式都支持通过 HTTP 协议发出的 POST 或者 GET 请求访问 SimpleDB 中的数据。SimpleDB 使用简单,如数据索引是由系统自动创建并维护的,不需要程序员定义。然而,SimpleDB 毕竟是一种轻量级的数据库,与技术成熟、功能强大的关系型数据库相比有些不足。比如,由于数据操作是经过互联网进行的,不可避免地有较大延迟,因而 SimpleDB 不能保证所有的更新都按照用户提交的顺序执行,只能保证每个更新最终成功,因此应用通过 SimpleDB 获得的数据有可能不是最新的。此外,SimpleDB 的存储模型是以域、项、属性为层次的树状存储结构,与关系型数据库的表的二维平面结构不同,因此在一些情况下并不能将关系型数据库中的应用迁移到 SimpleDB 上来。

8.4.4　Amazon RDS

尽管 SimpleDB 提供了一种简单、高效的数据存储服务,但是当前很多已有的应用多数还是采用关系型数据库进行数据存储,这就增加将这些应用系统迁移到 Amazon AWS 平台的成本和技术风险。因此,Amazon 又推出了 RDS(Relational Database Service)来满足用户对关系型数据库服务的需求。

RDS 是一个关系型数据库服务,通过 RDS 用户可以非常容易地建立、操作和伸缩云中的数据库。RDS 为用户提供了一套完整的 MySQL 数据库服务,这就使得那些目前正在使用 MySQL 数据库的应用可以无缝地与 RDS 进行集成。

毫无疑问,RDS 弥补了 Amazon 在关系型数据库服务领域的一个空白。然而,这并不意味着 RDS 出现之前用户就没有办法在 Amazon EC2 上使用关系型数据库,也并不能意味着 RDS 出现之后就能满足所有应用对关系型数据库的需求。

首先,在 RDS 出现之前,用户可以选择将数据库产品打包在 AMI 镜像中,并部署在 EC2 上运行,然后在应用中直接去对数据库进行访问。另外,根据最近 5 年的 Gartner 的数据统计,IBM、Oracle 和 Microsoft 的数据库产品几乎拥有市场占有率的 80% 以上,而 RDS 目前只能提供对 MySQL 的完整支持。因此,如果 RDS 要获得巨大成功,未来的版本必须考虑为更多的客户提供对主流数据库产品的完整支持,比如 Oracle、DB2。

8.4.5　Amazon SQS

Amazon SQS(Simple Queue Service)是一种用于分布式应用的组件之间数据传递的消息队列服务,这些组件可能分布在不同的计算机上,甚至是不同的网络中。利用 SQS 能够将分布式应用的各个组件以松耦合的方式结合起来,从而创建可靠的大规模的分布式系统。松耦合的组件之间相对独立性强,系统中任何一个组件的失效都不会影响整个系统的运行。

消息和队列是 SQS 实现的核心。消息是存储在 SQS 队列中的文本数据,可以由应用通过 SQS 的公共访问接口执行添加、读取、删除操作。队列是消息的容器,提供了消息传递及访问控制的配置选项。SQS 是一种支持并发访问的消息队列服务,它支持多个组件并发的操作队列,如向同一个队列发送或者读取消息。消息一旦被某个组件处理,则该消息将被锁定,并且被隐藏,其他组件不能访问和操作此消息,此时队列中的其他消息仍然可以被各个组件访问。

SQS 采用分布式构架实现,每一条消息都可能保存在不同的机器中,甚至保存在不同数据中心。这种分布式存储策略保证了系统的可靠性,同时也体现出其与中央管理队列的差异,这些差异需要分布式系统设计者和 SQS 使用者充分理解。首先,SQS 并不严格保证消息的顺序,先送入队列的消息也可能晚些时候才会可见;其次,分布式队列中有些已经有被处理的消息,在一定时间内还存在于其他队列中,因此同一个消息可能会被处理多次;再次,获取消息时不能确保得到所有的消息,可能只得到部分服务器中队列里的消息;最后,消息的传递可能有延迟,不能期望发出的消息马上被其他组件看到。

图 8.3 所示为一条消息的生命周期管理示例。首先,由组件 1 创建一条新的消息 A,通过 HTTP 协议调用 SQS 服务将消息 A 存储到消息队列中。接着,组件 2 准备处理消息,它从队列中读取消息 A,并将其锁定。在组件 2 处理的过程中,消息 A 仍然存在于消息队列中,只是对其他组件不可见。最后,当组件 2 成功处理完消息 A 后,SQS 将消息 A 从队列中删除,避免这个消息被其他组件重复处理。但是,如果组件 2 在处理过程中失效,导致处理超时,SQS 将会把消息 A 的状态重新设为可见,从而可以被其他组件继续处理。

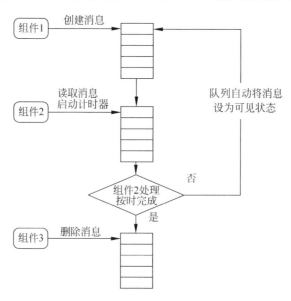

图 8.3　Amazon SQS 服务消息管理示例

8.4.6　Amazon EC2

Amazon EC2(Elastic Compute Cloud,弹性计算云)是一种云基础设施服务。该服务基于服务器虚拟化技术,致力于为用户提供大规模的、可靠的、可伸缩的计算运行环境。通过 EC2 所提供的服务,用户不仅可以非常方便地申请所需要的计算资源,而且可以灵活地定制所拥有的资源,如用户拥有虚拟机的所有权限,可以根据需要定制操作系统,安装所需的软件。

EC2 一个诱人的特点就是用户可以根据业务的需求灵活地申请或者终止资源使用,且只需为实际用到的资源数量付费。EC2 由 AMI(Amazon Machine Image)、EC2 虚拟机实例和 AMI 运行环境组成。AMI 是一个用户可定制的虚拟机镜像,是包含了用户的所有软件和配置的虚拟环境,是 EC2 部署的基本单位。多个 AMI 可以组合形成一个解决方案,如 Web 服务器、应用服务器和数据服务器可联合形成一个 3 层架构的 Web 应用。AMI 部署到 EC2 的运行环境后就产生一个 EC2 虚拟机实例,由同一个 AMI 创建的所有实例都拥有相同的配置。需要注意的是,EC2 虚拟机实例内部并不保存系统的状态信息,存储在实例中的信息随着它的终止而丢失。用户需要借助于 Amazon 的其他服务持久化用户数据,如前面提到的 SimpleDB 或者 S3。AMI 的运行环境是一个大规模的虚拟机运行环境,拥有庞大规模的物理机资源池和虚拟机运行平台,所有利用 AMI 镜像启动的 EC2 虚拟机实例都运行在该环境中。EC2 运行环境为用户提供基本的访问控制服务、存储服务、网络及防火墙服务等。

通常,EC2 的用户需要首先将自己的操作系统、中间件及应用程序打包在 AMI 虚拟机镜像文件中,然后将自己的 AMI 镜像上传到 S3 服务上,最后通过 EC2 的服务接口启动 EC2 虚拟机实例。与传统的服务运行平台相比,EC2 具有以下优势:

(1)可伸缩性。利用 EC2 提供的网络服务接口,应用可以根据需求动态调整计算资源,支持同时启动多达上千个虚拟机实例。

(2)节省成本。用户不需要预先为应用峰值所需的资源进行投资,也不需要雇佣专门的技术人员进行管理和维护,用户可以利用 EC2 轻松地构建任意规模的应用运行环境。在服务的运行过程中,用户可以灵活地开启、停止、增加、减少虚拟机实例,并且只需为实际使用的资源付费。

(3)使用灵活。用户可以根据自己的需要灵活定制服务,Amazon 公司提供了多种不同的服务器配置,以及丰富的操作系统和软件组合供用户选择。用户可以利用这些组件轻松地搭建企业级的应用平台。

(4)安全可靠。EC2 构建在 Amazon 公司的全球基础设施之上,EC2 的运行实例可以分布到全球不同的数据中心,单个节点失效或者局部区域的网络故障不会影响业务的运行。

(5)容错。Amazon 公司通过提供可靠的 EBS(Elastic Block Store)服务,在不同区域持久地存储和备份 EC2 实例,在出现故障时可以快速地恢复到之前正确的状态,为应用和数据的安全提供了有效的保障。

8.5　本　章　小　结

本章介绍了云计算环境中 IaaS。IaaS 指将 IT 基础设施能力(如服务器、存储、计算能力等)通过网络提供给用户使用,并根据用户对资源的实际使用量或占有量进行计费的一种服务。

IaaS 通过采用资源池构建、资源调度、服务封装等手段,可以将资源池化,实现 IT 资产向 IT 资源按需服务的迅速转变。IaaS 的总体技术架构主要分为资源层、虚拟化层、管理层和服务层等 4 层架构。

（1）资源层。位于架构最底层的是资源层，主要包含数据中心所有的物理设备，如硬件服务器、网络设备、存储设备及其他硬件设备。在基础架构云平台中，位于资源层中的资源不是独立的物理设备个体，而是组成一个集中的资源池，因此，资源层中的所有资源将以池化的概念出现。

（2）虚拟化层。位于资源层之上的是虚拟化层。虚拟化层的作用是按照用户或者业务的需求，从资源池中选择资源并打包，从而形成虚拟机应用于不同规模的计算。

（3）管理层。虚拟化层之上为管理层。管理层主要对下面的资源层进行统一的运行、维护和管理，包括收集资源的信息，了解每种资源的运行状态和性能情况，决定如何借助虚拟化技术选择、打包不同的资源，以及如何保证打包后的计算资源——虚拟机的高可用性，或者如何实现负载均衡等。

（4）服务层。服务层位于整体架构的最上层，服务层主要向用户提供使用管理层、虚拟化层资源层的良好接口。

Amazon 公司的云计算平台提供 IaaS 服务，可以满足各种企业级应用和个人应用。用户获得可靠的、可伸缩的、低成本的信息服务的同时，也可以从复杂的数据中心管理和维护工作中解脱出来。

第9章　平台即服务

平台即服务(Platform as a Service, PaaS)是把服务器作为一种服务提供的商业模式，能够为应用程序的执行弹性地提供所需的资源，并根据用户程序对实际资源的使用收取费用。本章介绍 PaaS 概述、PaaS 架构和 Google 微软应用案例。

9.1　PaaS 概述

PaaS 通过互联网为用户提供的平台是一种应用开发与执行环境，根据一定规律开发出来的应用程序可以运行在这个环境内，并且其生命周期能够被该环境所控制，而并非只是简单地调用平台提供的接口。从应用开发者的角度看，PaaS 是互联网资源的聚合和共享，开发者可以灵活、充分地利用服务提供商提供的应用能力便捷地开发互联网应用；从服务提供商的角度看，PaaS 通过提供易用的开发平台和便利的运行平台，吸引更多的应用程序和用户，从而获得更大的市场份额并扩大收益。

9.1.1　PaaS 的由来

业界最早的 PaaS 服务是由 Salesforce 于 2007 年推出的 Force.com，它为用户提供了关系型数据库、用户界面选项、企业逻辑及一个专用的集成开发环境，应用程序开发者可以在该平台提供的运行环境中对他们开发出来的应用软件进行部署测试，然后将应用提交给 Salesforce 供用户使用。作为 SaaS 服务提供商，Salesforce 推出 PaaS 的目的是使商业 SaaS 应用的开发更加便捷，进而使 SaaS 服务用户能够有更多的软件应用可以选择。

还有当代计算的先驱 Google，使用便宜的计算机和强有力的中间件，以及自己的技术装备出了世界上功能最强大的数据中心，以及超高性能的并行计算群。2008 年 4 月发表的 PaaS 服务 GAE，为用户提供了更多的服务，方便了用户的使用，去掉了烦琐的作业。

微软在 2008 年冬推出 Windows Azure 平台，并在其上陆续发布了用于提供数据库服务、总线服务、身份认证服务等相关组件，构建完整的微软 PaaS 服务。

PaaS 服务更多地从用户角度出发，将更多的应用移植到 PaaS 平台上进行开发管理，充分体现了互联网低成本、高效率、规模化的应用特性，PaaS 对于 SaaS 的运营商来说，可以帮助他们进行产品多元化和产品定制化。

9.1.2　PaaS 的概念

PaaS 是 SaaS 的变种，这种形式的云计算将开发环境作为服务来提供。可以创建自己的应用软件在供应商的基础架构上运行，然后通过网络从供应商的服务器上传递给用户，能给客户带来更高性能、更个性化的服务。

PaaS 实际上是指将软件研发的平台(计世资讯定义为业务基础平台)作为一种服务,以 SaaS 的模式提交给用户。因此,PaaS 也是 SaaS 模式的一种应用。但是,PaaS 的出现可以加快 SaaS 的发展,尤其是加快 SaaS 应用的开发速度。PaaS 之所以能够推进 SaaS 的发展,主要在于它能够提供企业进行定制化研发的中间件平台,同时涵盖数据库和应用服务器等。PaaS 可以提高在 Web 平台上利用的资源数量。例如,可通过远程 Web 服务使用 DaaS(Data as a Service,数据即服务),还可以使用可视化的 API。用户或者厂商基于 PaaS 平台可以快速开发自己所需要的应用和产品。同时,PaaS 平台开发的应用能更好地搭建基于 SOA 架构的企业应用。此外,PaaS 对于 SaaS 运营商来说,可以帮助他进行产品多元化和产品定制化。

9.1.3 PaaS 模式的开发

PaaS 利用一个完整的计算机平台,包括应用设计、应用开发、应用测试和应用托管,这些都作为一种服务提供给客户,而不是用大量的预置型(On-premise)基础设施支持开发。因此,不需要购买硬件和软件,只需要简单地订购一个 PaaS 平台,通常这只需要 1min 的时间。利用 PaaS,就能够创建、测试和部署一些非常有用的应用和服务,这与在基于数据中心的平台上进行软件开发相比,费用要低得多。这就是 PaaS 的价值所在。

虽然技术是不断变化的,可是架构却是不变的(图 9.1)。PaaS 不是一个新的"拯救世界"的概念,而只是目前思维方式的延伸以及对新兴技术的一种反应,比如核心业务流程外包和基于 Web 的计算。对于 PaaS 这个"范式转变",需要知道的是其实没有任何转变。我们多年以来一直在外包主要的业务流程,而这一直都很困难。但是,随着越来越多的 PaaS 厂商在这一新兴领域共同努力,应该完全相信在未来几年里会有一些相当令人吃惊的产品问世。这对于那些搭建 SOA 和 WOA 的人来说很有帮助,因为他们可以选择在哪里托管这些进程或服务,即在防火墙内部还是外部。事实上,很多人都会使用 PaaS 方法,因为这种方法的成本以及部署速度太有吸引力了,令人难以拒绝。

PaaS 所提倡的价值不只是简单的成本和速度,而是可以在该 Web 平台上利用的资源数量。例如,可通过远程 Web 服务使用数据即服务,还可以使用可视化的 API,范围从绘图到商业应用。其至其他 PaaS 厂商还允许你混合并匹配适合你应用的平台。

PaaS(平台服务化),与广为人知的 SaaS(软件服务化)具有某种程度的相似。SaaS 提供人们可以立即订购和使用的、得到完全支持的应用;而在使用 PaaS 时,开发人员使用由服务提供商提供的免费编程工具来开发应用并把它们部署到云中。这种基础设施是由 PaaS 提供商或其合作伙伴提供的,同时后两者根据 CPU 使用情况或网页观看数等一些使用指标来收费。

这种开发模型与传统方式完全不同。在传统方式中,程序员把商业或开源工具安装在本地系统上,编写代码,然后把开发的应用程序部署到他们自己的基础设施上并管理它们。而 PaaS 模型正迅速赢得支持者。

Garrett Davis 过去 30 多年来为大型保险公司编写软件。他求助于 GAE 在 PaaS 云中完成他的工作。他说,"在很多年编写了数不清行数的 Basic 程序,然后是 Cobol 程序,最后是 J2EE 程序",App Engine 的工具,尤其是典雅的 Python,显示出巨大的吸引力。Davis 说:"Python 语言不强迫我用圆括号和分号搞清我的代码。"

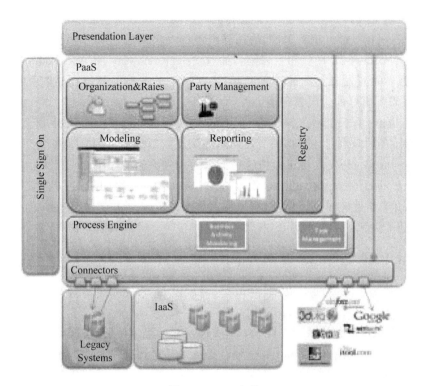

图 9.1 PaaS 架构

1）PaaS 开发速度更快

使用 PaaS，开发人员可以极具生产力，这部分是由于他们不必为定义可伸缩性要求去操心，他们也不必用 XML 编写部署说明，这些工作全部由 PaaS 提供商处理。Davis 迅速开发出了工资单和财产管理应用程序。他说，在使用 App Engine 时，他只需要一个月时间就可以完成将使用 J2EE、耗费 50 个人员一个月编写的工作人员薪酬应用的移植工作。

PaaS 上市时间的优势也给印的安纳 Bloomington 市 Author Solutions 公司的 CIO Michael Iovino 留下了深刻印象。他的 8 名程序员利用 Salesforce.com 公司的 Force.com PaaS 开发环境开发了公司的 iUniverse 创作应用。开发小组只用了 3 个月时间，就拿出了一个具有全套业务逻辑和帮助图书作者完成各种工作（从文字版面到营销和销售）的多种选件的完整程序。Iovino 说：“我对这种开发速度非常满意。”

弗吉尼亚 Fredricksburg 市 ECMInstitute 公司经理 Ray Chance 指出 PaaS 的另一个巨大的诱人之处——低费用。他的非营利组织是个传播企业内容管理信息的分发中心。这个中心使用 GAE 开发的定制的 RSS 服务将信息传播给该机构的 1000 家成员。

Chance 说，只要你每月网页观看量不到 500 万并且需要不到 500MB 的在线存储空间，Google 就是免费的。Chance 说，更重要的是，他用 App Engine 开发的 RSS 应用部署在 Google 的数据中心并在这个中心得到维护。Davis 把这个数据中心形容为“地球上最复杂的芯片和存储的集合”。

2）PaaS 开发也有缺点

但是开发 PaaS 软件也存在着缺点。例如，Chance 说，App Engine 的 Python 由于其内存管理的局限,有时会成为一场"斗争"。而缓存问题会限制 RSS 从他的站点提供 RSS 馈送的速度。Davis 也说,机构可能发现将 J2EE 应用移植到 Google 的受到限制的环境存在困难。

Iovino 说,Force. com 环境相当强健。而且 Salesforce. com 的 AppExchange 第三方软件市场提供更多的开发工具。他补充说,但是,如果 PaaS 模型要想在长期取得成功的话,Force. com 将需要更好的代码管理能力。

Iovino 还指出,由于代码在 Salesforce. com 的多用户基础设施中执行,开发人员必须知道存在的限制。例如,他们必须将一个长的服务调用或数据请求划分为多个更小的、更可管理的部分。Iovino 说,开发人员迅速把这种概念融入到他们的思想中。

Saugatuck Technology 公司分析师 Mike West 说,研究表明 PaaS 尽管处在早期采用者的阶段,但由于其投资回报,仍将吸引来自各种规模的企业的开发人员。他说:"比例越来越大的应用开发资金开始涌向 PaaS。"

9.1.4　PaaS 推进 SaaS 时代

PaaS 充分体现了互联网低成本、高效率、规模化应用的特性,我们相信,PaaS 必将把 SaaS 模式推入一个全新快速发展的时代。

在传统软件激烈的你争我夺之际,SaaS 模式异军突起,以其 0 安装 0 维护,即需即用的特征为广大企业用户所青睐。SaaS 是一种以租赁服务形式提供企业使用的应用软件,企业通过 SaaS 服务平台能够自行设定所需要的功能,SaaS 服务供货商提供相关的数据库、服务器主机连同后续的软件和硬件维护等,节省了大量用于购买 IT 产品、技术和维护运行的资金,大幅度降低了企业信息化的门槛与风险。

SaaS 提供商提供的应用程序或服务通常使用标准 Web 协议和数据格式,以提高其易用性并扩大其潜在的使用范围,并且越来越倾向于使用 HTTP 和常用的 Web 数据格式,如 XML、RSS 和 JSON,但是 SaaS 提供商并不满足于此,他们一直在思考如何开拓新的技术,推进整个 SaaS 时代的飞跃,于是 PaaS(Platform as a Service,平台即服务)出现了。在 2007 年国内外知名厂商先后推出自己的 PaaS 平台,其中包括全球 SaaS 模式的领导者 Salesforce. com 和中国 SaaS 的发起者八百客。PaaS 不只是 SaaS 的延伸,更是一个能够提供企业进行定制化研发的中间件平台,除了应用软件外,还同时涵盖数据库和应用服务器等。PaaS 改变了 SOA 创建、测试和部署的位置,并且在很大程度上加快了 SOA 架构搭建的速度并简化了搭建过程。这仍然是关于架构的。虽然技术是不断变化的,可架构却是不变的。PaaS 不是一个新的"拯救世界"的概念,而只是目前思维方式的延伸以及对新兴技术的一种反应,比如核心业务流程外包和基于 Web 的计算。随着越来越多的 PaaS 厂商在这一新兴领域共同努力,可以预见在未来几年里会有一些相当令人吃惊的产品问世。这对于那些搭建 SOA 和 WOA 的人来说很有帮助,因为他们可以选择在哪里托管这些进程或服务,即在防火墙内部或是外部。事实上,很多人都会选用 PaaS 方法,因为这种方法的成本以及部署速度太有吸引力了,使人难以拒绝。

PaaS 所提倡的价值不只是简单的成本和速度,更注重可以在该 Web 平台上利用的资源数量。例如,可通过远程 Web 服务使用数据即服务(Data as a Service,数据即服务),还可以使用可视化的 API。

Salesforce. com 亚太区业务经理田秋豪指出:"PaaS 虽然是 SaaS 服务的延伸,但对于

Salesforce.com 而言,将会因此成为多元化软件服务供货商(Multi Application Vendor),不再只是一家 CRM 随选服务提供商。"800app.com 副总经理王琳指出:"通过 PaaS 平台,我们跨越的仅是 CRM 供应商的市场定位,轻松实现了 BTO(Built To Order,按订单生产)和在线交付流程。使用 800app 的 PaaS 开发平台,用户不再需要任何编程即可开发包括 CRM、OA、HR、SCM、进销存管理等任何企业管理软件,而且不需要使用其他软件开发工具就可立即在线运行。"王琳还说:"PaaS 是管理软件开发的革命,企业可以把自己的业务流程和想法快速应用到管理软件中去,也就是企业管理软件 DIY(Do It Yourself,自己动手),从而大大提高工作效率和执行力。"

很多人一直强调 SaaS 最大的吸引力在于其可灵活个性化定制。PaaS 的出现更加满足了他们的这种心理,"积木王国"中有各式各样的"积木",企业可以按照自己的想法随意 DIY。这就像以将家具拆卸、顾客自己组装作为自己特色的宜家。宜家十分关注不同顾客群体的特别需求,但是不会有一款产品适合所有人,于是"自己动手 DIY"就成了宜家的经营理念。所有人都买到了自己称心如意的产品,或是时尚而低廉,或是精美而奢华。总之总能在从宜家购物出来的客户脸上看到满意的微笑。这就是 DIY 的魅力。PaaS 就赋予了 SaaS 这样的魅力,所以必将把 SaaS 推向一个新的发展阶段。

与"企业管理软件 DIY"一样共同得益于 PaaS 平台的还有 SaaS 产品另一特色 BTO,企业提出需求,软件厂商"按单生产"。不再是流水线似的大规模加工生产,不需要自己挑,而是完全的按单。所有客户都是"VIP",成本低且实用。在激烈甚至有些惨烈的笔记本电脑市场竞争中,Intel 公司于 2002 年率先提出 BTO 概念笔记本,引发了笔记本电脑的 BTO 热,推动了整个笔记本电脑行业向着更方便、更质优价廉、服务更完善的方向发展。PaaS 也提供给 SaaS 模式一个 BTO 的"工厂",使 SaaS 向更加客户化、灵活易用迈进,它也必将成为 SaaS 的新的增长点。

PaaS 充分体现了互联网低成本、高效率、规模化应用的特性,我们相信 PaaS 必将把 SaaS 模式推进一个全新快速发展的时代。

9.2 PaaS 的功能与架构

从传统角度来看,PaaS 实际上就是云环境下的应用基础设施,也可理解成中间件即服务,如图 9.2 所示。

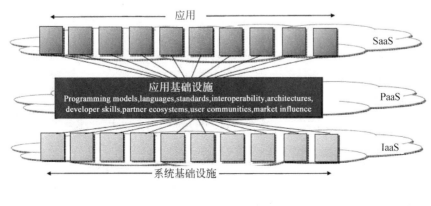

图 9.2 PaaS 所处的位置

9.2.1 PaaS 的功能

PaaS 为部署和运行应用系统提供所需的基础设施资源应用基础设施,所以应用开发人员无需关心应用的底层硬件和应用基础设施,并且可以根据应用需求动态扩展应用系统所需的资源。完整的 PaaS 平台应提供以下功能:

1) 应用运行环境

(1) 分布式运行环境。

(2) 多种类型的数据存储。

(3) 动态资源伸缩。

2) 应用全生命周期支持

(1) 提供开发 SDK、IDE 等加快应用的开发、测试和部署。

(2) 公共服务。以 API 形式提供公共服务,如队列服务、存储服务和缓存服务等。

(3) 监控、管理和计量。提供资源池、应用系统的管理和监控功能,精确计量。应用使用所消耗的计算资源。

3) 集成、复合应用构建能力

除了提供应用运行环境外,还需要提供连通性服务、整合服务、消息服务和流程服务等用于构建 SOA 架构风格的复合应用。

PaaS 的全局功能如图 9.3 所示。

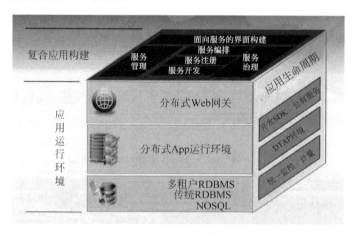

图 9.3　PaaS 的全局功能

9.2.2 多租户弹性是 PaaS 的核心特性

PaaS 的特性有多租户、弹性(资源动态伸缩)、统一运维、自愈、细粒度资源计量、SLA 保障等。这些特性基本也都是云计算的特性。多租户弹性是 PaaS 区别于传统应用平台的本质特性,其实现方式也是用来区别各类 PaaS 的最重要标志,因此多租户弹性是 PaaS 的最核心特性。

多租户(Multi-Tenancy)是指一个软件系统可以同时被多个实体所使用,每个实体之间是逻辑隔离、互不影响的。一个租户可以是一个应用,也可以是一个组织。弹性(Elasticity)是指一个软件系统可以根据自身需求动态地增加、释放其所使用的计算资源。

多租户弹性(Multi-Tenancy Elastic)是指租户或者租户的应用可以根据自身需求动态地增加、释放其所使用的计算资源。从技术上来说,多租户有以下几种实现方式:

(1) Shared-Nothing。为每一个租户提供一套和 On-Premise 一样的应用系统,包括应用、应用基础设施和基础设施。Shared-Nothing 仅在商业模式上实现了多租户。Shared-Nothing 的好处是整个应用系统栈都不需要改变,隔离非常彻底,但是技术上没有实现资源弹性分配,资源不能共享。

(2) Shared-Hardware,共享物理机。虚拟机是弹性资源调度和隔离的最小单位,典型例子是 Microsoft Azure。传统软件巨头如微软和IBM等拥有非常广的软件产品线,在 On-Premise 时代占据主导地位后,他们在云时代的策略就是继续将 On-Premise 软件 Stack 装到虚拟机中并提供给用户。

(3) Shared-OS,共享操作系统。进程是弹性资源调度和隔离的最小单位。与 Shared-Hardware 相比,Shared-OS 能实现更小粒度的资源共享,但是安全性会差些。

(4) Shared-Everything,基于元数据模型以共享一切资源。典型例子是 force.com。Shared-Everything 方式能够实现最高效的资源共享,但实现技术难度大,安全和可扩展性方面会面临很大的挑战。

9.2.3 PaaS 架构的核心意义

在云产业链中,如同传统中间件所起的作用一样,PaaS 也将会是产业链的制高点。无论是在大型企业私有云中,还是在中小企业和ISV所关心的应用云中,PaaS 都将起到核心作用。

1) 以 PaaS 为核心构建企业私有云

大型企业都有复杂的 IT 系统,甚至自己筹建了大型数据中心,其运行与维护工作量非常大,同时资源的利用率又很低——据统计,大部分企业数据中心的计算资源利用率都不超过30%。在这种情况下,企业迫切需要找到一种方法,整合全部 IT 资源进行池化,并且以动态可调度的方式供应给业务部门。大型企业建设内部私有云有两种模式,一种是以 IaaS 为核心,另一种是以 PaaS 为核心,如图 9.4 所示。

(a) 以IaaS为核心的模式

(b) 以PaaS为核心的模式

图 9.4　两种模式架构

企业会采用成熟的虚拟化技术首先实现基础设施的池化和自动化调度。当前,有大量电信运营商、制造企业和产业园区都在进行相关的试点。但是,私有云建设万不可局限于 IaaS,因为 IaaS 只关注解决基础资源云化问题,解决的主要是 IT 问题。在 IaaS 的技术基础上进一步架构企业 PaaS 平台将能带来更多的业务价值。PaaS 的核心价值是让应用及业务更敏捷、IT 服务水平更高,并实现更高的资源利用率。

以 PaaS 为核心的私有云建设模式是在 IaaS 的资源池上进一步构建 PaaS 能力,提供内部云平台、外部 SaaS 运营平台和统一的开发、测试环境。

(1) 内部云平台:建立业务支撑平台。

(2) 外部 SaaS 运营平台:向企业外部供应商或者客户提供 SaaS 应用。

(3) 开发、测试环境:为开发人员提供统一的开发和测试环境平台。

以某航空运输领域的集团为例。它正从单一的航空运输企业,转型为以航空旅游、现代物流、现代金融服务三大链条为支柱,涵盖“吃、住、行、游、购、娱”六大产业要素的现代服务业综合运营商,其产业覆盖航空运输、旅游服务、现代物流、金融服务、商贸零售、房地产开发与管理、机场管理。对于这么一个大型企业集团,当前信息化的挑战不仅在于如何高效整合、集中管控整个集团的 IT 资源,更重要的在于如何快速地、更好地满足客户的需求,如何更高效地整合外部供应商,使 IT 真正成为其创新的驱动力。云计算为该集团带来契机,以 PaaS 为核心构建其对内、对外云平台必将成为其最佳选择,如图 9.5 所示。

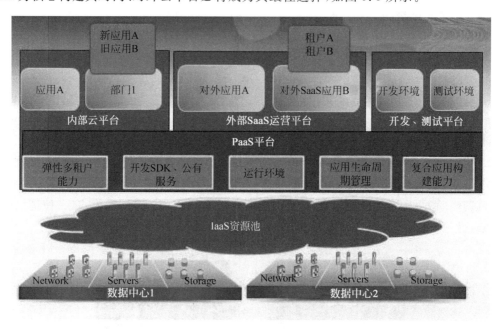

图 9.5　以 PaaS 为核心的云架构

2) 以 PaaS 为核心构建和运营下一代 SaaS 应用

对于中、小企业来说,大部分缺乏专业的 IT 团队,并且难以承受高额的前期投入,他们往往很难通过自建 IT 的思路来实现信息化,所以 SaaS 是中、小企业的自然选择。然而,SaaS 这么多年来在国内的发展状况一直没有达到各方的预期。抛开安全问题不讲,最主要的其他两个原因是传统 SaaS 应用难以进行二次开发以满足企业个性化需求,并缺少能够提供一站式的 SaaS 应用服务的运营商。

无论是 Salesforce.com 还是国内的 SaaS 供应商,都意识到 SaaS 的未来在于 PaaS,需要以 PaaS 为核心来构建和运营新一代的 SaaS 应用,如图 9.6 所示。

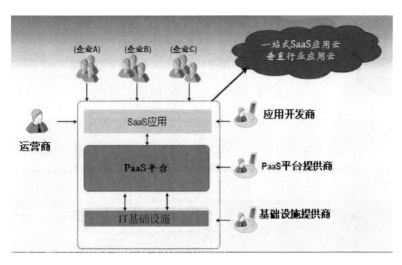

图 9.6 以 PaaS 为核心构建 SaaS

在云计算时代,中、小企业市场的机会比以往任何时候都大。在这个以 PaaS 为核心的生态链中,每个参与者都得到了价值的提升。

(1) 中小企业:一站式的 SaaS 应用服务;可定制的 SaaS 应用。

(2) SaaS 运营商:基于统一 PaaS 平台提供一站式的 SaaS 应用服务;实现规模效应。

(3) 应用开发商:基于 PaaS 平台,将已开发的成熟应用 SaaS 化、开发新的 SaaS 应用;为中、小企业提供二次开发服务;开发效率得到提升。

(4) 基础设施提供商:专注于基础设施运行与维护;实现资源更高效利用和回报。

9.2.4 PaaS 改变未来软件开发和维护模式

PaaS 改变了传统的应用交付模式,如图 9.7 所示,促进了分工的进一步专业化,解耦了开发团队和运维团队,将极大地提高未来软件交付的效率,是开发和运维团队之间的桥梁,如图 9.8 所示。

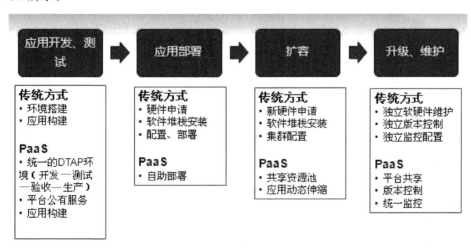

图 9.7 PaaS 改变传统的应用交付模式

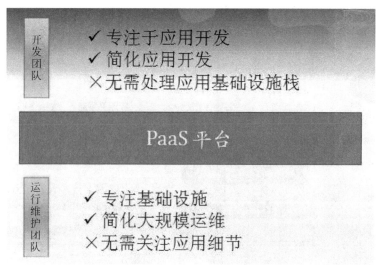

图 9.8　PaaS 是开发和运维团队之间的桥梁

9.3　Google 的云计算平台

Google 的云计算技术实际上是针对 Google 特定的网络应用程序而定制的。针对内部网络数据规模超大的特点,Google 提出了一整套基于分布式并行集群方式的基础架构,利用软件的能力来处理集群中经常发生的节点失效问题。

从 2003 年开始,Google 连续几年在计算机系统研究领域的最顶级会议与杂志上发表论文,揭示其内部的分布式数据处理方法,向外界展示其使用的云计算核心技术。从其近几年发表的论文来看,Google 使用的云计算基础架构模式包括 4 个相互独立又紧密结合在一起的系统。包括 Google 建立在集群之上的文件系统 Google File System,针对 Google 应用程序的特点提出的 Map/Reduce 编程模式、分布式的锁机制 Chubby 以及 Google 开发的模型简化的大规模分布式数据库 BigTable。Google 在强大的基础设施之上,构筑了 GAE 这项 PaaS 服务,成为功能最全面的 PaaS 平台。

GAE 提供一整套开发组件来让用户轻松地在本地构建和调试网络应用,之后能让用户在 Google 强大的基础设施上部署和运行网络应用程序,并自动根据应用所承受的负载来对应用进行扩展,并免去用户对应用和服务器等的维护工作。同时提供大量的免费额度和灵活的资费标准。在开发语言方面,现支持 Java 和 Python 这两种语言,并为这两种语言提供基本相同的功能和 API。

9.3.1　设计理念

App Engine 在设计理念方面,主要可以总结为下面这 5 条:

(1) 重用现有的 Google 技术。大家都知道,重用是软件工程的核心理念之一,因为通过重用不仅能降低开发成本,而且能简化架构。在 App Engine 开发的过程中,重用的思想也得到了非常好的体现,比如 Datastore 是基于 Google 的 BigTable 技术,Images 服务是基于 Picasa 的,用户认证服务是利用 Google Account 的,Email 服务是基于 Gmail 的等。

（2）无状态。为了让 App Engine 更好地支持扩展,Google 没有在应用服务器层存储任何重要的状态,而主要在 Datastore 这层对数据进行持久化,这样当应用流量突然爆发时,可以通过应用添加新的服务器来实现扩展。

（3）硬限制。App Engine 对运行在其上的应用代码设置了很多硬性限制,比如无法创建 Socket 和 Thread 等有限的系统资源,这样能保证不让一些恶性的应用影响到与其邻近应用的正常运行,同时也能保证在应用之间能做到一定的隔离。

（4）利用 Protocol Buffers 技术来解决服务方面的异构性。应用服务器和很多服务相连,有可能会出现异构性的问题,比如应用服务器是用 Java 编写的,而部分服务是用 C++ 编写的等。Google 在这方面的解决方法是基于语言中立、平台中立和可扩展的 Protocol Buffer,并且在 App Engine 平台上所有 API 的调用都需要在进行 RPC(Remote Procedure Call,远程方面调用)之前被编译成 Protocol Buffer 的二进制格式。

（5）分布式数据库。因为 App Engine 将支持海量的网络应用,所以独立数据库的设计肯定是不可取的,而且很有可能将面对起伏不定的流量,所以需要一个分布式的数据库来支持海量的数据和海量的查询。

9.3.2 构成部分

GAE 的架构如图 9.9 所示。

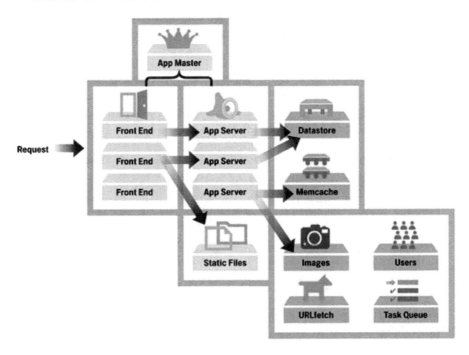

图 9.9 GAE 的架构

1）前端

前端共包括 4 个模块：

（1）Front End。既可以认为它是 Load Balancer，也可以认为它是 Proxy。它主要负责负载均衡和将请求转发给 App Server（应用服务器）或者 Static Files 等工作。

（2）Static Files。在概念上，比较类似于 CDN（Content Delivery Network，内容分发网络），用于存储和传送那些应用附带的静态文件，比如图片、CSS 和 JS 脚本等。

（3）App Server。用于处理用户发来的请求，并根据请求的内容来调用后面的 Datastore 和服务群。

（4）App Master。是在应用服务器间调度应用，并将调度之后的情况通知 Front End。

2）Datastore

它是基于 BigTable 技术的分布式数据库，虽然其也可以被理解成为一个服务，但是由于它是整个 App Engine 唯一存储持久化数据的地方，所以其是 App Engine 中一个非常核心的模块。其具体细节将在下面和大家讨论。

3）服务群

整个服务群包括很多服务供 App Server 调用，比如 Memcache、图形、用户、URL 抓取和任务队列等。

9.3.3 App Engine 服务

App Engine 提供了多种服务，从而可以使您在管理应用程序的同时执行常规操作。提供了以下 API 用于访问这些服务：

（1）网址获取。应用程序可以使用 App Engine 的网址获取服务访问互联网上的资源，如网络服务或其他数据。网址获取服务用于为许多其他 Google 产品检索网页的高速 Google 基础架构来检索网络资源。有关网址获取服务的详细信息，请参阅网址获取 API。

（2）邮件。应用程序可以使用 App Engine 的邮件服务发送电子邮件。邮件服务使用 Google 基础架构发送电子邮件。有关邮件服务的详细信息，请参阅邮件 API。

（3）Memcache。Memcache 服务为您的应用程序提供了高性能的内存键值缓存，可通过应用程序的多个实例访问该缓存。Memcache 对于那些不需要数据库的永久性功能和事务功能的数据很有用，如临时数据或从数据库复制到缓存以进行高速访问的数据。有关 Memcache 服务的详细信息，请参阅 Memcache API。

（4）图片操作。图片服务使应用程序可以对图片进行操作。使用该 API，可以对 JPEG 和 PNG 格式的图片进行大小调整、剪切、旋转和翻转。有关图片操作服务的详细信息，请参阅图片 API。

9.4 Windows Azure 平台

Windows Azure 平台目前包含 Windows Azure、SQL Azure 和 Windows Azure Platform AppFabric 三大部分，如图 9.10 所示。其中 Windows Azure 是平台最为核心的组成部分，称为云计算操作系统。但是它履行了资源管理的职责，只不过它管理的资源更为宏观，数据中心中的所有服务器、存储器、交换机、负载均衡器等都接受它的管理。因为未来的数据中心会越来越像一台超级计算机，因此 Windows Azure 也会越来越像一个超级操作系统。Windows Azure 的设计团队中就有许多微软技术重量级人物，其中包括 Dave Cutler，他被称为是 Windows NT 和 VMS 之父。

Windows Azure 为开发者提供了托管的、可扩展的、按需应用的计算和存储资源,还为开发者提供了云平台管理和动态分配资源的控制手段。Windows Azure 是一个开放的平台,支持微软和非微软的语言和环境。开发人员在构建 Windows Azure 应用程序和服务时,不仅可以使用熟悉的 Microsoft Visual Studio、Eclipse 等开发工具,同时 Windows Azure 还支持各种流行的标准与协议,包括 SOAP、REST、XML 和 HTTPS 等。

图 9.10 Windows Azure 平台组成

9.4.1 Windows Azure 操作系统

Windows Azure 是 Windows Azure 平台上运行云服务的底层操作系统,微软将 Windows Azure 定为云中操作系统的商标,它提供了托管云服务需要的所有功能,包括运行时环境,如 Web 服务器、计算服务、基础存储、队列、管理服务和负载均衡,Windows Azure 也为开发人员提供了本地开发网络,在部署到云之前,可以在本地构建和测试服务,图 9.11 显示了 Windows Azure 的 3 个核心服务。

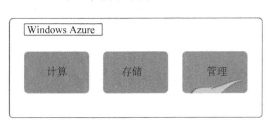

图 9.11 Windows Azure 核心服务

Windows Azure 的 3 个核心服务分别是计算(Compute)、存储(Storage)和管理(Management)。

(1)计算。计算服务在 64 位 Windows Server 2008 平台上由 Hyper-V 支持提供可扩展的托管服务,这个平台是虚拟化的,可根据需要动态调整。

(2)存储。Windows Azure 支持 3 种类型的存储,分别是 Table、Blob 和 Queue。它们支持通过 REST API 直接访问。注意 Windows Azure Table 和传统的关系数据库 Table 有着本质的区别,它有独立的数据模型。Table 通常用来存储 TB 级高可用数据,如电子商务网站的用户配置数据;Blob 通常用来存储大型二进制数据,如视频、图片和音乐,每个 Blob

平台即服务

最大支持存储 50GB 数据；Queue 是连接服务和应用程序的异步通信信道，Queue 可以在一个 Windows Azure 实例内使用，也可以跨多个 Windows Azure 实例使用，Queue 基础设施支持无限数量的消息，但每条消息的大小不能超过 8KB。任何有权访问云存储的账户都可以访问 Table、Blob 和 Queue。

（3）管理。管理包括虚拟机授权，在虚拟机上部署服务，配置虚拟交换机和路由器、负载均衡等。

9.4.2　SQL Azure

SQL Azure 是 Windows Azure 平台中的关系型数据库，它以服务形式提供核心关系数据库功能，SQL Azure 构建在核心 SQL Server 产品代码基础上，开发人员可以使用 TDS（Tabular Data Stream）访问 SQL Azure。图 9.12 显示了 SQL Azure 的核心组件。

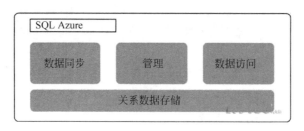

图 9.12　SQL Azure 核心组件

SQL Azure 的核心组件包括关系数据存储（Relational Data Storage）、数据同步（Data Sync）、管理（Management）和数据访问（Data Access）。

（1）关系数据存储。它是 SQL Azure 的支柱，它提供传统 SQL Server 的功能，如表、视图、函数、存储过程和触发器等。

（2）数据同步。提供数据同步和聚合功能。

（3）管理。为 SQL Azure 提供自动配置、计量、计费、负载均衡、容错和安全功能。

（4）数据访问。定义访问 SQL Azure 的不同编程方法，目前 SQL Azure 支持 TDS，包括 ADO.NET、实体框架、ADO.NET Data Service、ODBC、JDBC 和 LINQ 客户端。

9.4.3　.NET 服务

.NET 服务是 Windows Azure 平台的中间件引擎，提供访问控制服务和服务总线。图 9.13 显示了.NET 服务的两个核心服务。

（1）访问控制（Access Control）。访问控制组件为分布式应用程序提供规则驱动，是基于声明的访问控制。

（2）服务总线（Service Bus）。它和常说的企业服务总线（Enterprise Service Bus，ESB）类似，但它是基于互联网的，消息可以跨企业、跨云传输，它也提供发布/订阅、点到点和队列等消息交换机制。

图 9.13　.NET 服务的核心服务

9.4.4 Live 服务

Microsoft Live 服务是以消费者为中心的应用程序和框架的集合,包括身份管理、搜索、地理空间应用、通信、存储和同步。图 9.14 显示了 Live 服务的核心组件。

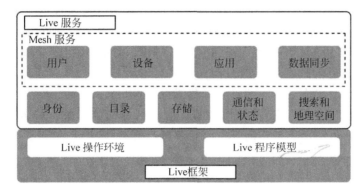

图 9.14 Live 服务的核心组件

Mesh 服务(Mesh Service):向用户、设备、应用程序和数据同步提供编程访问。

身份(Identity):提供身份管理和授权认证。

目录(Directory):管理用户、标识、设备、应用程序和它们连接的网络的关系,如 Live Mesh 中用户和设备之间的关系。

存储(Storage):管理 Mesh 中用户、设备和应用程序的数据临时性存储和持久化存储,如 Windows Live Skydrive。

通信和状态(Communications & Presence):提供设备和应用程序之间的通信基础设施,管理它们之间的连接和显示状态信息,如 Windows Live Messenger 和 Notifications API。

搜索(Search):为用户、网站和应用程序提供搜索功能,如 Bing。

地理空间(Geospatial):提供丰富的地图、定位、路线、搜索、地理编码和反向地理编码服务,如 Bing 地图。

Live 框架(Live Framework):Live 框架是跨平台、跨语言、跨设备 Live 服务的编程统一模型。

9.4.5 Windows Azure 平台的用途

根据微软官方的说法,Windows Azure 平台的主要用途如下:

- 给现有打包应用程序增加 Web 服务功能。
- 用最少的资源构建、修改和分发应用程序到 Web 上。
- 执行服务,如大容量存储、批处理操作、高强度计算等。
- 快速创建、测试、调试和分发 Web 服务。
- 降低构建和扩展资源的成本和风险。
- 减少 IT 管理工作和成本。

微软是在 2008 年 10 月末发布 Azure 的,在当时的经济环境下,Azure 的到来给正处于经济寒冬的中、小型企业,甚至是大型企业带来了一阵春风,降低成本成为企业选择 Azure

的主要动机。

微软设计 Azure 平台时充分考虑了现有的成熟技术和技术人员的知识,.NET 开发人员可以继续使用 Visual Studio 2008 创建运行于 Azure 的 ASP.NET Web 应用程序和 WCF(Windows Communication Framework)服务,Web 应用程序运行在一个 IIS(Internet Information Services)7 沙盒版本中,以文件系统为基础的网站项目不受支持,后来微软推出了"持久化 Drive"存储,Web 应用程序和基于 Web 的服务以部分信任代码访问安全(Code Access Security)模式运行,基本符合 ASP.NET 的中等信任和对某些操作系统资源的有限访问。

Windows Azure SDK 为调用非.NET 代码启用了非强制性的完全信任代码访问安全,使用要求完全信任的.NET 库,使用命名管道处理内部通信。微软承诺在云平台中支持 Ruby、PHP 和 Python 代码,最初的开发平台仅限于支持 Visual Studio 2008 及更高版本,未来有计划支持 Eclipse。

Azure 平台支持的 Web 标准和协议包括 SOAP、HTTP、XML、Atom 和 AtomPub。

9.5 本章小结

本章介绍了云计算环境中 PaaS(Platform as a Service,平台即服务),它指把服务器平台作为一种服务提供的商业模式,能够为应用程序的执行弹性地提供所需的资源,并根据用户程序对实际资源的使用收取费用。

PaaS 通过互联网为用户提供的平台是一种应用开发与执行环境,根据一定规律开发出来的应用程序可以运行在这个环境内,并且其生命周期能够被该环境所控制,而并非只是简单地调用平台提供的接口。从应用开发者的角度看,PaaS 是互联网资源的聚合和共享,开发者可以灵活、充分地利用服务提供商提供的应用能力便捷地开发互联网应用;从服务提供商的角度看,PaaS 通过提供易用的开发平台和便利的运行平台,吸引更多的应用程序和用户,从而获得更大的市场份额并扩大收益。

PaaS 的特性有多租户、弹性(资源动态伸缩)、统一运维、自愈、细粒度资源计量、SLA 保障等。多租户弹性是 PaaS 区别于传统应用平台的本质特性,其实现方式也是用来区别各类 PaaS 的最重要标志,因此多租户弹性是 PaaS 的最核心特性。多租户弹性(Multi-Tenancy Elastic)是指租户或者租户的应用可以根据自身需求动态地增加、释放其所使用的计算资源。

GAE 和 Windows Azure 平台都是 PaaS 是平台即服务的现实案例。

第 10 章　软件即服务

软件即服务(Software as a Service,SaaS)是指通过 Internet 提供软件的模式,厂商将应用软件统一部署在自己的服务器上,客户可以根据自己的实际需求,通过互联网向厂商定购所需的应用软件服务,按定购的服务多少和时间长短向厂商支付费用,并通过互联网获得厂商提供的服务。SaaS 是随着互联网技术的发展和应用软件的成熟,在 21 世纪开始兴起的一种完全创新的软件应用模式。

不同于基础设施层和平台层,软件即服务层中提供给用户的是千变万化的应用,为企业和机构用户简化 IT 流程,为个人用户提高日常生活方方面面的效率。这些应用都是能够在云端运行的技术,业界将这些技术或者功能总结、抽象,并定义为 SaaS 平台。开发者可以使用 SaaS 平台提供的常用功能,减少应用开发的复杂度和时间,而专注于业务自身及其创新。

本章先概述 SaaS,介绍了 SaaS 的框架,最后对 SaaS 领域的领先者 Salesforce 进行了介绍。

10.1　SaaS 概述

从本质上说,SaaS 是近年来兴起的一股将软件转变成服务的模式,为人们认识、应用和改变软件提供了一个新的角度。在这种新的视角下,人们重新审视软件及其相关属性,发掘出了软件的一些别有价值的关注点,为软件的设计、开发、发布和经营等活动找到了一套不同以往的方法和途径,这就是 SaaS。

10.1.1　SaaS 的由来

SaaS 不是新兴产物,早在 2000 年左右,SaaS 作为一种能够降低成本、快速获得价值的软件交付模式而被提出。在近 10 年的发展中,SaaS 的应用面不断扩展。随着云计算的兴起,SaaS 作为一种最契合云端软件的交付模式成为瞩目的焦点。根据 Saugauck 技术公司撰写的分析报告,指出 SaaS 的发展被分为连续而有所重叠的 3 个阶段:

第一个阶段为 2001—2006 年,在这个阶段,SaaS 针对的问题范围主要停留在如何降低软件使用者消耗在软件部署、维护和使用的成本。

第二个阶段为 2005—2010 年,在这个阶段,SaaS 理念被广泛地接受,在企业 IT 系统中扮演越来越重要的角色。如何将 SaaS 应用与企业既有的业务流程和业务数据进行整合成为这个阶段的主题。SaaS 开始进入主流商业应用领域。

第三个阶段为 2008—2013 年,在这个阶段,SaaS 将成为企业整体 IT 战略的关键部分。

SaaS 应用与企业应用已完成整合,使企业的既有业务流程更加有效地运转,并使新创的业务成为可能。

10.1.2 SaaS 的概念

1) SaaS 相关观点

关于对 SaaS 如何准确定义尚未定论,专家对 SaaS 的认识主要有以下一些观点:

(1) SaaS 是客户通过互联网标准的浏览器(如 IE)使用软件的所有功能,而软件及相关硬件的安装、升级和维护都由服务商完成,客户按照使用量向服务商支付服务费用。

(2) SaaS 是由传统的 ASP 演变而来的,都是"软件部署为托管服务,通过因特网存取。"不同之处在于传统的 ASP 只是针对每个客户定制不同的应用,而没有将所有的客户放在一起进行考虑。在 SaaS 模式中,在用户和 Web 服务器上的应用之间增加了一个中间层,这个中间层用来处理用户的定制、扩展性和多用户的效率问题。

(3) SaaS 有 3 层含义。

① 表现层。SaaS 是一种业务模式,这意味着用户可以通过租用的方式远程使用软件,解决了投资和维护问题。而从用户角度来讲,SaaS 是一种软件租用的业务模式。

② 接口层。SaaS 是统一的接口方式,可以方便用户和其他应用在远程通过标准接口调用软件模块,实现业务组合。

③ 应用实现层。SaaS 是一种软件能力,软件设计必须强调配置能力和资源共享,使得一套软件能够方便地服务于多个用户。

2) SaaS 的定义

根据以上认识,SaaS 是一种通过 Internet 提供软件的模式,厂商将应用软件统一部署在自己的服务器上,客户可以根据自己的实际需求,通过互联网向厂商定购所需的应用软件服务,按定购的服务多少和时间长短向厂商支付费用,并通过互联网获得厂商提供的服务。用户不用再购买软件,而改用向提供商租用基于 Web 的软件来管理企业经营活动,且无需对软件进行维护,服务提供商会全权管理和维护软件,软件厂商在向客户提供互联网应用的同时,也提供软件的离线操作和本地数据存储,让用户随时随地都可以使用其定购的软件和服务。

在这种模式下,客户不再像传统模式那样花费大量投资用于硬件、软件、人员,而只需要支出一定的租赁服务费用,通过互联网便可以享受到相应的硬件、软件和维护服务,享有软件使用权和不断升级,这是网络应用最具效益的营运模式。

10.1.3 SaaS 与传统软件的区别

SaaS 服务模式与传统许可模式软件有很大的不同,它是未来管理软件的发展趋势。SaaS 不仅减少了或取消了传统的软件授权费用,而且厂商将应用软件部署在统一的服务器上,免除了最终用户的服务器硬件、网络安全设备和软件升级维护的支出,客户不需要除了 PC 和互联网连接之外的其他 IT 投资就可以通过互联网获得所需要的软件和服务。此外,大量的新技术,如 Web Service,提供了更简单、更灵活、更实用的 SaaS。

SaaS 供应商通常是按照客户所租用的软件模块来进行收费的,因此用户可以根据需求按需订购软件应用服务,而且 SaaS 的供应商会负责系统的部署、升级和维护。传统管理软件通常是买家需要一次支付一笔可观的费用才能正式启动。

ERP 这样的企业应用软件,软件的部署和实施比软件本身的功能、性能更为重要,万一部署失败,则所有的投入几乎全部白费,这样的风险是每个企业用户都希望避免的。通常的 ERP、CRM 项目的部署周期至少需要一两年甚至更久的时间,而 SaaS 模式的软件项目部署最多也不会超过 90 天,而且用户无需在软件许可证和硬件方面进行投资。传统软件在使用方式上受空间和地点的限制,必须在固定的设备上使用,而 SaaS 模式的软件项目可以在任何可接入 Internet 的地方与时间使用。相对于传统软件而言 SaaS 模式在软件的升级、服务、数据安全传输等各个方面都有很大的优势。

最早的 SaaS 服务之一当属在线电子邮箱,极大地降低了个人与企业使用电子邮件的门槛,进而改变了人与人、企业与企业之间的沟通方式。发展至今,SaaS 服务的种类与产品已经非常丰富,面向个人用户的服务包括在线文档编辑、表格制作、日程表管理、联系人管理等;面向企业用户的服务包括在线存储管理、网上会议、项目管理、CRM(客户关系管理)、ERP(企业资源管理)、HRM(人力资源管理)、在线广告管理以及针对特定行业和领域的应用服务等。

与传统软件相比,SaaS 服务依托于软件和互联网,不论从技术角度还是商务角度都拥有与传统软件不同的特性,表现在以下几个方面:

1) 互联网特性

一方面,SaaS 服务通过互联网浏览器或 Web Services/Web 2.0 程序连接的形式为用户提供服务,使得 SaaS 应用具备了典型互联网技术特点;另一方面,由于 SaaS 极大地缩短了用户与 SaaS 提供商之间的时空距离,从而使得 SaaS 服务的营销、交付与传统软件相比有着很大的不同。

2) 多租户(Multi-Tenancy)特性

SaaS 服务通常基于一套标准软件系统为成百上千的不同客户(又称租户)提供服务。这要求 SaaS 服务要能够支持不同租户之间数据和配置的隔离,从而保证每个租户数据的安全与隐私,以及用户对诸如界面、业务逻辑、数据结构等的个性化需求。由于 SaaS 同时支持多个租户,每个租户又有很多用户,这对支撑软件的基础设施平台的性能、稳定性、扩展性提出很大挑战。

3) 服务特性

SaaS 使得软件以互联网为载体的服务形式被客户使用,所以服务合约的签订、服务使用的计量、在线服务质量的保证、服务费用的收取等问题都必须考虑。而这些问题通常是传统软件没有考虑到的。

SaaS 是通过互联网以服务形式交付和使用软件的业务模式。在 SaaS 模式下,软件使用者无需购置额外硬件设备、软件许可证及安装和维护软件系统,通过互联网浏览器在任何时间、任何地点都可以轻松使用软件,并按照使用量定期支付使用费。

10.1.4　SaaS 模式应用于信息化的优势

传统的信息化管理软件已经不能满足企业管理人员随时随地的要求,与移动通信和宽带巨联的高速发展同步,移动商务才是未来发展的趋势。SaaS 模式的出现,使企业传统管理软件正在经历深刻的变革。SaaS 模式的管理软件有许多区别于传统管理软件的独特优势。

1）SaaS 模式的低成本性

SaaS 企业要在激烈的市场竞争中取胜,首先就要控制好运营成本,提高运营效率。以往,企业管理软件的大额资金投入一直是阻碍企业尤其是中、小企业信息化发展的瓶颈,SaaS 模式的出现无疑使这个问题迎刃而解。

SaaS 模式实质属于 IT 外包。企业无需购买软件许可,而是以租赁的方式使用软件,不会占用过多的营运资金,从而缓解企业资金不足的压力。企业可以根据自身需求选择所需的应用软件服务,并可按月或按年交付一定的服务费用,这样大大降低了企业购买软件的成本和风险。企业在购买 SaaS 软件后,可以立刻注册开通。不需要花很多时间去考察开发和部署,为企业降低了宝贵的时间成本。

2）SaaS 模式的多重租赁特性

多重租赁是指多个企业将其数据和业务流程托管存放在 SaaS 服务供应商的同一服务器组上,相当于服务供应商将一套在线软件同时出租给多个企业,每个企业只能看到自己的数据,由服务供应商来维护这些数据和软件。

有些 SaaS 软件服务供应商采用为单一企业设计的软件,也就是一对一的软件交付模式。客户可以要求将软件安装到自己的企业内部,也可托管到服务供应商那里。定制能力是衡量企业管理软件好坏的最重要指标之一,这也是为什么有些软件开发商在 SaaS 早期坚持采用单重租赁的软件设计方案。多重租赁大大增强了软件的可靠性,降低了维护和升级成本。

3）SaaS 模式灵活的自定制服务

自定制功能是 SaaS 软件的另一核心技术,供应商的产品已经将自定制做得相当完美。企业可以根据公司的业务流程,自定义字段、菜单、报表、公式、权限、视图、统计图、工作流和审批流等,并可以设定多种逻辑关系进行数据筛选,便于查询所需要的详细信息,做到 SaaS 软件的量身定制,而且不需要操作人员具有编程知识。

企业可以根据需要购买所需服务,这就意味着企业可以根据自身发展模式购买相应软件。企业规模扩大时只要开启新的连接,无需购置新的基础设施和资源,而一旦企业规模缩小只要关闭相应连接即可,这样企业可以避免被过多的基础设施和资源所牵累。

自定制服务的技术是通过在软件架构中增加一个数据库扩展层、表现层和一套相关开发工具来实现的。目前世界上只有几家服务供应商拥有此项核心技术,其中也包括中国的八百客公司。

4）SaaS 软件的可扩展性

与传统企业管理软件相比,SaaS 软件的可扩展性更强大。在传统管理软件模式下,如果软件的功能需要改变,那么相应的代码也需要重新编写,或者是预留出一个编程接口让用户可以进行二次开发。

在 SaaS 模式下,用户可以通过输入新的参数变量,或者制定一些数据关联规则来开启一种新的应用。这种模式也被称为“参数应用”,而灵活性更强的方式是自定制控件,用户可以在 SaaS 软件中插入代码实现功能扩展。这样还能够大大减轻企业内部 IT 人员的工作量。有助于加快实施企业的解决方案。

5）SaaS 软件提供在线开发平台

在线开发平台技术是自定制技术的自然延伸。传统管理软件的产业链是由操作系统供应商、编程工具供应商和应用软件开发商构成,而在线开发平台提供了一个基于互联网的操作系统和开发工具。

在线开发平台通常集成在 SaaS 软件中,最高权限用户在用自己的账号登录到系统后会发现一些在线开发工具。例如,"新建选项卡"等选项。每个选项卡可以有不同的功能。多个选项卡可以完成一项企业管理功能。用户可以将这些新设计的选项卡定义为一个"应用程序",自定义一个名字。然后可以将这些"应用程序"共享或销售给其他在此 SaaS 平台上的企业用户,让其他企业也可以使用这些新选项卡的功能。

6) SaaS 软件的跨平台性

SaaS 提供跨平台操作使用。对于使用不同操作平台的用户来说,不需要再担心你使用的是 Windows 还是 Linux 操作平台,通常只要用浏览器就可以连接到 S to S 提供商的托管平台。用户只要能够连接网络,就能随处可使用所需要的服务。另外,SaaS 基于 WAP(无线应用协议)的应用,可以为用户提供更为贴身的服务。

7) SaaS 软件的自由交互性

管理者通过平台,可在任何地方、任何时间掌握企业最新的业务数据,同时,利用平台的交互功能,管理者可发布管理指令、进行审核签字、实现有效的决策和管理控制。随着对外交往的日益广泛,管理者之间可以通过平台实现信息的交互,这种信息的交互不局限于简单的文字、表单,甚至可以是声音或者图片。

10.1.5 SaaS 成熟度模型

1) Level1:定制开发

这是最初级的成熟度模型,其定义为 Ad Hoc/Custom,即特定的/定制的,对于最初级的成熟度模型(SaaS Maturity Model),技术架构上跟传统的项目型软件开发或者软件外包没什么区别,按照客户的需求来定制一个版本,每个客户的软件都有一份独立的代码。不同的客户软件之间只可以共享和重用的少量的可重用组件、库以及开发人员的经验。最初级的 SaaS 应用成熟度模型与传统模式的最大差别在于商业模式,即软、硬件以及相应的维护职责由 SaaS 服务商负责,而软件使用者只需按照时间、用户数、空间等逐步支付软件租赁使用费用即可。

2) Level2:可配置

第二级成熟度模型相对于最初级的成熟度模型,增加了可配置性,可以通过不同的配置来满足不同客户的需求,而不需要为每个客户进行特定定制,以降低定制开发的成本。但在第二级成熟度模型中,软件的部署架构没有发生太大的变化,依然是为每个客户独立部署一个运行实例。只是每个运行实例运行的是同一个代码,通过配置的不同来满足不同客户的个性化需求。

3) Level3:高性能的多租户架构

在应用架构上,第一级和第二级的成熟度模型与传统软件没有多大差别,只是在商业模式上符合 SaaS 的定义。多租户单实例的应用架构才是通常真正意义上的 SaaS 应用架构,即 Multi-Tenant 架构。多租户单实例的应用架构可以有效地降低 SaaS 应用的硬件及运行维护成本,最大化地发挥 SaaS 应用的规模效应。要实现 Multi-Tenant 架构的关键是通过一定的策略来保证不同租户间的数据隔离,确保不同租户既能共享同一个应用的运行实例,又能为用户提供独立的应用体验和数据空间。

4）Level4：可伸缩性的多租户架构

在实现了多租户但单实例的应用架构之后，随着租户数量的逐渐增加，集中式的数据库性能就将成为整个 SaaS 应用的性能瓶颈。因此，在用户数大量增加的情况下，无需更改应用架构，而仅需简单地增加硬件设备的数量，就可以支持应用规模的增长。不管用户多少，都能像单用户一样方便地实施应用修改。这就是第四级也是最高级别的 SaaS 成熟度模型所要致力解决的问题。

10.2 模式及实现

10.2.1 SaaS 商务模式

SaaS 是一个新的业务模式，在这种模式下，软件市场将会转变，可通过下面两个方面进行描述。

1）从客户角度考虑

软件所有权发生改变；将技术基础设施和管理等方面（如硬件与专业服务）的责任从客户重新分配给供应商；通过专业化和规模经济降低提供软件服务的成本；降低软件销售的最低成本，针对小型企业的长尾市场做工作。

（1）IT 投入发生转移。

在以传统软件方式构建的 IT 环境中，大部分预算花费在硬件和专业服务上，软件预算只占较小份额。在采用 SaaS 模式的环境中，SaaS 提供商在自己的中央服务器上存储重要的应用和相关数据，并拥有专业的支持人员来维护软、硬件，这使得企业客户不必购买和维护服务器硬件，也不必为主机上运行的软件提供支持。基于 Web 的应用对客户端的性能要求要低于本地安装的应用，这样在 SaaS 模式下大部分 IT 预算能用于软件。

（2）规模经济产生边际成本递减。

SaaS 模式比传统模式更节约成本。对于可扩展性较强的 SaaS 应用，随着客户的增多，每个客户的运营成本会不断降低。当客户达到一定的规模，提供商投入的硬件和专业服务成本可以与营业收入达到平衡。在此之后，随着规模的增大，提供商的销售成本不受影响，利润开始增长。

总体来讲，SaaS 为客户带来以下价值：

① 服务的收费方式风险小，灵活选择模块、备份、维护、安全、升级。

② 让客户更专注核心业务，不需要额外增加专业的 IT 人员。

③ 灵活启用和暂停，随时随地都可使用。

④ 按需定购，选择更加自由。

⑤ 产品更新速度加快。

⑥ 市场空间增大。

⑦ 实现年息式的循环收入模式。

⑧ 大大降低客户的总体拥有成本，有效降低营销成本。

⑨ 准面对面使用指导。

⑩ 在全球各地,7×24h 全天候网络服务

2) 从 ISV 角度考虑

(1) 能够覆盖中、小型企业信息化市场。

在信息化发展的今天,软件市场面临这样的境况,即中、小型企业对信息化的需求与大型企业基本相同,但却难以承担软件的费用,符合由美国人克里斯·安德森提出的长尾理论——当商品储存流通展示的场地和渠道足够宽广,商品生产成本急剧下降以至于个人都可以进行生产,并且商品的销售成本急剧降低时,几乎任何以前看似需求极低的产品,只要有卖都会有人买。这些需求和销量不高的产品所占据的共同市场份额,可以和主流产品的市场份额相比,甚至更大。在这样的市场环境下,SaaS 供应商可消除维护成本,利用规模经济效益将客户的硬件和服务需求加以整合,这样就能提供比传统厂商价格低得多的解决方案,这不仅降低了财务成本,而且大幅减少了客户增加 IT 基础设施建设的需要。因此,SaaS 供应商能面向全新的客户群开展市场工作,而这部分客户是传统解决方案供应商所无力顾及的。

(2) 能够控制盗版问题。

传统的管理软件复制成本几乎可以忽略不计,很难控制盗版。而 SaaS 模式的服务程序全都放在服务商的服务器端,用户认证、软件升级和维护的权力都掌握在 SaaS 提供商手中,很好地控制了盗版问题。

(3) 可预见的收入来源。

在传统的许可模式下,收入以一种大型的、循环的模式来达到平衡。每一轮的产品升级都伴随着不菲的研发投入和后续的市场推广费用,随着市场趋于饱和后,产品生命周期结束,新产品的研发再开启一轮新的循环。

在 SaaS 模式中,客户以月为基础来为使用软件付费。收入流更加增量化。从长远来看,SaaS 的收入会远远超出许可模式,并且它会提供更多可预见的现金流。

10.2.2　SaaS 平台架构

基于 SaaS 模式的企业信息化服务平台通过 Internet 向企业用户提供软件及信息化服务,用户无需再购买软件系统和昂贵的硬件设备,转而采用基于 Web 互联网的租用方式引入软件系统。

服务提供商必须通过有效的技术措施和管理机制,以确保每家企业数据的安全性和保密性。在保证安全的前提下,还要保证平台的先进性、实用性;为了便于承载更多应用服务,还需保证平台的标准化、开放性、兼容性、整体性、共享性和可扩展性,为了保证平台的使用效果,提供良好客户体验,必须保证良好的可靠性和实时性;同时平台应该是可管理和便于维护的,通过大规模的租用,先进的技术保证,降低成本实现使用的经济性。基于 SaaS 模式的企业信息化平台框架如图 10.1 所示。其主要包含了四大部分,分别是基础设施、运行时支持设施、核心组件和业务服务应用。

基础设施包含了 SaaS 平台的硬件设施(如服务器、网络建设等)和基本的操作系统等 IT 系统的基础环境;运行时支持设施包括运行基于 Java EE 和. NET 软件架构的应用系统所必需的中间件和数据库等支持软件;核心组件主要包括了 SaaS 中间件、基于 SOA 的业务流程整合套件和统一用户管理系统,这些软件系统提供了实现 SaaS 模式和基于 SOA 的

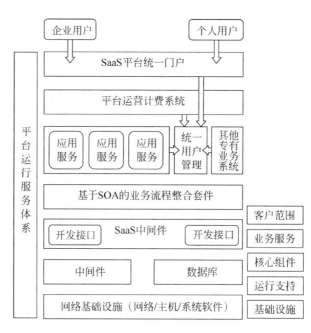

图 10.1　平台总体框架

业务流程整合的先决条件；业务服务应用主要包含了专有业务系统、通用服务和业务应用
系统，为用户提供了全方位的应用服务。

　　SaaS平台首先建设面向数据中心标准的软、硬件基础设施，为任何软件系统的运行提
供了基础保障。高性能操作系统安装在必需的集群环境下，为整个数据中心提供高性能的
虚拟化技术保障。SaaS平台是一个非常复杂的软件应用承载环境，不可能为每个应用设立
独立的运行环境、数据支持环境和安全支持环境，共享和分配数据中心资源才是高效运营
SaaS平台的基础。虚拟化技术既提供了这样的资源虚拟能力，能够将数据中心集群中的
资源综合分配给每个应用，也能够将数据中心集群中的独立资源再细化分解为计算网格节
点，细化控制每个应用利用的资源数量与质量。建成具有数据中心承载能力的软硬件基础
环境后，SaaS平台上会部署一层中间件、数据库服务和其他必要的支持软件系统。硬件和
操作系统的资源并不能直接为最终应用所使用，通过中间件、数据库服务和其他必要的支
持软件系统，存在于SaaS平台数据中心中的计算和存储能力才能够真正地发挥作用。不论
是基于Java EE还是.NET框架创建的（超）企业级应用，都能够稳定、高效地运行在这些
高性能的服务软件之上。

　　整个SaaS平台协同运行的核心是多租户管理和用户资源整合。基于自主知识产权的
统一用户授权管理系统与单点登录系统（以下简称UUM/SSO）很好地满足了SaaS平台在
这个方面的需求。依照UUM/SSO所提供的标准接口，各类应用在整合用户的角度能够无
缝连接到SaaS平台上，当最终用户登录SaaS平台的服务门户后，整个使用过程就好像是统
一操作每个软件系统的不同模块，所有各系统的用户登录和授权功能都被整合在一起，给用
户最佳的使用体验。同时，由于用户整合工作在所有应用服务登录平台前就已经完成，这就
为日后的应用系统业务流程整合提供了良好的基础，为深层数据挖掘与数据利用提供了重
要的前提。在基于UUM/SSO的支持下，SaaS平台运营收费管理系统提供了平台完整的

运营功能,保障整个 SaaS 平台顺利安全稳定运行,并具有开放的扩展能力,保证 SaaS 平台在日后的发展中不断完善和进步,走在业界的前沿。

基于上述所有 SaaS 平台自身建设的基础,SaaS 平台将为最终用户提供高效、稳定、安全、可定制、可扩展的现代企业应用服务。不管是通用的互联网服务还是满足企业业务需求的专有应用,SaaS 平台运营商都会依照客户需求选择、采购、开发和整合专业的应用系统为用户提供最优质的服务。

10.2.3　SaaS 服务平台的主要功能

1) SaaS 服务平台统一门户系统

SaaS 门户网站用来全方位展示 SaaS 运营服务,建立品牌形象、营销渠道与用户认可度,利用互联网这一现代化的信息和媒体平台,提高软件应用服务的覆盖范围与推广速度,这是通用 SaaS 服务推广的重要手段之一,SaaS 作为基于互联网的软件增值服务,通过互联网推广产品,拓展渠道。

SaaS 统一门户应用系统是依托 SaaS 平台完备网络基础设施、存储、安全及多个业务领域服务系统,构建统一 SaaS 门户,实现客户在线模块化的快速订购组件、面向企业服务(行业专有)、服务营销推广、企业培训及体验中心等多种服务展现方式。

(1) 易用性。

方便上网客户浏览和操作,最大限度地减轻后台管理人员的负担,做到部分业务的自动化处理。

(2) 业务完整性。

对于业务进行中的特殊情况能够做出及时、正确的响应,保证业务数据的完整性。

(3) 业务规范化。

在系统设计的同时,也为将来的业务流程制定了较为完善的规范,具有较强的实际操作性。

(4) 可扩展性。

系统设计要考虑到业务未来发展的需要,要尽可能设计得简明,各个功能模块间的耦合度小,便于系统今后的扩展。

2) SaaS 运营管理平台系统

SaaS 运营管理平台从服务参与实体上线、服务运营生命周期及服务运营分析及可视化这 3 个重要的维度为服务运营提供强有力的支持。SaaS 运营平台立足于服务运营管理平台的管理元模型,该模型需基于实际的服务运营经验抽象提升得到,为实现灵活的运营功能(如分销渠道管理、多模式服务订阅、统一账户管理等)提供有力支撑。SaaS 运营管理平台的着眼点在于端到端的服务生命周期管理,通过规范的服务运营流程提高服务运营的质量和效率,并且该平台针对 SaaS 运营的分析模型和功能高效地综合运营相关信息并及时、清晰地展示给相关人员。

SaaS 运营管理平台克服了传统软件服务运营流程不规范、效能低下、运营状况无法及时获取及客户体验不一致等问题,从而帮助软件服务运营从小规模、人工化的方式向大规模、高效率、快节奏运营迈进。

SaaS 运营管理平台系统是 SaaS 服务平台的核心系统,承担着 SaaS 服务平台的计费和支付、统一用户管理、单点登录、应用服务的管理及各种统计报表数据的管理等功能。其中在总体技术架构中，统一用户管理系统又作为运营管理平台的核心，将门户、应用服务、底层支撑平台有机地集成到一起。

SasS 服务平台提供的应用可以分为新开发应用系统、可改造的应用系统、无需改造的应用系统三类，如图 10.2 所示。

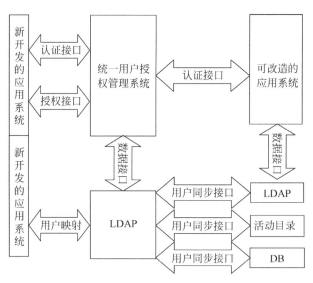

图 10.2　统一用户管理系统设计

新开发应用系统没有认证和授权机制，数据库中只存储与具体业务相关的信息；可改造的应用系统本身已经具有认证和授权机制，可以通过数据同步和认证机制改造与单点登录系统集成；无需改造的应用系统由于系统改造工作难度比较大，只需要把统一用户授权管理系统的用户和应用系统的用户进行映射就可以完成认证集成。

一般的应用系统都有自己的授权体系，并且授权的方式也不太一样，同时授权机制与业务紧密联系，要把授权独立拆分出来工作量比较大，需要对系统进行大量改造。考虑到现存应用授权的现状，统一用户授权管理系统对不同的应用进行不同粒度的授权。新开发的应用系统可以不需要关心授权机制，只需要开发业务即可，统一用户授权管理系统负责应用系统管理、角色管理、资源管理(包含页面、菜单、按钮、模块、数据等)，为应用系统合法用户提供合法授权的权限(授权的资源)信息。统一用户授权管理系统提供标准的认证接口、授权接口、用户同步接口，可以做到应用系统与统一用户授权管理系统的无缝集成，达到完美的用户体验，对于已经存在的系统，如果可以进行升级改造，完全可以按照标准的接口、规范进行开发，如果改造难度比较大或者无法改造，可以采用以下两种方式来集成：

(1) 采用统一身份认证，授权分布管理的方式。也就是应用系统身份认证调用统一用户和授权管理系统提供的身份认证接口，授权等操作则由各应用系统完成。这种方式既可以保证用户的统一身份认证，又可以降低应用系统整合的复杂度，推荐采用。

(2) 采用用户身份映射的方式。也就是应用系统基本不需要做改动，在统一用户和授权管理系统中把统一的用户身份和应用系统的用户身份进行映射，进而完成用户身份的统一性。这种方式主要针对一些已经存在的老应用系统，且无法改造，可以采用用户映射的方式进行身份认证的整合集成。

以上两种方式和完全按照系统标准接口开发的应用区别在对于应用系统的权限管理粒度不同。新开发应用系统集成度比较高,统一授权的粒度比较细,可以控制到应用系统具体资源。第三方应用和现存应用二次开发难度比较大,只需要控制到应用系统层面,即用户是否可以访问应用系统,应用系统具体的权限控制由应用系统自行管理和控制。

3) SaaS 服务平台应用服务系统

SaaS 服务平台的特色是可以通过互联网提供丰富多样的企业信息化应用服务,因此平台对各种企业信息化应用需要提供一种集成和部署环境及统一部署接口,以便为不同的信息化服务整合奠定基础。根据信息化产品应用的不同,可以将应用服务分为四大类:

(1) 通用型服务:企业邮箱、网络传真、杀毒类产品、视频会议等。

(2) 管理型服务:财务类应用、在线进销存、客户关系管理、ERP、办公 OA 协同等。

(3) 专有服务:定制不同行业信息化整体解决方案、大中型企业供应链系统。

(4) 设计类应用服务:AutoCAD、CA XA 系列、ANSYS. DESIGNSPACE 等各种设计软件授权租用。

一般情况下,新引入的应用服务需要同 SaaS 平台进行集成,都需要按照平台接口规范进行一定的改造。企业邮箱与 Saas 平台集成如图 10.3 所示。

在企业邮箱系统集成到 SaaS 平台后,企业邮箱系统的用户资源将和 SaaS 平台自身的用户资源做自动化的同步。企业邮箱系统的界面将通过单点登录系统与 SaaS 平台门户做有机整合,用户只要通过一次登录 SaaS 门户,就可以直接访问账号对应的企业邮箱。

图 10.3　企业邮箱与 SaaS 平台集成

4) SaaS 服务平台的安全保障体系

从 SaaS 平台的安全需求入手,依据面向服务的集成体系,设计、实施安全防御和保护策

略。如图 10.4 所示,SaaS 平台的安全保障架构由以下安全体系构成:

(1) IT 基础设施安全体系是 SaaS 平台的基础,为了保障业务支撑体系和门户的安全,必须加强物理、网络、主机安全。

(2) 运营支撑安全体系,为了保障应用系统和网站的安全,需要借助数字证书,进行强身份认证、加密、签名等安全措施,而以上安全措施需要相关基础设施和技术进行支撑,如数字证书基础设施、数字证书、数据安全传输等。

(3) 业务支撑安全体系,包括:信息传输的安全性、保密性、有效性和不可抵赖性;户业务数据的安全性和可靠性;统一身份认证、安全审计等。

图 10.4　SaaS 服务平台安全保障体系

10.2.4　SaaS 服务平台关键技术

1) 单实例多租户技术

单实例多租户模型可以说是 SaaS 应用的本质特点,通过这样的模型,供应商实现了低费用、规模效应的商业模式。要求供应商能够承担多租户带来的挑战,一方面是多租户同时使用时的承载;另一方面还必须满足多租户不同的个性化需求。

多租户技术解决方案应基于强大/丰富的软件中间件产品线的基础上,提供了面向SaaS应用开发人员和平台运营商的开发、部署、运行、管理多租户应用的全方位的组件群,可以提供高效的多租户资源共享和隔离机制,从而最大限度地降低分摊在单个租户的平均基础设施和管理成本;提供具备高可扩展性的基础架构,从而支持大数量的租户,具备平台架构动态支持服务扩展,以满足租户的增减;提供灵活的体系结构,从而满足不同租户异构的服务质量和定制化需求;提供对复杂的异构的底层系统、应用程序、租户的统一监控和管理。

2) 多租户数据隔离技术

如图 10.5 所示,多租户数据管理在数据存储上存在着 3 种方式,分别是:独立数据库;共享数据库,隔离数据架构;共享数据库,共享数据架构。这 3 种存储方式带来的影响表现在数据的安全和独立、可扩展的数据模型和可缩放的分区数据上。

图 10.5　多租户数据管理

(1) 独立数据库。每个租户对应一个单独的数据库,这些数据在逻辑上彼此隔离。元数据将每个数据库与相应的用户关联,数据库的安全机制防止用户无意或恶意存取其他用户的数据。它的优势是实现简单、数据易恢复、更加安全隔离,缺点则是硬件和软件的投入相对较高。这种情况适合于对数据的安全和独立要求较高的大客户,如银行、医疗系统。

(2) 共享数据库,隔离数据架构。隔离数据架构就是所有租户采用一套数据库,但是数据分别存储在不同的数据表集中,这样每个租户就可以设计不同的数据模型。它的优势在于容易进行数据模型扩展,提供中等程度的安全性。缺点则是数据恢复困难。

(3) 共享数据库,共享数据架构。共享数据架构就是所有租户使用相同的数据表,并存放在同一个数据库中。它的优势是管理和备份的成本低,能够最大化利用每台数据库服务器的性能。缺点则是数据还原困难,难以进行数据模型扩展。另外,所有租户的数据放在一个表中,数据量太大,索引、查询、更新更加复杂。

3) SaaS 服务的整合技术

SaaS 平台服务的重要对象之一是 SaaS 软件开发商,当 SaaS 平台上的服务日渐增加时,SaaS 服务提供商和最终用户就都会有对相关联的 SaaS 服务加以集成或组合的需求,因此 SaaS 平台应当具备软件服务整合功能,将开发商开发的 SaaS 服务有机、高效地组织,并统一运行在 SaaS 平台上。

(1) 良好的平台扩展性架构。增加 SaaS 软件服务,不增加 SaaS 平台复杂性和运行费用。

(2) 不同服务集成。使得服务提供商提供的服务能够与其他服务方便地进行数据集成,与其用户的本地应用方便地进行数据集成,实现 SaaS 和 SaaS 之间业务数据的路由、转换、合并和同步。

(3) 与已有的系统兼容。提供数据和服务适配接口,方便客户将已有的数据和服务无损地移植到 SaaS 平台中,实现 SaaS 和用户本地应用之间业务数据的平滑交互。

4) 联邦用户管理

联邦身份管理支持部件是任何 SaaS 平台上的一个基础部件,如图 10.6 所示,它应为SaaS 客户提供一个集中平台来管理员工和客户的身份信息。此外,它还应为开发和交付安全的组合服务提供身份认证的支持。

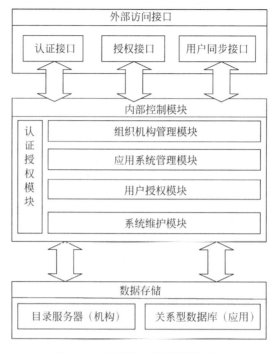

图 10.6 联邦用户管理逻辑结构

在一个 SaaS 平台上,一个用户很可能是多个 SaaS 服务的订阅者。为了避免每个 SaaS 服务重复验证和管理用户身份,对于认证身份的支持就显得十分重要。

10.3 Salesforce 云计算案例

Salesforce 是创建于 1999 年 3 月的一家客户关系管理(CRM)软件服务提供商,可提供随需应用的客户关系管理(On-demand CRM),允许客户与独立软件供应商定制并整合其产品,同时建立他们各自所需的应用软件。对于用户而言,则可以避免购买硬件、开发软件等前期投资以及复杂的后台管理问题。Salesforce 采用的云计算主要是 SaaS 这种模式,即通过 Internet 提供软件应用的模式,服务提供商将应用软件统一部署在自己的服务器上,用户无需购买、构建和维护基础设施和应用程序软件,只需根据自己实际需求定购应用软件服务,按定购的服务多少和时间长短向服务提供商支付费用。服务提供商全权管理、维护软件,让用户随时随地都可以使用其定购的软件和服务。平台即服务是另一种 SaaS,这种形式的云计算把开发环境作为一种服务来提供。开发者可以使用中间商的软、硬件设备开发自己的程序,并通过互联网供用户使用。

10.3.1 Salesforce 云计算产品组成

Salesforce 经过 10 年多的发展,在云计算方面形成四大平台产品,包括 Sales Cloud(销售云,原有 CRM 产品的延伸)、Service Cloud(服务云)、Force.corn(CRM 产品的附加应用开发平台)、Chatter 协作平台(实时通信协作平台),它们都具备独特的功能,各个产品下的各个组件还可以无缝整合，实现"按需使用"，其结构如图 10.7 所示。下面对每个产品的功能、特征进行简单介绍。

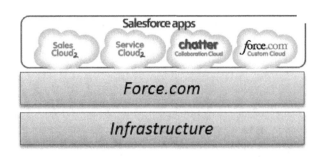

图 10.7　Salesforce 云计算产品结构

1）Sales Cloud（销售云）

Sales Cloud 以 Salesforce Automation 为基础，推出了 Sales Cloud 服务，该服务贯穿于企业销售活动的各个阶段。从前期的机会管理到后期的统计分析与市场预测，应用 Sales Cloud 服务能够起到销售过程加速和流水线化的作用。

2）Service Cloud（服务与支持云）

Service Cloud 主要通过各种信息渠道（从呼叫中心、客服门户到社交网站、即时通信）实现高效且响应快捷的客户服务，是一个现代化的客户服务平台，它融众多通信技术支持客户服务，包括呼叫中心、客户门户、社交功能（快速与 Fwitter、Facebook 等社交网站进行连接，参与对公司、产品及服务的讨论）、知识管理（知识积累、共享与管理）、电子邮件、即时聊天（即时与客户、合作伙伴进行交流）、搜索（借助 Google 等搜索站点共享知识和信息）、合作伙伴服务（与合作伙伴协作解决客户问题、共享知识）、客户服务分析（根据客户服务记录形成相关分析报表）等模块。通过这些服务手段，Service Cloud 用户能够为自己的用户提供可信的服务渠道，这就"客户服务软件即服务"。它以 Web 方式订购和交付在线 CRM 软件，用户无需购买和维护 CRM 系统，大大缩短了 CRM 系统的上线时间。

3）Force.com

Force.com 是 Salesforce CRM 核心产品的附加应用开发平台。Force.com 是一组集成的工具和应用程序，企业的 IT 部门可以使用 ISV（Independent Software Vendors，独立软件开发商）构建任何业务应用程序，并在提供 Salesforce CRM 应用程序的相同基础架构上运行该业务应用程序。Force.corn 提供了一个应用开发模型和托管平台，借助这个开发模型，开发人员可以使用 Apex 开发语言来访问 Salesforce.com 服务，并将应用自动托管到 Force.com 平台执行，因此，Force.Comss 属于 PaaS 应用。Apex 代码托管于 Salesforce 的 Force.com 云服务中，是"世界上第一种随需应变的编程语言"，运行于 Force.com 平台环境中。在语法方面，Apex 与 Java 或 C 的语言类似。

Force.corn 平台自底向上共分为 3 层：云基础设施层负责平台的底层计算、数据库存储、事务处理、系统更新等能力的提供；平台层负责提供编程接口、业务逻辑实现、工作流验证、应用托管等功能；应用层实现应用程序的自动化、定制化，提供应用呈现、应用交易等服务。Force.com 的核心技术包括多租户架构、元数据驱动开发模型、Web Service

API、Apex 编程语言、Visualforce 开发组件、Force Platform Sites、AppExchange 应用软件超市等。

利用 Force.com 平台,企业不会再在 IT 系统日常维护上浪费资源,从而可以开始创建真正具有商业价值的新的应用程序,因此也获得了巨大的成功,并吸引了大量的开发者。现在,Force.com 平台主要提供 3 个版本,分别是免费版、企业版和无限制版。

4) Chatter 协作平台

伴随着近几年互联网社交网站、即时通信工具的普遍推广,人们可以非常方便地与亲友取得联系、进行沟通,国外的 Facebook、Twitter 及国内的人人网、QQ 等正在不断地把社交信息、生活信息通过多种渠道推送给我们。而 Salesforce Chatter 启用了一个全新的企业实时协作平台,用户可以随时了解其他同事的工作进展、重要项目和交易状态,能够在需要的时候更新联系人、工作组、文档和应用数据。同时,Chatter 基于 Force.com 构建,因此所有 Salesforce.com 的用户、合作伙伴和开发者都能基于 Chatter 的协作能力构建定制化应用。目前,Chatter 仅有一个版本,付费用户可以免费使用,单独购买每月15 美元。

10.3.2　Salesforce 云计算的特点

Salesforce 提供的"云服务"在不断发展中形成了一种良性循环,各个特点互相补充、相辅相成,为 Salesforce 的用户提供了多种便利。其云计算的特点主要包括以下几个方面:

(1) 按需定制。以用户为中心。这是 Salesforce 云服务最为突出的一个优势,通过 Force.com 开发平台的运用,用户可以根据需要开发出适合自己的应用软件。这种方式不仅通过软件功能的独特性为用户提供更为专业和实用的服务,在降低成本方面也具有明显的优势。信息行业协会的一份研究报告的数据显示,按需部署比安装软件要快 50%~90%,且成本只是安装软件的 1/10~1/5。同时 Force.com 平台可以根据企业变化不断调整以适应业务需求,使客户群始终使用最新的版本。

(2) 全方位的整合。企业在运用 Salesforce 时经常会考虑该技术的运用是否能够与企业多年使用的其他系统很好地整合,以充分发挥各自的功能。令人欣慰的是 Salesforce 的用户不必担心这个问题,因为对用户来说,既可以使用 Force.com 平台提供的接口程序与企业现有的应用程序或系统整合,也可以使用 Salesforce 提供的开发工具进行自定义整合。这些整合的方式简单易行且不会影响到原先各个系统的正常运行。

(3) 共享应用程序的市场。Salesforce 公司为其使用者提供了一个 appexchange 目录,其中储存了上百个预先建立的、预先集成的应用程序,从经费管理到采购招聘一应俱全,用户可以根据自己的需要将这些程序直接安装到自己的 Salesforce 账户中,或者根据需要对这些应用程序进行修改以适应本公司特殊业务的需要,同时可以与其现有的自定义程序一起在 Force.com 平台运行。

Salesforce 的云服务可以说是非常全面的。用户通过 Force.com 平台不仅能够自主设计应用程序以满足特殊需要,还可以借鉴现有定制的应用程序通过修改达到自用的要求,同时完善的整合路径也不会影响到企业内部其他系统的正常运行,保证各个系统发挥各自的功能,相辅相成,共同为企业的生产运营服务。

10.4　本　章　小　结

本章介绍了云计算环境下 SaaS,指通过 Internet 提供软件的模式,厂商将应用软件统一部署在自己的服务器上,客户可以根据自己的实际需求,通过互联网向厂商定购所需的应用软件服务,按定购的服务多少和时间长短向厂商支付费用,并通过互联网获得厂商提供的服务。

Salesforce 采用的云计算主要是 SaaS 这种模式,即通过 Internet 提供软件应用的模式,服务提供商将应用软件统一部署在自己的服务器上,用户无需购买、构建和维护基础设施和应用程序软件,只需根据自己实际需求定购应用软件服务,按定购的服务多少和时间长短向服务商支付费用。

Salesforce 在云计算方面形成四大平台产品,包括 Sales Cloud(销售云,原有 CRM 产品的延伸)、Service Cloud(服务云)、Force.com(CRM 产品的附加应用开发平台)、Chatter 协作平台(实时通信协作平台),它们都具备独特的功能,各个产品下的各个组件还可以无缝整合,实现"按需使用"。

软件即服务

第四篇

云计算安全

第 11 章　云计算安全概述

11.1　信息安全与云计算安全事故

自 1964 年日本的梅棹忠夫第一次使用了"信息社会"后,这一概念已被越来越多的人所接受,人类当前已然进入信息社会。信息在社会生产与运行中发挥着重要的作用,类似于软件、通信系统,已成为社会新的生产工具,并基于这些新生产工具产生了新的社会关系与社会行为。总之,在信息社会中,信息及与信息相关的设施系统与铁路/公路等交通系统、电力系统一样,已经成为社会运转的基础性设施。

信息及信息系统虽然对人类社会发展具有巨大的促进作用,但是其若受威胁、干扰和破坏,那么造成的影响后果也是极为严重的。由信息安全引发的一系列的重大事件时至今日仍让人们记忆犹新。以下简单地列举几条在 2011 年期间,与信息安全相关的恶性事件:

(1) 2011 年,"超级工厂病毒"("震网")是美国和以色列情报官员在以色列绝密的迪莫纳核设施内联合研发的。病毒在迪莫纳进行了两年的研发,随后被植入伊朗的核项目,成功造成伊朗约 20% 的离心机因感染病毒失灵。

(2) 2011 年 9 月 20 日,日本军工生产企业三菱重工旗下打造潜舰、生产导弹以及制造核电站零组件等工厂的计算机网络遭到黑客攻击,并有资料可能外泄,这是日本国防产业首度成为黑客攻击目标。

(3) 2011 年 12 月 25 日,在欧美非常活跃的黑客组织"无名氏"(Anonymous)25 日声称,他们成功侵入美国知名安全情报智库"战略预测"的计算机,盗取了包括美国空军、陆军在内的 200GB 的客户电子邮件、信用卡资料等机密信息。

(4) 甚至 2011 年伊朗捕获完好无损的美国无人机,据传也是因为伊朗军队入侵了无人机的导航系统,修改无人机的导航路线,使诱捕成功。

从上述几个事件中可见信息安全引发的事故已经上升到影响国家安全的程度,由此可见,信息安全对于当今社会的重要意义不言而喻,更不用说满天飞的黑客、艳照门事件等,因此信息安全是信息系统用户关心的首要问题,也是一项新计算技术能得到推广应用的前提条件。

同理,对于云计算而言,其作为一种新的计算与信息服务模式,显然云计算的安全问题是云计算能否真正被广大用户接受与大范围应用推广的关键前提。实际上,云计算自从提出并得到应用推广到现在为止,已经出现过好几起相当有影响的安全事故:

(1) 2011 年云计算服务提供商 Amazon 公司爆出了史上最大的宕机事件。4 月 21 日凌晨,亚马逊公司在北弗吉尼亚州的云计算中心宕机,这导致包括回答服务 Quora、新闻服务 Reddit、Hootsuite 和位置跟踪服务 FourSquare 在内的一些网站受到了影响。这些网站都依靠亚马逊的这个云计算中心提供服务。

（2）2011年3月，谷歌邮箱再次爆发大规模的用户数据泄漏事件，大约有15万Gmail用户在周日早上发现自己的所有邮件和聊天记录被删除，部分用户发现自己的账户被重置，谷歌表示受到该问题影响的用户约为用户总数的0.08%。

（3）2010年1月，有68000名的Salesforce.com用户经历了至少1小时的宕机。Salesforce.com由于自身数据中心的"系统性错误"，包括备份在内的全部服务发生了短暂瘫痪的情况。这也露出了Salesforce.com不愿公开的锁定策略：旗下的PaaS平台、Force.com不能在Salesforce.com外使用。所以一旦Salesforce.com出现问题，Force.com同样会出现问题。

（4）2009年2月24日，谷歌的Gmail电子邮箱爆发全球性故障，服务中断时间长达4h。谷歌解释事故的原因：在位于欧洲的数据中心例行性维护时，有些新的程序代码（会试图把地理相近的数据集中于所有人身上）有些副作用，导致欧洲另一个资料中心过载，于是连锁效应就扩及到其他数据中心接口，最终酿成全球性的断线，导致其他数据中心也无法正常工作。

以上这些事件一次又一次地提醒人们：百分之百可靠的云计算服务目前还不存在。由于云计算的集中规模化信息服务方式，使得云计算系统一旦产生安全问题，其波及面之广、扩散的速度之快、影响的层面之深、各类问题纠缠以及相互叠加之复杂远胜于其他计算系统。当用户的业务数据以及业务处理完全依赖于远方的云服务提供商时，用户有理由问："我的数据存放的是否安全保密？云服务真的完全可依赖吗？"，因此云计算安全理所当然地成为云计算理论与系统研究关心的焦点问题。

11.2　云计算模式面临的安全威胁

那么，云计算面临有哪些安全问题呢？这个问题可以从攻击者的角度来加以分析。基于前文所介绍的云计算架构模式，图11.1是基于各类文献给出的一个针对云计算架构发动攻击的各个可能环节的综合性描述。通过分析位于这些环节，可以清晰地观察到云计算模式所面临的可能安全攻击。

如本书前文所述，云计算的4种模式：设施即服务（IaaS）、数据即服务（DaaS）、平台即服务（PaaS）和软件即服务（SaaS）中各自可能被攻击的位置分别如下：

（1）IaaS。在该模式下，攻击者可以发动的攻击有，位于虚拟机管理器VMM，通过VMM中驻留的恶意代码发动攻击；位于虚拟机VM发动攻击，主要是通过VM发动对VMM及其他VM的攻击；通过VM之间的共享资源与隐藏通道发动攻击来窃取机密数据；通过VM的镜像备份来发动攻击，分析VM镜像窃取数据；通过VM迁移，把VM迁移到自己掌控的服务器，再对VM发动攻击。

（2）PaaS。在该模式下，攻击者可以通过共享资源、隐匿的数据通道，盗取同一个PaaS服务器中其他PaaS服务进程中的数据，或针对这些进程发动攻击；进程在PaaS服务器之间进程迁移时，也会被攻击者攻击；此外，由于PaaS模式部分建立在IaaS、DaaS上，所以IaaS、DaaS中存在的可能攻击位置，PaaS模式也相应存在。

（3）DaaS。在该模式下，攻击者可以通过其掌握的服务器，直接窃取用户机密数据，也可以通过索引服务，把用户的数据定位到自己掌握的服务器再窃取；同样DaaS模式也可能

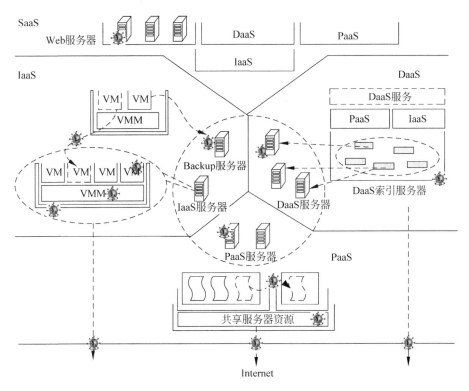

图 11.1　云计算各模式中存在的攻击位置

有依赖于 IaaS、PaaS 创建的虚拟化数据服务器,这部分可能受到攻击的位置已如上所述。

(4) SaaS。SaaS 模式的创建是基于 SOA 架构,或者前文所述的 DaaS、IaaS、PaaS 这 3 种模式为基础创建,因此除了上述这 3 种模式中可能存在的攻击位置,SaaS 模式中还可能存在于 Web 服务器的攻击位置,攻击者可能针对 SaaS 的 Web 服务器发动攻击。

除了上述的 4 种模式中存在的攻击位置外,网络也是重要的攻击位置,通过网络,攻击者可以窃听网络中传递的数据,实施中间人攻击、SQL 注入等攻击方式。

由此可见,云计算各模式中几乎都存在有可能被利用的攻击位置。究其原因,这是由于云计算的本质所引发的,云计算模式相对于传统的并行计算、分布式计算、SOA 架构等计算技术与计算模式而言,其结构与技术层次更具复杂性,主要体现在以下几个方面:

(1) 虚拟化资源的迁移特性。虚拟化技术是云计算中最为重要的技术,通过虚拟化技术云计算可以实现 SaaS、IaaS、DaaS 等多种云计算模式的新概念,虚拟化技术的应用带来了云计算与传统计算技术的一个本质性区别就是:资源的迁移特性,云计算模式通过虚拟化技术实现计算资源、数据资源的动态迁移,特别是数据资源的动态迁移,是传统安全研究很少涉及的。

(2) 虚拟化资源带来的意外耦合。由于虚拟化资源的迁移特性,引发了虚拟化资源的意外耦合,即本来不可能位于同一计算环境中的资源,由于迁移而处于同一环境中,这也可能会带来新的安全问题。

(3) 资源属主所有权与管理权的分离。在云计算中,虚拟化资源动态迁移而发生所有权与管理权的分离,即资源的所有者无法直接控制资源的使用情况,这也是云计算安全研究最为重要的组成部分之一。

（4）资源与应用的分离。在云计算模式下，PaaS 也是重要的一个组成部分，PaaS 通过云计算服务商提供的应用接口，来实现相应的功能，而调用应用接口来处理虚拟化的数据资源，引发了应用与资源的分离，应用来自一个服务器，资源来自另一个服务器，位于不同的计算环境，给云计算的安全添加了更多的复杂性。

因此，通过对云计算中可能受到攻击的位置与方式，结合上述云计算本质对于引发的安全问题，可以综合起来，把云计算安全研究分为三类：

（1）云计算的数据安全。由于云计算的 DaaS 模式，使得云计算中数据成为独立的服务，提供各类远程的数据存储、备份、查询分析等数据服务，用户的数据开始离开用户的掌控，由云计算服务提供商来实现管理，上述的资源属主所有权与管理权、DaaS 平台的安全问题都归属于这类问题的研究范围之内。

（2）云计算的虚拟化安全。显然虚拟化的应用必然会带来各类安全问题，此外虚拟化也是云计算的底层技术架构之一，PAAS、SaaS、DaaS 都有可能基于虚拟化的设备来提供服务，因此虚拟化技术的安全直接影响到云计算系统的整体安全。

（3）云计算的服务传递安全。由于云计算的所有服务都是基于网络远程传递给用户，云计算服务能否实现在可靠的服务质量保证下，将服务完整地、保密地传递给用户显然是云计算安全所必须要解决的问题。

下一章将对于云计算安全问题主要围绕这 3 个方面分别予以阐述。

11.3 本 章 小 结

本章主要介绍了信息安全的概念由来，以及云计算系统发生的与安全相关的事故。并综合介绍了云计算系统所面临的安全风险，给出的一个针对云计算架构发动攻击的各个可能环节的综合性描述。分析了云计算模式带来的安全问题，研究与解决这些安全问题对于云计算的应用与推广具有重要的意义，本章总结出目前云计算安全中重要的三类安全问题，并将在后继的章节中阐述这三类问题及其相关的解决技术和方案。

第 12 章　云计算的数据安全

12.1　云计算的数据完整性问题

数据的完整性,在通俗意义上,除了表示用户数据不能在未经授权的情况下被修改或者丢弃外,还包括数据的取值范围的合理性、逻辑关联等意义上的一致性等。数据完整性是数据安全秘密性、完整性和可用性(Confidentiality、Integrity 和 Availability)三大特性之一。数据完整性保障是保证数据准确有效,防止错误,实现其信息价值的重要机制,事实上,任何信息系统必须要考虑数据的完整性。

DaaS 的云存储服务提供商虽然在技术与后台数据库服务器、系统方面比一般中、小型系统集成商要强得多,但是 DaaS 提供商仍然不可能在理论上百分之百地避免数据系统不发生故障与数据损失,也正因为如此,如前所述的服务商给出服务保证的时候总是以系统以某种概率达到什么样的系统性能。相对于 DaaS 服务商而言,更重要的是,它能做到数据损坏的发生概率比传统存储更低。

显然,发生于其他类型存储系统可能的数据完整性故障,在云存储环境中同样可能发生,这些传统类型的数据完整性故障,从整体上可划分成两类:

(1) 设备问题引发的故障。如磁盘控制器错误、比特腐烂(Bit Decay,指的是存储器中某位的电荷消散了,可能会影响程序的代码)、重复数据删除中的元数据错误、磁带失效等。

(2) 软件缺陷引发的故障。该类故障是由运行在存储系统中的程序由于软件设计缺陷所引发的数据存储故障,如软件故障导致的存储系统中各类元数据的破坏等。

有分析表明,大部分数据完整性故障是由软件缺陷引发的。例如,2011 年初发生于亚马逊(Amazon)的宕机事故除了导致许多公司的服务中断外,还致使 0.07% 的用户遭遇了数据丢失。亚马逊的报告称这些数据丢失是由对 Amazon ESB 卷中一个不一致的数据快照(Data Snapshot)进行的修复操作引起的。

除了上述的传统类型的数据完整性故障外,由于云计算的 DaaS 模式中数据的管理权与所有权分离,产生了一系列新的问题。数据完整性的损坏可能发生于云存储环境中的任何地点、任何时刻,比如当用户向云服务器上传数据的链路中,引发损坏的原因也各种各样,有部分责任在于服务商,有部分责任在于用户,数据一旦发生损坏,马上要面对的问题是厘清责任,因为服务提供商与用户间基于合约建立服务,如果问责方在于服务提供商,这种问责通常会导致失业、公司收入减少甚至业务的终止。

由于云存储的特点,想要保证云上数据的完整性和解决责任归属的问题,就需要新的数据完整性解决方案。新方案的核心在于以下几点:

(1) 半可信问题。半可信问题是指云存储用户对于云存储服务商并不完全信任。半可信意味着用户数据的完整性除了要面临传统威胁，比如非授权的修改、硬件故障、自然灾害，还不能回避一种来自于服务提供商的"拜占庭错误"，即服务提供商可能从自身的利益出发，刻意地丢弃或修改数据而试图避免被发现和追责。这意味着仅仅依靠传统的纠错编码、访问控制等技术已经不足以保证云存储中数据的完整性。

（2）可信的问责追踪与判断问题。DaaS 服务双方都需要遵守双方达成的合约，但是服务提供商和用户都有可能因为各种动机违背合约，必须要有可信的机制来保障合约得到了忠实履行。这种机制要能在数据完整性受到破坏时，有效地保存可用于追究责任的证据，清晰地厘清事故责任所在。

（3）远程服务传递的模式对数据完整性保障手段的制约。相对于云存储中的海量数据，面对有限的带宽资源和计算资源，用户难以实现对海量数据的完整性校验计算，如校验、加密、HASH 等，必须要采用技术措施在有限的计算资源约束下，完成对海量数据完整性、可靠性的验证。

由上述分析可知，云计算环境下数据完整性问题可以从 3 个方面来解决，即数据完整性保障技术、在有限计算资源约束下的数据完整性的校验技术及数据完整性事故追踪与问责技术。现分别阐述如下。

12.1.1 数据完整性的保障技术

数据完整性的保障技术的目标是尽可能地保障数据不会因为软件或硬件故障受到非法破坏，或者说即使部分被破坏也能做数据恢复，这里有必要提一下，在云存储环境中，为了合理利用存储空间，都是将大数据文件拆分成多个块，以块的方式分别存储到多个存储节点上；数据完整性保障相关的技术主要分两种类型，一种是纠删码技术，另一种是秘密共享技术。

（1）纠删码技术的总体思路是：首先将存储系统中的文件分为 K 块，然后利用纠删码技术进行编码，可得到 n 块的数据块，将 n 块数据块分布到各个存储节点上，实现冗余容错。一旦文件部分数据块被破坏，则只需要从数据节点中得到 $m(m \geqslant k)$ 块数据块，就能够恢复出原始文件。其中 RS 码是纠删码的典型代表，被广泛应用在分布式存储系统中，它在分布式存储系统中的应用研究可以追溯到 1989 年。云存储本质上也是分布式存储系统，因此 RS 类纠删码在云存储中得到应用是顺理成章的。

RS 编码起源于 1960 年，经过长期的发展已经具有较为完善的理论基础。它是在伽罗华(Galois)上所对应的域元素进行多项式运算(包括加法运算和乘法运算)的编码，通常可分为两类：一类是范德蒙 RS 编码(Vandermonde RS code)；另一类是柯西 RS 编码(Cauchy RS code)。RS 编码的过程如图 12.1 所示。

图 12.1 中，待编码的文件以 D 表示，分成多块，左乘以 RS 编码生成矩阵 B，可以注意到生成矩阵 B 的上部分是 $n \times n$ 的单元矩阵，下部分为 $m \times n$ 行称为校验产生矩阵，两者相乘所得的结果即为生成的纠删码，其中，$n=5$，$m=3$，待编码的文件块数也为 5，生成的纠删码为 8 块，其中 5 块为原始数据文件 D，多生成了 3 块为校验块，将所得的 8 数据块分别存储在各存储服务器。

使用纠删码进行恢复时，若上述的示例中，有少量 $m(m \leqslant 3)$ 个数据块损坏(如图 12.1 中的 D_1、D_4、C_2)，则删去损坏的 m 个数据分块各自在生成矩阵 B 中对应的行(图 12.1 中为

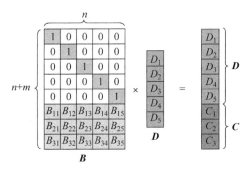

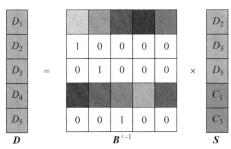

图 12.1　RS 编码原理

$\boldsymbol{B}$ 的第 1、4、6 行),得到新的 $k \times k$ (图中为 5×5)阶生成矩阵 $\boldsymbol{B}'$,将剩余的数据块按其中纠删码中的次数排成 $1 \times k$(1×5)阶矩阵(图中 Survivors,记为 $\boldsymbol{S}$)。

此时,显然有等式 $\boldsymbol{B}'\boldsymbol{D} = \boldsymbol{S}$。首先针对 $\boldsymbol{B}'$ 生成矩阵求其逆矩阵,得 $(\boldsymbol{B}')^{-1}$。因此得到以下各等式,即

$$(\boldsymbol{B}')^{-1}\boldsymbol{B}'\boldsymbol{D} = (\boldsymbol{B}')^{-1}\boldsymbol{S}, \quad \text{即 } \boldsymbol{D} = (\boldsymbol{B}')^{-1}\boldsymbol{S}$$

由此可以看出,丢失的数据分块不超过 m 块时,就不会影响原数据文件的恢复。

上述的纠删码编码过程中,最为重要的就是生成矩阵的确定,显然使用纠删码对原始数据进行恢复的时候,需要对生成矩阵的子矩阵进行求逆,因此生成矩阵必须要保证其子矩阵为可逆矩阵,也即 n 阶矩阵 $\boldsymbol{A}$ 的行列式不为零,$|\boldsymbol{A}| \neq 0$,为非奇异矩阵。上述的两类主要 RS 编码:范德蒙 RS 编码和柯西 RS 编码,即指生成矩阵分别为范德蒙矩阵和柯西矩阵。其中范德蒙矩阵为以下形式的矩阵,其中各元素 $V_{i,j} = \alpha_i^{j-1}$,$\alpha_i \in \mathrm{GF}(P^r)$,$P$ 为素数,r 为正整数。

$$\boldsymbol{V} = \begin{bmatrix} 1 & \alpha_1 & \alpha_1^2 & \cdots & \alpha_1^{n-1} \\ 1 & \alpha_2 & \alpha_2^2 & \cdots & \alpha_2^{n-1} \\ 1 & \alpha_3 & \alpha_3^2 & \cdots & \alpha_3^{n-1} \\ \vdots & \vdots & \vdots & \ddots & \vdots \\ 1 & \alpha_m & \alpha_m^2 & \cdots & \alpha_m^{n-1} \end{bmatrix}$$

N 阶范德蒙矩阵的行列式值为

$$\det(\boldsymbol{V}) = \prod_{1 \leqslant i < j \leqslant n} (\alpha_j - \alpha_i)$$

显然 N 阶范德蒙矩阵及其任意子矩阵都为可逆矩阵。因此,针对一范德蒙矩阵进行线性变换,变换成如图 12.1 中的 $\boldsymbol{B}$ 矩阵形式,就可以作为纠删码的生成矩阵。柯西矩阵是另

一类定义的特殊矩阵,也具有同样的性质。

（2）在秘密共享（Secret Sharing）方案中,一段秘密消息被以某种数学方法分割为 n 份,这种分割使得任何 $k(k<m<n)$ 份都不能揭示秘密消息的内容,同时任何 m 份一起都能揭示该秘密消息。这种方案通常称为 (t,n) 阈值秘密共享方案。通过秘密共享方案,只要数据损坏后,保留正常数据块不小于 m 份,即可实现对最初文件数据的恢复。

在多类阈值秘密共享方案中以 Shamir 的方案最为简单与常用,1979 年 Shamir 和 Blakley 分别提出了第一个 (t,n) 阈值秘密共享方案,其阈值方案的原理是基于拉格朗日（Lagrange）插值法来实现的,首先将需要共享的秘密作为某个多项式的常数项,通过常数项构造一个 $t-1$ 次多项式,然后将每个份额（也即子秘密）设定为满足该多项式的一个坐标点,由于 Lagrange 插值定理,任意 t 个份额（子秘密）可以重构该多项式从而恢复秘密,相反 $t-1$ 个或更少的份额（子秘密）则无法重构该多项式,因而得不到关于秘密的任何信息。

其实现的过程如下:

① 初始化阶段。分发者 D 首先选择一个有限域 GF(q)（q 为大素数）,在此有限域内选择 n 个元素 $x_i(i=1,2,\cdots,n)$,将 x_i 分发给 n 个不同的参与者 $P_i(i=1,2,\cdots,n)$,x_i 的值是公开的。

② 秘密分发阶段。D 要将秘密 s 在 n 个参与者 $P_i(i=1,2,\cdots,n)$ 中共享,首先 D 构造 $t-1$ 次多项式,即

$$f(x)=s+a_1x+a_2x+\cdots+a_{t-1}x^{t-1}$$

其中 $a_i\in$ GF(q),$i=1,2,\cdots,t-1$ 且 a_i 是随机选取。

由 D 计算 $f(x_i)$ $(i=1,2,\cdots,n)$,并将其分配给参与者 P_i 作为 P_i 的子秘密。

③ 秘密恢复阶段。n 个参与者中的任意 t 个参与者可以恢复秘密 s,设 $P_1,P_2,\cdots,P_t$ 个参与者参与秘密恢复,出示他们的子秘密,这样得到 t 个点 $(x_1,f(x_1)),(x_2,f(x_2)),\cdots,(x_t,f(x_t))$,从而有插值法可恢复多项式 $f(x)$,进而得到秘密 S。

$$f(x)=\sum_{i=1}^{t}f(x_i)\prod_{j=1,j\neq i}^{t}\frac{x-x_j}{x_i-x_j}$$

$$S=f(0)=\sum_{i=1}^{t}f(x_i)\prod_{j=1,j\neq i}^{t}\frac{-x_j}{x_i-x_j}\mod q$$

对于任意少于 t 个参与者无法恢复多项式,因而得不到关于秘密的任何消息。

除了 Shamir 阈值方案外,还有 Blakley 的 (t,n) 阈值方案,又名矢量方案,该方案的原理是利用多维空间点的性质来建立的,它将共享的秘密看成 t 维空间中的一个点,每个子秘密为包含这个点的 $t-1$ 维超平面的方程,任意 t 个 $t-1$ 维超平面的交点刚好确定所共享的秘密。

12.1.2 数据完整性的校验技术

如前文所言,云存储环境下的数据完整性保障是云计算服务商采用保障存储数据完整性的技术,而数据完整性校验技术,则是从云存储服务的用户角度来校验存储在云存储中的数据是否完整。一般性云存储数据完整性检查,是指用户将文件从云存储服务器上下载到本地后对文件完整性进行的检查。这种由用户方进行的校验动作可采取两种方式。

① 用户先为预存储的文件计算一个哈希值并保存该值,校验时,先下载文件后可在计

算下载文件的哈希值,然后与保存的原哈希值对比,即可校验存储文件的完整性。显然,这种方式需要用户先将存储的文件下载之后才能进行,若存储的文件很大,下载过程必然会占用相当大的网络资源且校验的计算量也相应很大,因此这类方式效率不高。

② 基于 Merkel 哈希树(MerkelHash Tree)的完整性检查,即用户在上传文件前对每个文件分块计算一个哈希值,并以这些哈希值为叶子节点构建一个 Merkel 哈希树。最后用户保留哈希树的根节点,而将树中其他节点连同文件发往云服务器。这样,用户在下载文件时每完成一个数据块便可以验证其完整性,不必等待文件下载完毕才进行校验。与第一种方式相比,在操作复杂度方面从 $o(n)$ 降低到 $o(\log n)$。

上述两种方式,不论哪种都需要用户将文件下载到本地才能完全校验,若用户存储大数量的数据且需要执行周期性、完整性校验,那么下载产生的网络负担对于云存储服务商及用户来说都是难以承受的,因此云存储中的数据完整性校验技术一般采用的是远程校验技术,这类方法使用户在不需要取回全部数据的情况下,通过类似知识证明的协议,判断存储在远端服务器上的数据是否完好。

目前,校验数据完整性方法按安全模型的不同可以划分为两类,即 POR(Proof Of Retrievability,可取回性证明)和 PDP(Proof of Data Possession,数据持有性证明)。其中,POR 是将伪随机抽样和冗余编码(如纠错码)结合,通过挑战—应答协议向用户证明其文件是完好无损的,意味着用户能够以足够大的概率从服务器取回文件。而 PDP 和 POR 方案的主要区别是:PDP 方案可检测到存储数据是否完整,但无法确保数据可恢复性;POR 方案则使用了纠错码,能保障存储数据一定情况下的可恢复性。事实上,大部分的 PDP 方案只要加入纠删/错编码就可以成为一个 POR 方案。

POR 方法将伪随机抽样和冗余编码(如纠错码)结合来向用户证明其文件是完好无损的,其结果意味着用户能够以足够大的概率从服务器取回原文件。不同的 POR 方案中挑战—应答协议的设计有所不同。Juels 等则首次给出了 POR 的形式化模型与安全定义。其方案如图 12.2 所示,在验证者之前首先要对文件进行纠错编码,然后生成一系列随机的用于校验的数据块,在 Juels 文中这些数据块使用带密钥的哈希函数生成,称为"岗哨"(Sentinels),并将这些 Sentinels 随机位置插入到文件各位置中,然后将处理后的文件加密,并上传给云存储服务提供商(Prover)。

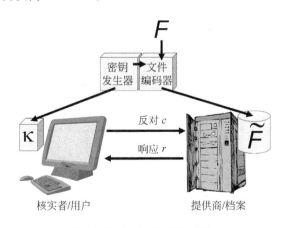

图 12.2 Juels 的 POR 方案

每次需要校验时,由验证者要求证明者返回一定数目的岗哨,由于文件是加密的,云存储服务商不可能掌握文件中哪些数据是岗哨,哪些是文件数据,因此若云存储服务提供商能够返回要求的特定位置的岗哨,则可以保证相当大的概率下该文件是完整的。即使用户文件如果有少量的数据损坏,并且没有影响到文件中的岗哨数据,使得云存储服务商返回了正确的结果,从而造成校验结果有误。但是因为文件预先使用类似于上文所说的纠删码进行过编码,因此少量的数据损坏使得校验结果存在误判,用户也可以通过纠错码对原文件进行恢复。

该方案的优点是用于存放岗哨的额外存储开销较小,挑战和应答的计算开销较小,但由于插入的岗哨数目有限且只能被挑战一次,方案只能支持有限次数的挑战,待所有岗哨都"用尽"就需要对其更新。同时,方案为了保证岗哨的隐秘性,需先对文件进行加密,导致文件的读取开销较大。

PDP 方案最早是由约翰·霍普金斯大学(Johns Hopkins University)的 Ateniese 等提出的,其方案的架构如图 12.3 所示,这个方案主要分为两个部分:首先是用户对要存储的文件生成用于产生校验标签的加解密公私密钥对,然后使用这对密钥对文件各分块进行处理,生成校验标签,称为 HVT(Homomorphic Verifiable Tags,同态校验标签),然后将 HVT 集合、文件、加密的公钥一并发送给云存储服务商,由服务商存储,用户删除本地文件、HVT 集合,只保留公私密钥对;需要校验的时候,由用户向云存储服务商发送校验数据请求,云服务商接收到后,根据校验请求的参数来计算用户指定校验的文件块的 HVT 标签及相关参数,发送给用户。接收到服务商的校验回复后,用户就可以使用自己保存的公私密钥对实现对服务商返回数据,根据验证结果判断其存储的数据是否完整。

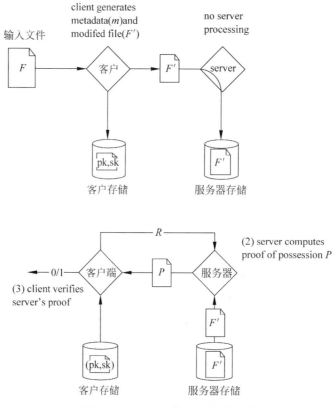

图 12.3 Ateniese 等人的 PDP 方案

Ateniese 方案的校验过程主要由以下步骤组成：

① 首先是基于 KEA1-r 假定生成一对公私密钥：pk＝(N, g) and sk ＝ (e, d, v)。

② 生成校验标签 HVT：使用私钥中 v，针对每个文件分块 m，设其在文件块中的序号为 i，将 v 与 i 连接在一起，组合生成一个 w，w＝v‖i，再针对使用安全 Hash 函数 h 对 w 处理，生成 h(w_i)。再使用公钥 g，对文件分块 m 按下列公式计算，生成对应 i 序号文件分块 $T_{i,m}$，HVT 由($T_{i,m}$, W_i)组成，即

$$T_{i,m} = (h(W_i) \cdot g^m)^d \bmod N$$

值得注意的是，这样处理之后文件分块 m 的 HVT 标签中 $T_{i,m}$ 保存了该文件分块序号，只是通过 h 函数掩藏起来，不向外透露。

③ 处理完成之后，用户将文件分块集合 $\{m_i\}$、公钥(N, g)、校验标签中的 $\{T_{i,m}\}$ 集合一起发送给云服务商，同时删除本地文件，只保留一对公私密钥。

④ 到需要校验的时候，用户发送校验请求，其组成为 $<c, k_1, k_2, g_s>$，其中 c 为指定要校验的文件分块数，k_1 是用于产生伪随机排序函数的 π 的参数，k_2 是用于产生伪随机数的函数 f 的参数，g_s 是用于验证本次校验结果的参数，相当于时间戳，以防止服务商使用以前校验的结果来冒充本次校验。

⑤ 服务商在收到请求数据后，通过 c 次循环，计算 T 值，其中：

$$T = T_{i_1,m_{i1}}^{a_1} \cdot T_{i_2,m_{i2}}^{a_2} \cdots \cdot T_{i_c,m_{u_c}}^{a_c} \cdot T_{ij,m_{ij}}^{a_j} = ((h(w_{ij}) \cdot g^{m_{ij}})^d)^{a_j} \bmod n$$

i_j 为函数 π 使用 k_1 参数产生第 j 个序号，a_i 为使用 f 函数利用 k_2 参数生成随机数，$T_{i_j,m_{ij}}^{a_j}$ 是序号为 i_j 的文件块的同态校验标签的 a_i 次方对 n 求余。值得注意的是，由于使用的 KEA-r 假定具有乘法同态性，且第 j 个序号对应文件块的同态校验标签，以及公钥 n 都是服务商已知的。

⑥ 服务商继续计算 ρ 值：

$$\rho = H(g_s^{a_{1m_{i1}} + a_{2m_{i2}} + \cdots + a_{cm_{ic}}} \bmod n)$$

其中 g_s 为用户发送的校验请求中的参数，a_j、m_{ij} 分别为伪随机函数生成的系数以及伪随机排序函数生成的第 j 位产生的序号所对应的文件分块。H 为加密 Hash 函数。

⑦ 服务商将 $<T, \rho>$ 作为回复发回给用户。

⑧ 用户在得到回复后，由于已知 k_1、k_2 以及各相应的伪随机与伪随机排序函数，计算出伪随机排序函数产生的 C 个随机的序号，针对每个随机序号，可得 $W_j = v\|j$，$a_j = f_{k_2}(j)$，那么针对服务商发送过来的每个 $T_{ij,m_{ij}}^{a_j}$，用户可以计算出

$$\tau_j = T_{ij,m_{ij}}^{a_j} / h(w_j)^{a_j} \bmod n = g^{a_j \cdot m_j} \bmod n$$

$$\tau = \tau_1 \cdot \tau_2 \cdots \tau_c \bmod n$$

⑨ 最后判断 $H(\tau^s \bmod n) = \rho$，如果等式成立，则表明数据完整性校验成立。

上述的方案关键部分在于服务商由不掌握私钥中的 v 值，因此不可能从 HVT 标签中得到对应数据块的 $h(W_j)$ 的值，假设存储在云服务商端的文件分块被损坏，即使服务商掌握 $T_{ij,m_{ij}}^{a_j}$，也无法推算出 $T_{ij,m_{ij}}^{a_j}$，因此无法给出正确的 ρ 值。而用户由于掌握私钥中的 v 值，却可以顺利地计算出 $T_{ij,m_{ij}}^{a_j}$ 值，从而验证校验等式是否成立，又由于 g_s 的随机性又可以保障本次校验不会受到重复性攻击，即服务商使用以前的正确回复数据来重复应答用户的校验。基于 KEA-r 的假设，结合校验的协议，可以实现可靠性的数据完整性校验。

上述的 PDP、POR 方案以及改进方案还有多种，这些方案中由于需要用户生成校验数

据,保留密钥等步骤,一方面对于非专业的用户比较复杂,另一方面密钥的保存也存在一定问题。所以针对这些问题,又有采用可信第三方(Third Party Auditor,TPA)代替用户审计云存储中用户数据的完整性。

采用 TPA 参与替代用户来审计用户存储的数据完整性,这个方案的架构中一共有 3 个角色,即用户、云服务商(Cloud Server)和 TPA,如图 12.4 所示。其中,TPA 的作用是代表数据所有者完成数据的完整性认证和审计任务等,这样用户就不需要亲自去做这些事。用户就是使用云存储服务器来存储自己大量数据的个人或企业。云服务商提供云存储服务的云服务运营商。

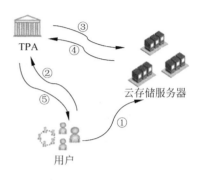

图 12.4　第三方代替数据
完整性校验

基于 TPA 实现数据完整性校验主要是基于挑战—应答协议来完成的,其步骤如图 12.4 所示,用户先把自己的数据文件进入预处理,生成一些用于校验的数据,并上传到云计算服务商(第①步),然后将用于校验的数据上传给 TPA(第②步),TPA 根据用户校验的要求,定期向云存储服务商发送数据校验请求,也就是挑战(第③步),云存储服务商针对发送的数据完整性校验请求,按协议计算结果并予以回复,也即应答(第④步),TPA 根据服务商返回的回复计算校验结果,并将结果返回给用户(第⑤步)。

引入 TPA 之后,用户数据完整性的校验工作由 TPA 代替完成,但是作为可信的第三方 TPA 执行校验,有两个基本需求必须满足,即:第一,TPA 必须能在本地不需复制数据的前提下做出有效审计,并不给用户带来任何在线的开销;第二,第三方审计过程不能对用户的私密带来新的薄弱环节。因此,对于校验数据完整性的挑战—应答协议的实现方法提出了更多的要求。

这方面的研究方案也有多种,其中有 W.Cong 等提出基于同态认证子、MHT 结合 BLS 签名实现了公共审计与用户数据全动态操作的支持,此外,Cong 还提出通过云存储服务商生成随机数,产生掩码,遮掩回复给 TPA 的认证结果,利用离散对数难以求解的特性,使得 TPA 无法求解出真实的认证数据,从而达到用户数据审计保密的目标等,限于篇幅这里不再详述。

数据完整性校验是用户确保自己的数据完整、安全地存储在云服务器上,然而与之对应的还有另一个有趣的安全问题,即数据删除问题。当用户不再使用云存储服务,取回或删除自己存储在云中数据后,云存储服务需要向用户证明其数据在云存储中所有的副本都被删除,以便用户放心。

目前,数据删除证明方面的研究工作主要有 R.Perlman 等提出的 DRM(Data Right Management)模型及 Geambasu 等提出的 Vanish 模型,这两种模型实现的都是基于时间的文件确保删除技术,主要思路是将文件使用数据密钥加密,再对数据密钥使用控制密钥加密,控制密钥由独立的密钥管理服务(名为 Ephemerizer)来维护。当文件删除时,会声明一个有效期,有效期一过,控制密钥就被密钥管理服务删除,由此加密的文件副本将无法被解密,从而实现可靠的数据删除。

12.1.3　数据完整性事故追踪与问责技术

正如前文所述,云存储在内的各类云服务均是采用基于合约的服务模式,也即用户和云服务提供商间达成某种形式的契约,用户为使用服务商所提供的存储服务而付出费用,并就服务的相关质量(如数据的访问性能、可靠性、安全性)作某种程度上的保证。

但是云服务也可能会面临各类安全风险,这些风险如:滥用或恶意使用云计算资源,不安全的应用程序接口,恶意的内部人员作案,共享技术漏洞,数据损坏或泄露,审计、服务或传输过程中的劫持以及在应用过程中形成的其他不明风险等,这些风险既可能是来自于云服务的供应商,也可能是来自于用户;由于服务契约是具有法律意义的文书,因此契约双方都有义务承担各自对于违反契约规则的行为所造成的后果。一旦发现有不当(违约)行为,还应提供某种机制将来判决不当行为的责任方,使其按照违反契约行为所造成的损失(如重要数据损坏或丢失)承担责任。

可问责性(Accountability)将实体和它的行为以不可抵赖的方式绑定,使互不信任的实体间能够发现并证明对方的不当行为。因此,可问责性是云存储安全的一个核心目标,对于用户与服务商双方来说都具有重要的意义。

目前这方面的研究工作还是比较少的,大部分研究大都处于提出概念、需求和架构的层面。这其中,Kiran-Kumar Muniswamy-Reddy 等提出的解决方案比较有代表性,在其工作中称问责审计为云的溯源(Provenance for the Cloud),其溯源的定义为有向无环图(Directed Acyclic Graph,DAG)来表示,DAG 的节点代表各种目标,如文件、进程、元组、数据集等,节点具有各种属性,两个节点之间的边表示节点之间的依赖关系。在其文中先给出了云溯源方案应具备的 4 个性质:

① 精确性。对于云存储中的数据记录必须要能与其记录的数据目标精确地匹配。

② 完整性。云存储中的数据变化过程因果逻辑关系记录要完整,不能有不确定的记录。

③ 独立性。云存储中的数据记录必须要与数据相独立,即便数据被删除了,记录也应该有保留。

④ 可查询性。必须要支持对多个数据的记录实现有效的查询。

云溯源的技术方案是基于 PASS(Provenance Aware Storage System,溯源感知存储系统)系统的,PASS 是一种透明且自动化收集存储系统中各类目标溯源的系列,其早期是用于本地存储或网络存储系统,它通过对应用的系统操作调用来构建 DAG 图。例如,当进程对某文件发出"读"系统调用,则 PASS 构建一条边记录进程依赖于某文件,若进程对某文件发现"写"系统调用,则 PASS 构建一条边从被写入的文件指向进程,表示被写入文件依赖于写进程。其实现的技术架构如图 12.5 所示。

从图 12.5 中可以看出,这个方案总体上分成两个部分,一部分是客户端,另一部分是云存储端。其中客户端在用户的系统内核中配置了 PASS 及 PA-S3fs,由 PASS 来监控应用进程的系统调用、生成溯源以及将数据及其溯源记录发送给 PA-S3fs。PASS 具有对客户端文件的版本控制能力,能生成详细的数据变迁溯源记录。PA-S3fs(Provenance Aware S3 File System)感知溯源的 S3 文件系统,是一个用户层文件系统,其来源于 S3fs。S3fs 是一个用户层的 FUSE 文件系统,提供了与 S3 交互的文件系统接口。PA-S3fs 则扩展了 S3fs,

使其向 PASS 也提供了相应的接口。PA-S3fs 作为缓存将数据保存在本地的临时文件目录中,同时将溯源记录保存在内存中。当某类确实的事件发生时,如文件关闭或者文件显式写入时,PA-S3fs 按某种协议将用户文件数据与溯源记录一并发送给云存储端。其中 S3 是亚马逊公司的云存储服务(Simple Storage Service)。

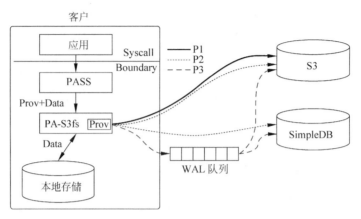

图 12.5　云溯源方案的技术架构

云溯源方案共提出了 3 种不同的协议,都是通过已有的云服务来实现的,只是 3 种协议的复杂程度,使用的计算资源满足上述性质的要求而各不相同。限于篇幅,本书仅介绍第三种协议,其协议过程如图 12.6 所示。

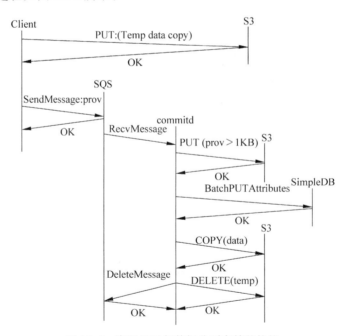

图 12.6　溯源记录与数据分别存储的协议

这个协议对照云溯源系统架构的两部分也分成两个阶段,第一阶段称为日志,第二阶段称为提交,分别简述如下:

(1)第一阶段是在客户端进行的,当用户的应用发出 CLOSE 文件或 FLUAS 强行输出

缓冲区数据调用时,执行下列动作:

① 由客户端向 S3 云存储服务器先生成一个数据文件的副本,并使用临时文件名命名。

② 对当前的日志事务(Log Transaction)生成一个 UUID(Universally Unique Identifier,通用唯一识别码),抽取出对应数据文件的溯源记录,将这些记录组织成 8KB 大小的块,并把这些块保存成日志记录(协议中的消息),存放在 WAL 队列中,每个消息在前几位字节保存有事务的 ID 号及包的序号。WAL 队列的第一个消息中多了几个额外的记录,一个记录保存当前事务中共有多少包的数目,另一个记录中有一个指针,指向数据文件位于 S3 中的临时文件,还有一个记录标识有事务 ID 号和数据文件的版本号。

(2) 第二阶段时当客户端 PA-S3fs 后台负责提交任务的服务进程收集齐属于一个事务的数据包,执行下列步骤:

① 把任何大于 1KB 的溯源记录保存成单独的 S3 对象,并更新其属性值对以保留一个指向该 S3 对象的指针。

② 使用 BatchPutAttributes 调用把溯源记录批处理存储到 SimpleDB,SimpleDB 允许用户一次调用中批处理 25 个项,进程执行多次调用直到把所有的项目保存完成。

③ 执行 S3 COPY 命令复制临时 S3 对象到其对应的持久性 S3 目标,更新其版本。

④ 执行 S3 DELETE 命令删除 S3 临时对象,使用 SQS DeleteMessage 命令从 WAL 队列中删除所有与本次事务相关的消息。

从上所述可以看出,Kiran-Kumar Muniswamy-Reddy 等提出的解决方案实质上基于云服务与本地客户端相互配合实现的,由客户端来收集用户操作数据的行为,并通过云服务来记录用户行为以及存储用户的数据目标。值得注意的是,其中使用的云服务:亚马逊的SQS(Amazon Simple Queue Service,亚马逊简单消息服务)服务,SQS 是实现分布式计算的消息传递的云服务,可以在其执行不同任务的应用程序的分散组件之间移动数据,在本方案中用于更新溯源记录的操作命令消息存储与发送。

此外,还使用了数据库的事件概念,事务处理可以确保除非事务性单元内的所有操作都成功完成;否则不会永久更新面向数据的资源。方案使用 SQS 和事务概念主要是确保数据溯源记录能精确地描述数据目标的操作过程,保证逻辑上的一致性与完整性。

该方案仍然存在一些问题,如客户端记录操作如何保证没有被篡改?且该方案只用于记录用户的行为,云服务商的行为则如何审计?该方案中使用到多种云服务来实现记录的上传与数据文件的保存,如何保证这些云服务的客观与公正?

除上述方案外,还有 Ko 等提出了支持问责的可信云架构,根据其提出的问责生命周期理论,该架构的设计包括工作流层、数据层、系统层、法规层与策略层 5 个层次。事实上,一般分布式存储或文件系统中实现可问责性的技术可能有助于云存储可问责性的实现。Haeberlen 等研究了一般的分布式系统和虚拟机的可问责性问题,其底层实现都利用了显示篡改日志(Tamper-evident Logs)。Yumerefendi 等则提出强可问责的网络存储服务CATS。CATS 为每个节点收发的消息维护一个安全的日志,并依靠一个可信的发布介质来确保日志的完整性。通过将日志与描述具体网络存储服务中正确行为的规则进行对比,可以发现服务运行中的错误。

12.2　数据访问控制

云计算环境下的数据访问控制问题变得更为复杂,传统的访问控制架构通常假定用户与数据存储服务位于同一安全域,且数据存储服务被视为完全可信,忠实执行用户定制的访问控制策略,但这样的假设在云环境下一般不成立。原因很简单,在云计算环境下,数据的控制权与数据的管理权是分离的,因此实现数据的访问控制只有两条途径,一条是依托云存储服务商来提供数据访问的控制功能,即由云存储服务商来实现对不同用户的身份认证、访问控制策略的执行等功能,在云服务商来实现具体的访问控制,另一条则是采用加密的手段通过对存储数据进行加密,针对具有访问某范围数据权限的用户分发相应的密钥来实现访问控制。

这两种方法显然比第一种方法更具有实际意义,因为用户对于云存储服务商的信任度也是有限的,一方面难以保证云服务商能百分之百地遵守其服务条约,按用户制定的访问策略来执行访问控制,另一方面,用户的敏感数据对于云存储服务商也希望是保密的,因此目前对于云存储中的数据访问控制的研究主要集中在通过加密的手段来实现,研究的内容即是制定相应的加密算法及相关的访问控制机制,以下是由 Indrakshi Ray 等提出的比较典型的,具有一定代表性的解决方案,首先介绍其方案中使用与加密相关的背景知识,具体如下:

定义 12.1　正整数 a、b、N,其中 a、b 称为同余,则当且仅当,$a \bmod N = b \bmod N$。

定义 12.2　两个整数 a、b 称为互素(或互质),则有,$\gcd(a, b) = 1$,其中 $\gcd$ 为最大公约数。

定义 12.3　欧拉 $\phi(N)$ 函数,为小于 N,且与 N 互素的所有整数的数目。

以下是欧拉 $\phi(N)$ 函数的一些重要性质:

① $\phi(N) = N-1$,如果 N 为素数的话。

② $\phi(N) = \phi(N_1) * \phi(N_2) * \phi(N_3) * \cdots * \phi(N_k)$,如果 $N = N_1 * N_2 * N_3 * \cdots * N_k$,且 N_1、N_2、N_3、$\cdots$、N_k 两两互素。

定理 12.1　欧拉定理,对于任意互素的 a 和 N,有

$$a^{\varphi(n)} \equiv 1 \pmod{n}$$

推论 12.1　如果有 $0<m<N$,并且 $N = N_1 * N_2 * N_3 * \cdots * N_k$,且 N_1、N_2、N_3、$\cdots$、N_k 两两互素,则有

$$m^{x\phi(N)+1} \equiv m \bmod N$$

定义 12.4　密钥 $K = <e, N>$ 其中 e 是指数,而 N 为 K 的基,N 由不同的素数生成,$N \geq M$。

定义 12.5　针对数据 m 使用密钥 K 进行加密,记作 $[m, K]$,计算过程如下:

$$[m, <e, N>] = m^e \bmod N$$

定义 12.6　针对密钥 K 的解密密钥记做:$K^{-1} = <d, N>$,其中 d 与加密密钥 $<e, N>$ 满足

$$ed \equiv 1 \bmod N$$

定理 12.2　对于任意的数据 m 有

$$[[m, K], K^{-1}] = [[m, K^{-1}], K] = m$$

式中，K、K^{-1}互为加解密密钥。

定义 12.7 互兼容密钥：若有两个密钥 $K_1 = <e_1, N_1>$，$K_2 = <e_2, N_2>$，其中 $e_1 = e_2$，且 N_1、N_2 互素，则称两密钥为互兼容密钥。

定义 12.8 生成密钥：若有两个密钥 K_1、K_2 为互兼容密钥，则有 $K_1 \times K_2$ 为生成密钥，定义为 $<e, N_1 * N_2>$。

引理 12.1 对于正整数 a、N_1、N_2，有 $a \bmod N_1 * N_2 \equiv a \bmod N_1$。

定理 12.3 对于任意数据 m 与 m'，若有 $m、m' < N_1$，N_2，则有
$$[m, K_1 \times K_2] \equiv [m', K_1] \bmod N_1 \text{ 当且仅当 } m = m'$$
$$[m, K_1 \times K_2] \equiv [m', K_2] \bmod N_2 \text{ 当且仅当 } m = m'$$

以上主要是加密理论的基础性知识，由于不在本书的讨论范围内，在此只给出简单的介绍，没有相关的证明或说明，感兴趣的读者可以进一步查看相关资料。上述内容中互兼容密钥与生成密钥，及其具有定理 12.3 的性质是 Indrakshi Ray 等所提方案的关键。

Indrakshi Ray 等认为即使采用云存储方式实现数据存储托管，访问数据由本地转移到云服务器中，但是在逻辑上访问权限是没有发生变化的，大部分的应用仍然遵循树状的角色权限管理逻辑结构，如图 12.7 中的例子所示。

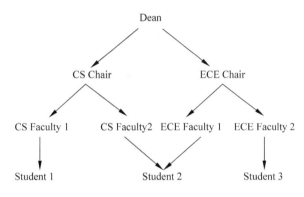

图 12.7　学生的访问权限逻辑结构

图 12.7 中，工程学院由院长领导。院长下面是那些负责管理各系的系主任监督。学生们在此层次结构的最底部。每个学生由一个或多个教职员来指导，那么针对每个学生的作业或论文数据，形成的访问权限控制策略则有：

① 学生可以访问自己的作业或论文。

② 指导老师可以访问自己学生的作业或论文。

③ 老师所属的系的系主任可以访问自己系老师所指导的学生论文。

④ 院长可以访问全院学生作业或论文。

由此形成了树状的访问权限逻辑结构，树中任一节点都可以访问其子节点或后代节点可以访问的数据。针对上述访问控制策略的逻辑结构，Indrakshi Ray 等提出的密钥构建方法如下：

① 院长的加密密钥：$K_{\text{Dean}} = <e, N'_{\text{Dean}}>$

院长的解密密钥：$K_{\text{Dean}}^{-1} = <d_{\text{Dean}}, N'_{\text{Dean}}>$

其中有

$$e * d_{\text{Dean}} \equiv 1 \bmod \varPhi(N'_{\text{Dean}})$$

② 系主任的加密密钥：$K_{\text{Chair}} = <e, N'_{\text{Dean}} * N'_{\text{Chair}}>$

系主任的解密密钥：$K_{\text{Chair}}^{-1} = <d_{\text{Chair}}, N'_{\text{Chair}}>$，其中有

$$e * d_{\text{Dean}} \equiv 1 \bmod \varPhi(N'_{\text{Dean}})$$

③ 老师的加密密钥：$K_{\text{fac}} = <e, N'_{\text{Dean}} * N'_{\text{Chair}} * N'_{\text{fac}}>$

老师的解密密钥：$K_{\text{fac}}^{-1} = <d_{\text{fac}}, N'_{\text{fac}}>$，其中有

$$e * d_{\text{fac}} \equiv 1 \bmod \varPhi(N'_{\text{fac}})$$

④ 学生的加密密钥：$K_{\text{Student}} = <e, N'_{\text{Dean}} * N'_{\text{Chair}} * N'_{\text{fac}} * N'_{\text{Student}}>$

学生的解密密钥：$K_{\text{Student}}^{-1} = <d_{\text{Student}}, N'_{\text{Student}}>$，其中有

$$e * d_{\text{Student}} \equiv 1 \bmod \phi(N'_{\text{Student}})$$

显然，这样的密钥生成算法结合上述介绍的定理 12.3 和生成密钥的性质，保证了每个由学生加密密钥加密的论文、作业都可以由其指导老师、指导老师的系主任、院长进行解密。从而通过加密算法保证了图 12.7 所示的数据访问控制逻辑的实现。

此外，还有相关的其他解决方案，具体如下：

Kallahalla 等提出 Plutus 解决方案，针对文件性质给文件分组，每个文件再使用唯一密钥加密，然后每个组使用一个对称加密密钥，加密该组内所有文件使用的加密密钥，再把文件组加密密钥分发给相应的授权用户。Goh 等提出 SiRiUS 方案，是基于 NFS 文件系统来提供端到端的安全保障。Goh 等又提出一种改进办法，使用 NNL 广播加密算法来加密文件密钥，而不使用每个用户的公钥，Ateniese 等则提出一种基于代理重加密的技术，文件所有者使用其管理的公钥及用户公钥生成一个代理重加密密钥，半受信的云存储服务会把目标文件转换成授权用户可解密的密文，该方法的缺点在于恶意的云存储服务商和一些恶意的用户配合，通过碰撞来泄露所有解密密钥。

通过加密算法与相关协议的设计来实现数据访问控制的解决方案中主要的缺点在于，密钥的分发与管理，特别是在访问权限控制的策略比较复杂的情况下。除了这个缺点外，类似方法还存在一个问题就是授权变更可能会造成整个访问控制结构重建，进一步带来密钥管理方面的困难。Shucheng 等则针对这个问题提出了基于 KP-ABE、及 PRE（Proxy Re-Encryption）的细粒度访问控制技术。采用 KP-ABE 技术，只要用户获取的密钥满足目标文件访问权限树的叶子节点权限要求，就可以计算出加密的文件密文。

12.3　云计算数据安全的其他方面问题

云计算的数据安全除了上述的数据完整性保障、数据完整性验证、数据完整性事故追踪与问责技术 3 个方面的问题外，还有一些其他方面的问题，其中云计算的服务模式引发了数据所有权的问题。

数据所有权（Proofs Of Ownership，POF）的问题来自于云存储服务使用的一项新技术——Deduplication，这项技术旨在消除用户数据的重复性上传。服务器根据用户上传的 Hash 值查找该文件是否已存储，若有则只通知客户端文件已上传，而不发生真实的上传动作，仅添加上传该文件的用户为服务端该文件属主。Deduplication 技术显然会有效地节省云存储服务商的带宽和存储空间。但是该技术也存在着严重的安全问题，攻击者如果掌握

某秘密文件 Hash 值就可以欺骗云存储服务,从而被云存储服务商信任成为该秘密文件的属主,下载该文件,如此会造成严重的安全问题。

此外,还会造成云存储服务滥用问题,用户将自己文件 Hash 码分发给多个人,这些人都可以欺骗云存储服务作为文件属主任意下载该文件,把云存储服务用作 CDN(Content Distribution Network)。Harnik 等首先发现这个问题,在 Mulazzani 等的文献中报道了真实发生的攻击 Dropbox 事件。很快地,针对这一漏洞的开源项目 DropShip 问世,其将 Dropbox 存储服务滥用成 CDN,此外,还有 Pinkas 等提出的攻击方式。

POF 问题与前文所述的 PDP(Proof of Data Possession,数据持有性证明)、POR(Proof Of Retrievability,可取回性证明)问题有一定的相似之处,其主要区别在于安全防范的目标不同,POF 问题核心是云存储服务用户的非法行为,而 PDP、POR 是云存储服务商的违反服务协议行为。

目前这方面的研究中,有 Shai 等提出的所有权证明技术,该技术先把文件输入缓冲区中数据分成块,把块组成对,使用无碰撞的 Hash 函数对数据块对进行 Hash,然后再把 Hash 后的值组对再 Hash,形成 Merkle 树,树的根节点为迭代 Hash 的最终结果,而树的叶子则为原文件的数据块。

Merkle 树是树类的数据结构。其树上每一个叶节点是数据分块加上该数据分块的哈希值构成、每个父节点的值是其所辖的所有子节点的哈希值组合到一起,再对组合哈希值进行哈希运算就得到它们的父节点;如此迭代重复,直至得到树的根节点。Merkle 树主要优点是仅需通过对树根节点的一次签名运算就可以对树中所有的叶节点独立地提供完整性认证。如图 12.8 所示为 Merkle 树结构。

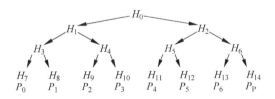

图 12.8　Merkle 树结构示意图

设某文件共 7 个数据块($P_0 \sim P_6$),需要将其扩展到 8 个数据块,图 12.8 中为二叉树,所以要扩展 2 的整数次方个块,填充的空白块 P_P 仅用于辅助校验,在 Shai 方案中采用的是纠错码来扩展,可以增强数据文件的完整性保障。图中每个块均对应一个 SHA_1 校验值,对于每个父节点,将两个子节点的哈希值相加用 SHA_1 函数求出哈希值作为父节点哈希值,以此类推,直到求出根节点的哈希值(Root Hash)H_0,这一计算过程便构成了一棵二元的 Merkle 哈希树,树中最底层的叶子节点($H_7 \sim H_{14}$)对应着数据块($P_0 \sim P_P$)的实际哈希值,而内部节点($H_1 \sim H_6$)称为"路径哈希值",它们构成了实际数据块的哈希值与根节点哈希值 H_0 之间的"校验路径"。比如,数据块 P_4 所对应的实际哈希值为 H_{11},则有等式

$$SHA_1(SHA_1(SHA_1(H_{11}+H_{12})+H_6)+H_1)= H_0$$

当然,也可以进一步采用 N 元哈希树来进行上述校验过程,其过程是类似的。Shai 方案的技术主要利用了 Merkle 树的特性,即 Merkle 树的验证可以转换成一个 Extractor,该 Extractor 提取了大多数叶子节点的内容,因而可以通过随机查询叶子节点值计算 Merkle

树的不同路径计算出的根节点,来实现用户所有权的证明。

在云计算模式下,数据隐私保护也是广泛引人关注的问题,毕竟用户的数据存放在远方的云服务器中,然而,计算和存储的外包意味着数据的外包。对于一些敏感和私密的企业数据,如医院的患者记录或生物医药公司的核心算法,企业在租用云计算服务时不得不存在一定的顾虑,用户担心敏感数据一旦上传到云端,对数据就失去了绝对的控制权,目前大多数企业尚不愿意将核心的敏感数据上传到云服务器端,而只是用一些边缘性应用来试水。

云服务商的安全管理的直接办法是把数据加密再上传到云存储中。但是一旦云中所有的数据都加密,云服务的实现就面临着很大的困难,连最为简单基础的排序、搜索类的算法都难以实现。这样即引入了解决数据隐私保护与密文检索、运算问题,可计算加密技术。可计算加密技术是一种加密方法,它通过加密保证数据安全,同时加密后的数据能够支持某些计算,目前已有的可计算加密技术可分为两类,即支持检索的加密技术和支持运算的加密技术。

在密文检索方面,Liu 等提出了一种基于对称加密的密文检索方法;Bonech 等提出了基于非对称加密的密文检索方法;Bellovin 提出了基于 Bloom Filter 的密文检索方法。

在支持密文运算的加密方法方面,Agrawal 等提出一个基于桶划分和分布概率映射思想的保序对称加密算法 OPES,支持对加密数值数据的各种比较操作。Boldyrevva 等提出一个基于折半查找和超几何概率分布的保序对称加密算法 OPES,支持对加密数据的各种比较操作。此外,黄汝维等设计了一个基于矩阵和矢量运算的可计算加密方案 CESVMC。运用矢量和矩阵的各种运算,实现了对数据的加密,并支持对加密字符串的模糊检索和对加密数值数据的加、减、乘、除 4 种算术运算。

12.4　本章小结

本章主要介绍了云计算中数据所面临的安全威胁,由于云计算中数据的所有者,也即用户对失去了数据的控制权,从而带来一系列问题。目前云计算的数据安全性问题是研究工作比较集中、研究成果也相对较多的,原因在于数据安全是云计算安全的基础。

本章详细介绍了数据完整性保障技术、在有限计算资源约束下的数据完整性的校验技术及数据完整性事故追踪与问责技术 3 个方面技术。其中数据完整性保障技术中主要使用的是编码相关的技术,在数据中插入冗余码,达到纠删、防损坏的目标;而完整性校验技术则有同态校验标签,委托第三方等校验技术,而问责技术则主要集中在客户端的操作记录与审计等方面。此外,还有数据的访问控制与删除确认等方面的问题。

本章讲述云计算数据安全面临的问题及现有的解决方案和技术,而且简要地介绍了一些通用的数据安全保障技术及相关的背景知识,读者可以从总体上对这些知识、技术做一个概括性的了解。

第 13 章 云计算的虚拟化安全

13.1 虚拟化面临的安全威胁概述

如前文云计算概述中所介绍的,虚拟化技术是云计算的基础,云计算架构的底层 IaaS 以及上层的各部分应用中都有涉及虚拟化技术,使得云计算成为能够提供动态资源池、虚拟化和高可用性的下一代计算平台。正因为虚拟化技术在云计算架构中的核心地位,从安全角度来分析,虚拟化技术却给云计算带来了很大威胁。使得云计算除面对传统的攻击威胁外,还有因虚拟化技术带来的诸如隐蔽通道、基于 VM 的 Rootkit 攻击等面向虚拟机的特殊安全威胁。基于虚拟化技术所实现的服务平台所面临的安全威胁可以总结成以下几个方面:

(1) 来自 VMM 外部的对 VMM 的攻击。攻击者利用 Rootkit 隐藏自己的踪迹,通过保留 Root 访问权限,留下后门的程序集。这种 Rootkit 通过修改计算机的启动顺序而发生作用,其目的是加载自己而不是原始的操作系统。一旦加载到内存,虚拟化 Rootkit 就会将原始的操作系统加载为一个虚拟机,这就使得 Rootkit 能够截获客户操作系统所发出的所有硬件请求。目前比较出名的 VMBR 攻击有 Blue Pill 等。

(2) 来自于 Guest VM 对 VMM 的攻击。在虚拟机系统,Domain 0 是 VM 的控制域,相当于所有 VMs 中拥有 Root 权限的管理员,其他 VM 的创建、启动、挂起等操作都由 Domain0 控制。VM 通过应用程序,绕过 VMM 的监控而直接访问 Domain 0,从而获取 Domain 0 的特权,而一旦获取到了 Domain 0 的控制权后,就可以控制所有 VM。

(3) 采用隐匿数据通道的攻击。同一宿主机的 VM 通过共同访问的资源会产生的隐匿数据通道。攻击者通过进程、内存共享或内存错误,甚至其他错误信息而形成的隐匿数据通道实施攻击。除了通过共享宿主机形成的隐匿数据通道实施攻击外,还有 DMA 攻击,利用 DMA 数据传输模式,攻击者可将利用 DMA 方式将恶意代码或者病毒文件等传入没有安全防范的目标机中,从而达到攻击的目的。

(4) 针对 VM 管理的漏洞攻击。VMM 具备 VM 备份、快照和还原等功能,这些功能会使得 VMs 受到新的攻击,因为许多安全机制是依赖于线性时间的,重新访问以前的系统状态会破坏这些安全机制。此外,还原后系统以前存在的漏洞会全部出现,可能没有安全补丁或旧的安全机制(防火墙规则、反病毒签名等),重新激活先前那些封锁的账号和密码,这都带来了很多的安全隐患。

(5) 使用恶意代码发动远程攻击。攻击者可以利用远程攻击方法,虚拟机系统的远程管理技术大多是用 HTTP/HTTPs 来连接控制的。因此,VMM 必须运行服务器来接受 HTTP 连接。那么攻击者就可以利用 HTTP 的漏洞来进行恶意代码的攻击,如 Xen 的

XenAPI HTTP 接口就存在 XSS(Cross-Sit Scripting) 漏洞,攻击者可以通过浏览器执行恶意代码脚本。

虚拟机的安全问题不仅仅是某台或某部分虚拟机存在安全风险,事实上,由于云计算的规模化效应以及便捷化管理维护的需要,大型的云计算服务中心中虚拟机宿主机的操作系统、硬件架构等大多数情况下是相同或类似的,如此一来,一旦同一的虚拟机架构中存在漏洞,那么整个云计算中心同样的软、硬件系统都存在相同的漏洞,这会让整个云计算中心的所有虚拟机都面临着安全威胁。

此外,由于虚拟机具有迁移的能力,尤其是在公有云中,同一台虚拟机在不同时段为不同的用户提供服务,如果虚拟机被攻破,那么这个安全漏洞将会传递开来,影响后续使用该虚拟机的用户。而且多台虚拟机共同分布在同一台物理机上的特点,也使得攻击在虚拟机间传播成为可能。

综上所述,虚拟机或者说虚拟化技术的安全研究必然是云计算的核心研究内容。目前针对虚拟安全的研究可分为三类:基于可信计算技术实现的虚拟机安全保障技术、安全 Hypervisor 及专门针对攻击的防御研究。以下将分别针对这三类逐一介绍。

13.2　基于可信计算技术实现的虚拟机安全保障技术

时至今日,信息系统与计算机设备面临的安全威胁与风险来自各个方面,由于信息安全防范上的木桶原理,必须要求从根本上提高其安全性,从最为基础的系统芯片、硬件结构和操作系统等方面综合采取措施,才能有效保障整体系统安全,由此产生出可信计算的基本思想,其目的是在计算和通信系统中广泛使用基于硬件安全模块支持下的可信计算平台,以提高整体的安全性。

1999 年 10 月为了解决 PC 结构上的不安全,从基础上提高其可信性,由几大 IT 巨头如 Compaq、HP、IBM、Intel 和 Microsoft 牵头组织了可信计算平台联盟 TCPA(Trusted Computing Platform Alliance),成员达 190 家。TCPA 定义了具有安全存储和加密功能的可信平台模块(TPM),致力于数据安全的可信计算,包括研制密码芯片、特殊的 CPU、主板或操作系统安全内核。2003 年 3 月,TCPA 改组为"可信计算组织" TCG(Trusted Computing Group)。

可信计算的基本思想就是在计算机系统中首先建立一个信任根,再建立一条信任链,一级一级将信任传递到整个系统,从而确保计算机系统的可信。TCG 认为,如果从一个初始的"信任根"出发,在计算机终端平台计算环境的每一次转换时,这种信任状态始终可以通过传递的方式保持下去不被破坏,那么平台上的计算环境始终是可信的,在可信环境下的各种操作也不会破坏平台的可信,平台本身的完整性和终端的安全得到了保证,这就是信任链专递机制。

图 13.1 所示为从一个信任根开始系统引导的信任传递过程。在每次扩展可信边界时,执行控制权移交之前要进行目标代码的度量。通过构建信任链传递机制,各个环境的安全得到保证,从而使整个平台的安全性得到保证。

显然,结合可信计算已有的研究成果和产品,采用一定的技术方案将可信计算技术从传统计算模式下推广到虚拟化计算环境中,由此实现基于可信计算技术的虚拟化安全保障目

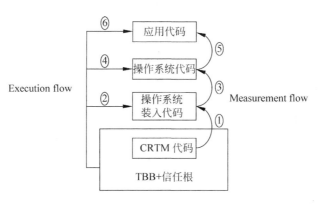

图 13.1　信息链传递

标在理论上是可行的。因此,基于可信技术的虚拟化安全技术研究一直是虚拟化安全研究的热点。其中比较有代表性的工作有 Tal Garfinkel 等的 Terra。

Terra 是一种基于虚拟机技术的安全体系结构。Terra 为上层提供了两种虚拟机的抽象,即 Open-box VMs 和 Closed-box VMs。Open-box VMs 对应于普通的虚拟机,用于执行日常操作系统与通常应用,而 Closed-box VMs 则对应于安全虚拟机,用于执行敏感的程序。Closed-box VMs 是 Terra 中的安全运行环境。Closed-box VMs 中的内容不能够被平台控制员探测或者操纵,所以 Closed-box VMs 中的程序和数据是安全的。除了 Closed-box VMs 的构建者外,系统中的其他主体是无法探测或修改其内容的。

Terra 的核心组件是可信任的虚拟机监视器 (Trusted Virtual Machine Monitor, TVMM)。和其他虚拟机监视器一样,Terra 通过将系统中的硬件资源虚拟化来支持多个虚拟机并发的、独立的运行。Terra 的可信任的虚拟机监视器不仅继承了传统虚拟机监视器在隔离性、可扩充性、高效性、兼容性、安全性等 5 个方面的优点,同时还提供了根安全、认证机制和安全通道 3 个安全特性。

根安全使得即便是系统管理员也不能够破坏 Closed-box VMs 基本的隐私性和隔离性。认证使得运行在 Closed-box VMs 中的应用程序可以向远程应用程序认证自己的身份。而安全通道提供了用户和应用程序之间的安全通道。防止恶意代码截获或者篡改用户和应用程序之间的交互信息。

在可信计算环境中,构建从用户至应用程序的受信任的安全路径是实现安全应用程序的根本目标。在 Terra 中允许通过 TVMM 构建一个受信的途径,使得用户可与其 VM 进行可信的交互,同样也允许一个 VM 确认与其交互的用户。同时保障了用户与 VM 之间通信的完整性与隐私性,阻止恶意程序来窃听或拦截。

在 Terra 中可信途径的创建依然使用的是可信计算的信任链来建立,这其中的关键是认证,认证使得 VM 中的应用程序向来自远方的用户验证自己的身份。认证可以向远方的用户表明创建平台的硬件以及在 VM 中系统的每一层软件中启动运行的软件。认证需要创建一个证书链,从抵抗篡改的底层硬件,自底向上,经历各种系统层次直到一个应用的 VM,再到 VM 系统的各应用软件。证书链的起点是硬件,其私钥隐藏在一个防篡改的芯片中,可使硬件制造商进行签名。由防篡改的芯片认证系统硬件,包括硬件中的各固件。由固件认证系统的引导程序,再由引导程序认证 TVMM,然后由 TVMM 来认证其加载的

第 13 章

云计算的虚拟化安全

各 VM。

从高层来看,认证链中各认证证书按下列方式生成,一个软件组件想要自身得到认证,首先要产生一对公/私密钥,然后该组件调用 ENDORSE API,向底层的组件发送请求,将其公钥和其他需要认证的应用数据发送给底层。底层的组件则生成一个由其签名的证书,其中包括:①高层组件可认证部分的 SHA-1 哈希值;②高层组件的公钥及应用数据。这将高层组件与该公钥绑定在一起。

一个由 TVMM 启动的 VM 的认证证书主要包括 TVMM 对该 VM 各种持久状态下的 Hash 值签名,包括 VM 的 BIOS、可执行代码、VM 的不变数据等,但是不包括在持久类型的存储上的临时数据以及不时变化的 NVRAM 数据,至于那些数据需要或不需要被认证则由 VM 的开发者来确定。

从以上可以看出 Terra 本质上使用的仍然是可信计算的信任链来实现对 VM 及 VM 中的运行应用程序认证,但是 Terra 方案对于云计算环境下的虚拟机认证存在一定的缺点,因如虚拟机在云计算环境下是可以迁移的,Terra 没有考虑到这方面的问题,Nuno Santos 等则针对这个问题,基于 Terra 提出了自己的方案,其架构如图 13.2 所示。

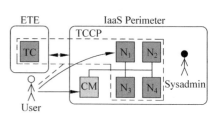

图 13.2　Nuno Santos 等提出的可信云计算架构

如图 13.2 所示,Nuno Santos 等提出的架构方案中,N 为提供各种 VM 的宿主机节点,其上运行的是 Terra 方案中的 TVMM,而这些宿主机节点部署在方案所述的可信管理范围内,该可信管理范围由对等的受信点 TC(Trusted Coordinator)来管理,其中值得注意的是 TC 由外部受信个体(External Trusted Entity,ETE)来管理,而可信管理范围内的各 N 节点的维护则由云计算服务商的管理员来提供服务,ETE 与 Sysadmin 不能为同一组织人员,保持在利益上的无关性。Nuno Santos 等提出的方案中主要有受信范围内受信节点的加入及虚拟机的启动与迁移等内容。限于篇幅,在此主要介绍受信节点的加入及 VM 的启动过程,这两个过程由方案的相应协议来实现,如图 13.3 和图 13.4 所示。

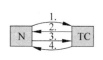

1. n_N
2. $\{ML_{TC}, n_N\}EK_{TC}^P n_{TC}$
3. $\{\{ML_N, n_{TC}\}EK_N^P, TK_N^P\}TK_{TC}^P$
4. $\{accepted\}TK_N^P$

图 13.3　节点注册进入受信范围的协议

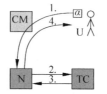

1. $\{\alpha, \#\alpha\}K_{VM}\{n_U, K_{VM}\}TK_{TC}^P$
2. $\{\{\{n_U, K_{VM}\}TK_{TC}^P, n_N\}TK_N^P, N\}TK_{TC}^P$
3. $\{\{n_N, n_U, K_{VM}\}TK_N^P\}TK_{TC}^P$
4. $\{n_U, N\}K_{VM}$

图 13.4　用户启动 VM 的交互协议

节点注册进入受信范围的过程,主要是由节点 N 为向 TC 发送一个随机值 n_N,TC 则使用自己的私钥 EK_{TC}^P,将 MLTC(MLT:可信认证是由 TC 可信根签名的关于 TC 软、硬件系统配置列表的检测列表)及其收到随机值加密后,再附加自己产生的随机值,nTC 发回节点 N,用以向节点 N 来证明 TC 的身份;在收到 TC 的回复后,节点 N 通过验证自己刚生成的随机值及 MLTC 证明了 TC 的身份可信,再向 TC 发送消息,其中有自己的公钥,只有 TC 才可以解密的数据包括 TC 刚生成的随机值以及节点 N 的可信认证,至此完成双向的身份认证及可信检验,同时向 TC 提交了节点 N 的公钥,完成节点 N 到受信管理范围的注册。

当用户需要上传自己的 VM 并在受信范围内的节点上启动该 VM 时,必须要上传两部分数据,其中一部分是通过 CM 节点上传 VM 的镜像数据 α,以及镜像数据的哈希值,这两个数据使用 K_{VM} 临时密钥予以加密;第二部分是上传一个使用 TC 公钥加密的数据,该数据中包括了临时会话密钥 K_{VM} 及一个随机值。

CM 节点会根据云计算平台的系统实时状态决定受信范围内的某台节点 N 来接收用户上传的数据,并将上述数据发送给节点 N,节点 N 在接收这些数据后,将用户上传的第二部分数据,结合自己生成的随机值合在一起使用节点 N 的私钥加密,然后再加上自己的节点序号一起使用 TC 的公钥加密后发送给 TC,如图 13.3 中的消息 3 所示,TC 在接收到消息后,可以解密得到发送消息的节点序号 N、用户上传的临时会话密钥 K_{VM} 及两个随机值,TC 将这些数据使用节点 N 的公钥加密后,再使用自己的私钥进行加密,一并返回给节点 N,节点 N 由此得到 K_{VM},解开用户上传的 VM 镜像及其哈希值,校验完成后,将图 13.3 中的消息 4 使用 K_{VM} 加密发回用户,确认用户 VM 上传与启动成功。

除了上述两个方案外,基于可信计算实现虚拟化技术安全的研究还有 Catuogno 等研究了一个基于 TCB 的可信虚拟域的设计和执行,通过安全策略和 TVD 协议实现可靠性。Berger 等则通过软件方法设计了基于硬件 TPM 的虚拟 TPM 来保证多个 VM 的可靠性。而 Ruan 等设计了一个一般的可信虚拟平台架构 GTVP,将控制域分为管理、安全、设备、OS 成员、通信 5 个域,每个域都完成相应的功能,从而达到了安全、负载均衡和易用等目的。

13.3　安全 Hypervisor

Hypervisor 又名 VMM(Virtual Machine Monitor),即虚拟机监视器。从本书的前述章节中可知,作为一种运行在基础物理服务器和操作系统之间的中间软件层,Hypervisor 可以访问服务器上包括磁盘和内存在内的所有物理设备。Hypervisor 协调着这些硬件资源的访问及各个虚拟机之间的防护。服务器启动时,它会加载所有虚拟机客户端的操作系统,同时为虚拟机分配内存、磁盘和网络等。因此,Hypervisor 在整个虚拟化实现技术中处于核心的地位,Hypervisor 一旦被攻击者攻破,最好的情况下虚拟计算的运行会受到影响,最坏的情况则整个 IaaS 平台都会受到严重的安全威胁,这在本章的第一节中已经有过介绍。因此采用安全技术加固 Hypervisor,一方面保障 Hypervisor 自身的安全,另一方面可通过 Hypervisor 对运行于其上的各虚拟机进行审计,从而保障整个虚拟化平台与应用的安全就成为虚拟化安全研究的重要内容了。

目前对于安全 Hypervisor 的研究工作中,比较具有代表性的工作有 IBM 研究人员 Sailer 等提出了一种安全的 Hypervisor 架构 sHype。Sailer 等针对的问题是:现有的操作系统安全控制不能解决资源隔离的问题,运行在操作系统中的各个进程共享一些关键的计算资源,如共享库、文件系统、网络及显示设备等,这些共享资源并没有强制的隔离管控。虽然有一些安全访问的控制框架,如 SELinux,能够在 Linux 操作系统中执行强制性的访问控制,但其复杂的安全策略使得它没有办法针对安全请求来验证其安全保障的有效性。因此,

云计算的虚拟化安全

Sailer 等提出一个新的安全框架,能够实现低复杂度、高性能可信 Hypervisor 层,位于底层执行强制性的安全控制,主要的功能是隔离虚拟机,在虚拟机之间管理共享资源。Sailer 等对已有的针对 x86 架构 Hypervisor:vHype 进行了扩展,在其中整合了 Sailer 等提出的安全架构,其架构如图 13.5 所示。

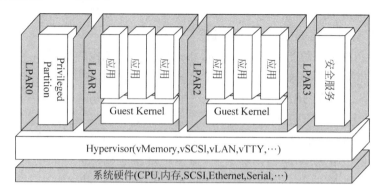

图 13.5　整合安全 Hypervisor 的虚拟化系统架构

从图 13.5 中可以看出,在该架构中 Hypervisor 直接控制了底层的系统硬件,如 CPU、内存、网络等硬件 I/O 接口,Hypervisor 创建了逻辑分区(LPAR),这些分区是各虚拟机共享的底层硬件的虚拟镜像,Hypervisor 将上层的虚拟机对于特定的 I/O 设备请求重定向到特权分区 LPAR0 来实现。其他如图 13.5 中的 LPAR1、LPAR2 之类的分区运行普通虚拟机客户操作系统,对这些操作系统要做一定的修改,将其特权的操作指令替换成特定的 Hypervisor 调用。Hypervisor 调用主要分为三类:一类是提供纯粹的虚拟化资源,如虚拟网络;另一类是加速关键的处理流程,如页表的操作,还有一类是模拟特权操作。在图 13.5 中的 LPAR3 中为 Sailer 等提出的安全服务。其安全监控的具体实现如图 13.6 所示。

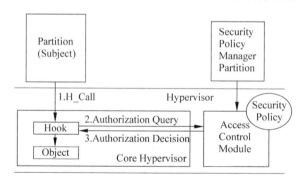

图 13.6　基于 Hypervisor 的安全引用监控

Sailer 等提出的方案中配置了一个引用监控(Reference Monitor),用来实现对上层虚拟机访问底层硬件共享资源的监控,引用监控是由 Anderson 提出的基于强制访问控制实现信息流控制的一种机制,引用监控是在一个系统中执行访问主体与访问客体之间的访问关系的认证。引用是指一个程序必须要根据该程序的功能对其引用的外部程序、数据或设备进行验证,验证这些引用符合已认证的引用类型。

图 13.6 所示的方案中,该架构由 Hypervisor 的内核及其他 3 个主要组件组成,其中

Enforcement Hooks 实现了引用监控,这些 Hook 分布在 Hypervisor 并覆盖了逻辑分区访问虚拟资源的所有引用。Enforcement Hooks 从 ACM(Access Control Module)获得访问控制决策。ACM 基于安全信息来执行访问策略,这些安全信息存储在安全标签中,而安全标签附加在逻辑分区(主体)、虚拟资源(目标)和操作的类型。上述方案的安全策略通过形式化制定,这些形式化的安全策略定义了各类访问规则,包括对安全标签的结构定义与解释。结合虚拟化系统的架构,可以看出在架构中专门分配了一个安全服务逻辑分区 LPAR3,通过 Hypervisor 提供的接口为安全策略的制定与维护提供服务。

从上述可知,Sailer 提出的方案中使用特权逻辑分区将其他普通分区对于底层硬件资源的访问都重定向到特权逻辑分区代为执行,同时在逻辑分区、底层硬件资源、访问操作中附加安全标签来表明访问操作中各方及访问行为性质,结合安全服务分区制定的形式化访问策略,通过分布在 Hypervisor 中访问的钩子程序执行各分区对底层共享访问的控制。从而实现各虚拟机的隔离,保护各虚拟机的安全。

与 Sailer 的方案中采用特权指令来保护 Hypervisor 自身安全不同,Azab 等提出了 HyperSentry。当激活完整性检测模块时,如果 VMM 已经被攻击,那么在激活过程中会擦除以往的攻击痕迹,因此文章提出了一种隐蔽的激活方法,通过外部的 out-of-band 信道 IPMI 来激活,并通过系统管理模块 SMM 来保护基本代码和关键数据的安全性。

除上述工作外,Wang 等还提出了 HyperSafe 架构,针对代码和控制数据的完整性保护提出了相关的模型研究。文中提到了两种技术:①Non-Bypassable Memory Lockdown,这是一种内存保护技术,通过特殊位 WP 来控制是否能写,除了安全更新外,其他时间都处于保护状态,保证了执行期间的数据和代码完整性;②Restricted Pointer Indexing,通过将控制数据指针限制到一个自己建立的表中进行监控。HyperSafe 能灵活地控制数据流的完整性。

此外,还有一些研究人员针对当前虚拟机中安全机制的一些漏洞进行了分析和改进,Jansen 等提出一种 PEV(Protection、Enforcement、Verification)架构,通过加密解封的协议、安全策略等技术进行数据检测和保护,并使用 TPM 建立可信区域来保护关键数据;但是其关键数据是通过数据类型日志形式来保存的,对数据日志项的加/解密势必影响整个虚拟机系统的性能。

13.4　其他虚拟化安全保障技术

除了上述的虚拟化安全保障技术外,还有很多研究工作集中在应对具体的虚拟机安全威胁技术,其中主要的威胁有 VMBR 攻击、内存错误等隐蔽通道攻击、网络攻击等。

VMBR 攻击是由微软公司和美国密歇根大学的研究人员共同开发的概念验证型的基于虚拟机的 Rootkits 原型,它依赖于现有的商用大型虚拟机软件(VMware 或 Virtual PC)来构建虚拟化环境,并且需要供其自身运行的主机操作系统。VMBR 的实现原理是首先获得足够的根权限或管理权限,然后将其存储在第一个活动分区的线性地址空间最高端的区域,同时迁移原始位置上存放的数据,将这些原有数据重定位到磁盘的其他空闲区,然后修改主引导扇区的引导记录来更改系统启动顺序,确保 VMBR 先于目标系统装载。在下一次系统启动时,VMBR 将率先启动,先于目标系统载入,同时安装自身的主机系统和虚拟监控机,构建虚拟环境,然后再载入目标系统,此时的目标系统已成为虚拟机下的客户系统,完全处于 VMBR 的控制之下,毫无安全性可言。

与 VMBR 类似的还有 Blue Pill 恶意软件,是由 COMEINC 研究所里的一个恶意软件高级研究实验员 Joanna Rutkowska 于 2006 年第一次提出。Blue Pill 利用支持安全虚拟机技术的 64 位 AMD 处理器将操作系统从正常的状态转换为虚拟机运行状态,提供了一个轻量级的虚拟化管理器控制操作系统,这个轻量级的虚拟化管理器可以观察控制操作系统中任何感兴趣的事件。

由于理想化的虚拟机恶意代码不会修改目标系统的状态,所以基于虚拟机的恶意代码比一般的恶意代码更难以被检测到。尽管如此,恶意软件的运行都会留下痕迹,这就给检测提供了依据。针对 VMBR 的攻击,Rhee 等利用一些安全策略,通过监视内核的内存访问来防御动态数据内核 Rootkit 的攻击,Ri-ley 等提出了通过内存影子来检测内核 Rootkit 的攻击。Gebhardtd 等提出了利用可信计算来防御 Hypervisor 的 Rootkit 攻击。

从总体上讲,VMBR 的检测与防御主要有两种方式。一种是基于前文所述的可信计算技术,通过在最底层的硬件可信芯片,实现对 VMBR 的检测,运行在比虚拟机恶意软件更低的层上,这样就不会受到虚拟机恶意软件的控制,也很容易检测到虚拟机恶意软件的状态。通过启动时的可信验证,就完全可以发现物理内存或磁盘数据的状态,发现一些异常,如启动顺序的改变,这就表明了虚拟机恶意软件正在主机上运行。另一种是发现 VMBR 的检测方法是运行时的异常检测,虚拟机恶意软件会引发一定的系统异常,VMBR 需要使用机器资源,如 CPU 存取时间、内存和磁盘空间及可能的网络带宽。虚拟机恶意软件模仿特权指令以及执行恶意行为时增加了 CPU 开销。针对这些异常,可以利用 TSC 直接分析 CPU 的存取时间。即使某些虚拟机恶意软件可以通过放慢系统时钟来欺骗目标主机,仍可以通过不受虚拟机恶意软件影响的时钟(如网络时钟)观察到这些时间差异。另外,一些应用软件的性能也会因为虚拟机的存在而有所下降,如播放 3D 动画时,达不到直接运行在硬件上的效果。此外,虚拟机恶意软件运行时所使用内存空间和磁盘空间的使用情况也可以被检测到。

除了 VMBR,隐蔽通道攻击也是较难解决的安全问题之一,因为存在的隐蔽通道通常是用户和系统不可知的传输通道,如基于 CPU 负载的隐蔽通道,攻击者利用 CPU 的负载传输私密数据流,既能很隐蔽地传输数据,又能成功地避免检测。Salaun 研究了虚拟机 Xen 上可能存在的隐蔽通道,从 XenStore 的机制、共享协议、驱动加载、数据传输等方面分析了可能存在的隐蔽通道。隐蔽通道的建立和数据传输通常是需要"同伙的存在",即接收者和发送者的存在。Cheng 等根据这一特征,在 Chinese Wall 的安全模型上进行了改进,利用限制冲突集数据传输来防御隐蔽通道。

13.5　本章小结

本章主要关注的内容是云计算中的虚拟化安全技术,虚拟化是云计算中关键的组成部分,一方面虚拟化的平台是云计算中处于底层位置,如果虚拟化平台出现安全问题,则上层的应用安全性无法得到保障,另一方面虚拟化带来的计算资源迁移,给云计算安全带来了新的严重的挑战,所以虚拟化安全问题是云计算必须要解决的安全问题。

在本章中,虚拟化安全问题的解决方案主要从可信计算的角度来研究解决,可信计算可以实现自底层硬件到上层应用的信任链创建与校验,通过校验信任链可以确保各层的数据完整性,从而给云计算中的虚拟化安全问题的解决带来希望,但是可信计算架构的前提是在物理服务器上实施的,而云计算中虚拟机是可以迁移的,这给可信计算技术的应用带来了一些问题,所以本章介绍的解决方案通过引入第三方与加密协议来实现虚拟机的迁移安全保障。

本章还介绍了安全 Hypervisior 的虚拟机安全解决方案,该方案是较为典型的虚拟机隔离与虚拟机行为审计、虚拟机入侵防御的解决方案。但是这个方案只适用于半虚拟化平台,也即虚拟机的 Guest OS 要修改特权指令。通过这个方案,读者可以了解到如何在宿主服务器上保障虚拟机安全的一些技术细节。

此外,本章还介绍了一些攻击虚拟机的恶意攻击方式及相应的检测技术。

云计算的虚拟化安全

第 14 章　云计算的服务传递安全

14.1　云计算服务传递安全的概述

正如前文所言,云计算的 4 种模式,即 IaaS、PaaS、DaaS、SaaS,都是通过网络向远方的用户传递各类云服务的。云计算这种服务模式显然会受到来自网络的攻击,特别是公共云,在开放的网络环境中传递各类服务更会面临各类安全威胁。

从总体上分析云计算服务传递所面临的安全威胁,可以将这些安全威胁分为两类,一类是传统的网络安全威胁,如针对 Web 应用漏洞的攻击,如信息泄露漏洞、目录遍历漏洞、命令执行漏洞、文件包含漏洞、SQL 注入漏洞、跨站脚本漏洞等。此外,Web 应用服务器的安全配置与管理也是针对 SaaS 模式攻击的一个重要渠道,错误的安全配置、弱口令都可能被攻击者利用发动攻击。还有 DDoS 攻击、中间人攻击等都有可能作为攻击云计算服务传递的工具。另一类是云计算模式建立后,由于云计算模式的特点使得一些已有比较好的安全解决方案的问题变得复杂化,这方面最为突出的问题就是访问控制,云计算的服务使用与所有者分离、云计算的组合及云计算联盟都使得云计算中访问控制面临着新的挑战。

在分析云计算服务传递安全问题时,区分公共云和私有云是很必要的,因为在公共云中会有新的攻击、漏洞,用户对云计算系统的掌握能力大幅降低,用户数据所处理的信息安全环境将发生剧烈的变化。当选择使用私有云时,虽然 IT 构架可能会有变化,但常用的网络拓扑变化并不大。但是当选择使用公共云服务时,必须要考虑到公共网络,尤其是公共云平台创建的随时可能变化的虚拟网络环境下,服务传递可能面临的重大安全风险,采用一定安全保障措施,至少能确保实现以下 3 个方面的安全目标:

(1) 可信性与完整性保障目标。确保公共云中发送和接收到的中转数据的可信性和完整性。保障用户敏感的数据与资源,不允许这些信息资源出现在一个属于第三方云服务商的可分享的公共网上。而 AWS(Amazon Web Service)在 2008 年 12 月就被报道出现了这样一个安全漏洞。

(2) 可靠访问控制保障目标。要确保在公共云中使用的任何资源访问控制(认证、授权、审计)的合理性。只能允许拥有合法权限的用户访问其权限允许范围内的数据,这是信息安全保障的基本目标,访问控制在云计算环境下变得更为复杂。例如,"不过期"的 IP 地址和非授权的网络访问问题,用户不再需要 IP 地址,云提供者会将其重新分配到其他的用户而变得可用,那么此时,如果是通过 IP 地址进行访问控制的云服务没有及时更新其许可访问的 IP 集合,则得到被废弃的 IP 地址的其他用户便可通过访问控制,获得云服务。

(3) 可用性保障目标。该目标确保公共云中使用或已经分配的面向互联网的资源可用性。可用性是云计算向其用户提供服务的承诺,云计算可能面临的可用性攻击有前缀劫持、

DNS 层病毒攻击、拒绝服务(DoS)和分布式拒绝服务攻击(DDoS)。

针对上述 3 个方面的安全目标,其中可信性与完整性保障目标,在云计算的技术前源中 Web 服务,SOA 架构技术中针对远程的服务数据传递已有一段时间的研究并取得了一定的研究成果,第二个云计算环境下的访问控制则是云计算安全研究的热点,目前有相当多研究工作和研究成果;第三个目标接近于传统的网络安全问题,其研究的重心侧重于在利用云计算环境实现对服务传递的可用性解决。以下将分别针对云计算服务传递的这 3 个安全目标及其解决方案予以阐述。

14.2 云服务传递的可信性与完整性保障

正如前文所言,云计算上层的应用服务传递核心的技术仍然采用的是 Web 服务架构,但是云计算中突出了多租户的概念。租户与用户的概念不同,租户强调的是面向企业的应用,一般应用是部署在企业内部的,但只要这个应用具有相对独立的安全保证及专用的虚拟计算环境,都可以称为租户,即使其部署在企业外部。"用户"是指这个应用的使用者,一个租户可以有多个用户。在云计算环境下的服务传递可信性与完整性保障,也可以看成是多租户环境下的 Web 服务的可信性与完整性保障。

对应于与 OSI 模型的 Web 服务传递的安全分析,可将 Web 服务的传递安全分为 4 个层次。

(1)网络层安全。这部分安全威胁主要是防御来自网络传输层次的攻击,如 IP 攻击、TCP 攻击等,防御的手段即是传统的防火墙、入侵检测等网络安全设备与工具。

(2)传输层安全。这部分安全威胁主要是开放性网络下数据窃听、数据重放等攻击,使用的防御手段主要是 SSL/TLS 机制,通过网络数据加密算法以及加密算法来保障服务传输的两个端点之间的数据保密性与完整性。

(3)消息层的安全。虽然 SSL/TLS 可以保障两个传输端点之间的安全,但由于 Web 服务消息经常会经过多个服务端点的中转,也即是多跳实现服务消息传递,每一跳中都需要对消息包进行解析与重新封装,这是 Web 服务必须要解决的安全问题。

(4)应用层的安全问题。这方面的问题主要是客户端的应用软件安全问题,可以通过用户身份认证、应用程序的完整性校验等技术手段加以防范。

从上面的分析可以看出,Web 服务中主要的安全问题来自于消息层的安全,原因在于 Web 服务,以及后续的 SOA 架构软件技术、云计算模式,所有的消息都是使用 SOAP (Simple Object Access Protocol,简单对象访问协议)作为消息传递的基本封闭协议,SOAP 是一种轻量的、简单的、基于 XML 的协议。SOAP 消息基本上是从发送端到接收端的单向传输,在 Web 上交换结构化的和固化的信息,执行类似于请求/应答的模式。所有的 SOAP 消息都使用 XML 编码。

SOAP 消息可以使用 HTTP 或其他协议进行传输,但是 SOAP 本身并不提供任何与安全相关的功能。底层传输层是可以使用 SSL/TLS 机制等手段实现消息的认证与加密传输,但是 SSL/TLS 机制只是实现网络中两个直接交互的节点之间的信息安全保障,而 SOAP 消息从用户到服务方之间可能会经过多次跳转,每个中介点在不同的应用场景下都有可能需要解析 SOAP 消息、分析转发的目标等,因此 SOAP 消息要实现的不是 SSL/TLS

机制能满足的点到点的安全(Point-to-point Fashion),而是从用户到服务的端到端保护(End-to-end Protection)。

为此,2002 年 4 月 IBM、微软与 Versign 公司制定了 Web Services 安全规范并提交给 OASIS(Organization for the Advancement of Structured Information Standards)组织。2004 年 4 月,OASIS 组织发布了 WS-Security 标准的 1.0 版本,并于 2006 年 2 月发布 1.1 版本。WS-Security 的安全架构如图 14.1 所示。

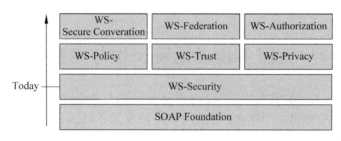

图 14.1　WS-Security 的安全架构

从图 14.1 可见,安全架构中包括一个 WS-Security 的消息安全性模型、一个描述 Web 服务端点策略的(WS-Policy)、一个信任模型(WS-Trust)和一个隐私权模型(WS-Privacy)。在这些规范的基础上,可以跨多个信任域创建安全的、可互操作的 Web 服务,还可以提供后继规范,如安全会话(WS-Secure Conversation)、联合信任(WS-Federation)和授权(WS-Authorization)。安全性规范、相关活动和互操作性概要文件组合在一起,将方便开发者建立可互操作的、安全的 Web 服务。其中核心的组成部分所实现的功能如下:

(1) WS-Security。描述如何向 SOAP 消息附加签名和加密报头。另外,它还描述如何向消息附加安全性令牌(包括二进制安全性令牌,如 X.509 证书和 Kerberos 票据)。

(2) WS-Policy。将描述中介体和端点上的安全性(和其他业务)策略的能力和限制(如所需的安全性令牌、所支持的加密算法和隐私权规则)。

(3) WS-Trust。将描述使 Web 服务能够安全地进行互操作的信任模型的框架。

(4) WS-Privacy。将描述 Web 服务和请求者如何声明主题隐私权首选项和组织隐私权实践声明的模型。

同时从图 14.1 中可知,这组规范建立在 SOAP 标准规范上,一条 SOAP 消息就是一个包含有一个必需的 SOAP 的封装包、一个可选的 SOAP 标头和一个必需的 SOAP 体块的 XML 文档。实际上,可以将 Web 服务安全规范视为对 SOAP 的扩展,WS-Security 本身并没有提出新的加密手段或者安全模型,也不规定加密和签名的类型及手段,而是规定了如何通过 Web 服务和应用层协议及各种加密技术的结合,来保证 SOAP 安全,因此 WSS 本身仅仅是一个框架,可以看作是一个容器,它描述了如何通过各种规范的联合来保障 Web Service 的安全。

由于 SOAP 消息本身是基于 XML 的,因此 WS-Security 架构中很自然地采用 XML 加密相关的技术,来实现对 SOAP 消息的扩展,把一些安全元素加入到 SOAP 消息中,以保证服务调用的安全(消息的机密性、完整性,用户审计认证权限策略等),达到 SOAP 消息传递乃至 Web 服务安全的保障目标。这其中 XML 加密技术主要是指对那些以 XML 格式存储或者传递的数据进行加密,而不必关心用什么具体的安全技术(比如数字签名、对称私钥、非对称加密等），对于 XML 文档来说，加密的方式可以是对整篇文档进行加密，也可以是针对某个元素（Tag）或者元素的内容进行加密。

XML 相关的安全技术标准有 W3C 和 IETF 共同发布了 XML 数字签名规范（XML Signature Specification），旨在解决完整性和审计功能。W3C 还发布了一个 XML 加密规范（XML Encryption），规范了如何使用加密技术保证 XML 数据的机密性。使用的安全技术包括非对称加密（Asymmetric Cryptography）、对称加密（Symmetric Cryptography）、消息摘要（Message Digests）、数字签名（Digital Signatures）及证书（Certificates）。

具体来说，WS-Security 规范为 Web Service 应用的安全提供了 3 种保证：

（1）消息完整性 WS-Security 使用 XML Signature 对 SOAP 消息进行数字签名，保证 SOAP 消息在经过中间节点时不被篡改。

（2）消息加密 WS-Security 使用 XML-Encryption 对 SOAP 消息进行加密，保证 SOAP 消息即使被监听，监听者也无法提取出有效信息。

（3）单消息认证 WS-Security 引入安全令牌（Security Token）的概念，安全令牌代表 Web 服务请求者的身份，通过和数字签名技术结合，服务提供者可以确认 SOAP 消息由合法的服务请求者产生。

下面是一个简单的例子来说明 WS-Security 是如何实现 SOAP 消息的安全传递，如一名顾客在网上的某个商城 ebuyinfo.com 上购买一件商品，顾客选择了一款笔记本电脑后，通过电子商场的付款页面，提供自己的信用卡信息和付款金额，提交订单，客户端将用户提交的订单封装成一个 SOAP 消息被发送到商店的订单服务上，如图 14.2 所示。从图中可以看到用户订单的相关消息，如订单内容、用户的信用卡号是完全公开的。

```
<SOAP: Envelope>
<SOAP: header>...< /SOAP: header>
<SOAP: Body>
<bs: NoteBook
   xmlns:bs="http://mybookstore.com/OrderNoteBooks">
<bs: orderInfo>
<bs: Brand>Lenovo</ bs: Brand>
<bs: Type>Y400N-ISE< /bs: Type>
<bs: quantity>1< / bs : quant ity>
</ bs: orderInfo>
<bs: paymentInfo >
<bs: PaymentAmount>
   7000.00
</ bs:PaymentAmount>
<bs: CreditCardNumber >
   5646464242242424
</bs:CreditCardNumber>
</ bs: paymentInfo>
</ bs: bookOrder >
</ SOAP: Body>
</ SOAP: Envelope>
```

图 14.2　未经安全处理的 SOAP 消息

那么可以使用 WS-Security 来创建一个安全的 SOAP 消息。主要包括两部分的扩展。

（1）对整个消息进行数字签名，实现 SOAP 消息完整性和消息认证，使用用户名安全令牌（UsernameToken）来进行数字签名和认证。其中：用户名安全令牌是最简单的安全令牌，它的基本格式是用户名加上用户的密码。为了加强安全性，用户名安全令牌中的密码部分通常是密码的一个哈希值,这样即使 SOAP 消息被截取,密码也不会泄露。接收方获知消息使用用户名安全令牌进行签名,图 14.3 所示是通过<wsse：UsernameToken>标记来声明,因此提取对应的用户名,例中为 NoHacker,在用户的密码库中查找对应的密码,计算用户密码的哈希值,如果计算结果和 SOAP 消息中的< wsse：Password>值相一致,就证明这个 SOAP 消息由用户产生,再使用用户的数字签名密钥就可以实现对 SOAP 消息的完整性认证,例子中的<ds：SignatureMethod>、<ds：DigestMethod>节点分别指明了生成消息摘要与消息签名的算法,并对<ds：SignatureValue>指明了本消息的消息签名值。

```
<wsse: Security
  xmlns:wsse= http://schemas.xmlsoap.org/ws/2002/04/secext">
<wsse: UsernameToken Id= "MyKey">
<wsse: Username> NoHacker< /wsse:Username>
<wsse:Password Type= "wsse:PasswordDigest ">
        W35L5JLGHLK53EgT30W4Keg=
</wsse: Password>
</wsse: UsernameToken>
<ds: Signature>
<ds: SignedInfo>
....
<ds:SignatureMethod
  Algorithm=http://www.w3.org/2000/09/xmldsig# hmac-sha1"/ >
<ds:Ref erence >
<ds:DigestMethod
  Algorithm=http://www.w3.org/2000/09/xmldsig# xmldsig# sha1"/ >
<ds:DigestValue> FAAJFAWi4wPU*< / ds: DigestValue>
</ds:Ref erence>
</ds: SignedInfo>
<ds: SignatureValue>EKZXGKHJARISgK*< / ds: SignatureValue>
```

图 14.3   SOAP 消息扩展的消息摘要与签名安全标记

　　(2) 对敏感数据进行加密,防止被窃取。WS-Security 集成了 XML 加密技术,可以对 SOAP 消息头或主体的任何元素进行加密。之所以提供对部分元素的加密能力,主要是为提高加密的效率,只加密敏感数据。因为对称加密算法的加密速度远快于公钥加密算法,为了提高效率,在对 SOAP 消息进行加密时,通常使用对称加密算法如 Trible DES、Blowfish 等加密,而使用公钥加密算法如 RSA 来传递加密键。在图 14.4 所示的例子中,< ds:KeyName >指明了使用的加密密钥的信息,而< xenc：CipherValue >指明了本次消息会话使用的临时密钥的密文,而< xenc：EncryptionMethod >指明了加密算法,其后的< xenc：CipherValue >是 SOAP 消息中的加密密文。

```
<ds:KeyInfo>
<ds:KeyName> MyBookStorecs public key < / ds: KeyName>
</ds:KeyInfo>
<xenc: CipherData>
<xenc: CipherValue> DDFW00FSF= 1F32lm4byV0*
</xenc: CipherValue>
</xenc: CipherData>
....
<xenc: EncryptionMethod
    Algorithm=http://www.w3.org/2001/04/xmlenc# 3des-cbc"/ >
<xenc: CipherDat a>
<xenc: CipherValue> 242FFSFFSEHYU6J54GE01m4byV0...
</xenc: CipherValue>
```

图 14.4   SOAP 消息扩展的加密标记

通过上述例子可以清楚地看到 WS-Security 框架通过对 SOAP 进行扩展,引入了各类表达安全属性的 XML 标记,可以实现对 SOAP 消息的完整性认证与消息内容的秘密性保障。正因为 WS-Security 的提出,比较完善地解决了 Web 服务中的消息传递安全性问题,所以在云计算中对于服务传递的可信性与完整性保障研究工作并不太多。

14.3 云服务的访问控制

在信息系统中,访问控制管理技术是保证信息系统安全的重要组成部分。其主要功能就是对系统资源以最大限度共享的方式提供给用户,并对用户的权限合理分配,保护信息资源不被非法用户盗用,防止合法用户对受保护信息进行非法使用。系统在分配权限给用户时,需要遵循"最小特权"原则,即用户所获取的权限应该是能保证用户完成其执行任务的最小权限的集合,对于超过完成其职能所需权限以外的任何权限,系统都不应该予以分配。

在访问控制中,访问控制主要涉及客体(Object)和主体(Subject)两个对象,访问控制需要保护客体同时也制约主体。客体就是含有信息的实体,同时该实体又能被访问,如文件、存储段、数据库中的表等。主体就是访问或者使用客体的活动实体,如代表用户的进程操作。传统的访问安全控制主要有 3 种。

(1)自主访问控制的安全模型。自主访问控制(DAC)是指一个主体可以自主地将一个客体的一种访问权限或者多种访问权限授予其他主体,并可以对这些授权予以撤销。前提条件是该主体拥有这个客体。

(2)强制访问控制模型。强制访问控制(MAC)是指一个主体必须经过系统的授权才可以对某些客体进行访问,以及由系统授权决定该主体可以进行什么样的访问。此种机制通过对主体和客体分别进行安全标记,并在访问请求时,比较主体和客体的安全标记,再决定主体是否拥有权限访问客体。

(3)基于角色的访问控制模型。基于角色的访问控制是指为一个系统中不同的用户指定相应的角色,对每一个角色指定不同的访问权限,用户可以映射到一个或多个不同的角色上,并通过所获得的角色得到相应的访问权限,对资源进行访问。

从这些传统的访问控制机制的实现思想来看,它们通常要求数据的所有者和提供数据储存的服务提供者位于同一个信任域,服务提供者可以监控对与安全相关的所有细节,负责定义和实施访问控制策略。在传统计算模式下,这种要求是假定成立,但是在云计算环境中这种假定不复存在,因为各个云应用隶属于不同的安全管理域,数据的拥有者和服务的提供商很可能位于不同的域。这样带来的问题是一方面,出于对数据机密性的保护,服务提供者不能访问这些数据。另一方面,数据资源在物理资源上不为拥有者所控制。

此外,每个不同的安全域都管理着本地的资源和用户,当用户跨域访问资源时,任何用于云环境的用户数字身份系统都必须能够跨越不同组织和不同云服务提供商,并基于强流程进行互操作。而在云计算中,服务提供商事先并不知道用户,所以很难在访问控制中给用户分配角色。因此,在这种面向服务环境下,现在最常采用的基于角色的访问控制(RBAC)及其扩展模型就难以适用。

总之,在云计算中,传统的依赖于地理空间位置,如系统的部署范围、组织机构所在地以及组织机构的网络拓扑结构来作为信息安全防范的边界失去了意义。由于虚拟化资源池、虚拟化资源的迁移、云计算的分布式备份与镜像,使得用户的应用与数据部署处于动态中,如果结合云联盟的构建方式,即使是云服务商也一时难以定位用户的数据和应用。因此,作为云计算环境下的访问控制,其解决方案一般还是从用户的数据作为研究的出发点,把访问控制机制与数据结合在一起,其中比较有代表性的研究工作有 Shucheng Yu 提出的方案。Shucheng Yu 等提出的方案主要是基于 KP-ABE、代理重加密、懒重加密技术实现的。其中 KP-ABE 是比较有特色的一种加密技术,实现的是基于属性树的加密方法,如图 14.5 所示。

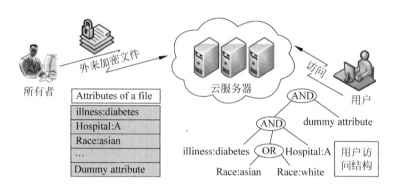

图 14.5　一个医疗信息系统场景的例子

从图 14.5 中可以看到,信息的所有者针对上传到云计算平台中的数据或文件定义了一系统的访问属性,构建成了图 14.5 右下的属性树。树的每一个非叶子节点由其孩子节点和一个阈值来描述,树中的叶子节点则定义了各种访问属性。

属性树的求解是自底向上的,在求解时,用户需要提供被给予的访问属性,以图 14.5 中的用户为例,假设用户的访问属性为{Race：asian, Illess：diabetes, Hospital：A, dummy attribute},那么从底向上,由 Race：asian 向上其父节点的阈值为 OR,则可得其父节点值,又由父节点值,结合 Illess：diabetes, Hospital：A,满足其祖父节点的阈值 AND,得其祖父节点值,又由祖父节点值,结合 dummy attribute 值的属性树根节点值,而根节点值则为图中数据所有者用以加密文件的对称会话密钥,从而解开加密文件,访问该文件。

属性树的构建使用的是多项式,根据拉格朗日插值定理,一个次数为 n 的多项式 $f(x)$,如给定多项式 $n+1$ 个不同点,则能唯一确定任意一个 x 所对应的多项式 $f(x)$。

假设属性树中针对某个节点 N,它的阈值是 AND,设其下有 K 个子节点,访问者必须要同时拥有这 K 个子节点的属性才可能访得该节点的值。则在构建该节点 N 的访问属性树时,可以定义一个任意的 $K-1$ 次的多项式 $F(X)$,而把节点 N 的值定为这个多项式 $f(0)$ 的值。再随意生成 K 个 $F(X)$ 的点及其对应值,作为其 K 个子节点的值,因此,只有当访问者掌握这 K 个子节点对应的属性值,才能求解出多项式,再计算出节点 N 中存储的 $F(0)$ 值。从而实现了用户访问权限对访问树的映射过程。

Shucheng Yu 等提出的方案中,数据的所有者选择一个秘密的参数 k,使用它生 KP-ABE 的公钥 PK 和管理员密钥 MK,然后将其提交给云服务商;在提交文件前,所有者先要对文件生成一个唯一的 ID;然后随机选择一个对称密钥,使用该对称密钥加密文件;然后设定访问该文件的相关属性集,并使用 KP-ABE 算法,将对称加密密钥、公钥,属性集加密生成文件头,附加在秘密文件加密内容的前面,如图 14.6 所示,上传到云服务器。

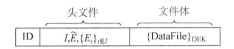

图 14.6　使用 KP-ABE 算法加密后的文件结构

当给其他用户授权时,先赋予该用户一个唯一的标识符以及相应的访问属性树 P,然后针对属性树使用 MK 密钥来生成对应的私钥 SK,再将(P,SK,PK)及(P,SK,PK)的摘要签名使用用户的公钥加密后上传给云服务商。在 Shucheng Yu 等方案中还要上传一份关于用户标识以及赋予用户访问属性的记录,但用户的访问属性中没有包括 dummy attribute,dummy attribute 在该方案中是每个文件访问属性集中必须包括的,用以访问用户变动时调整权限所用。

用户在得到访问树与 SK、PK 后,使用 KP-ABE 算法即可求解出加密文件的对称密钥获得数据。但是云计算服务商缺少了 dummy attribute 属性无法求出密钥,而对密文解密。KP-ABE 算法中有一个很重要的问题,就是用户权限的变动,这一变化意味着原来加密使用的对称加密密钥失效了,从而所有该文件的访问树要重新构建。这部分工作对于用户来说是很复杂的,特别是经常性变化的应用场景下,用户甚至需要随时在线来维护。因此,针对这种情况,Shucheng Yu 等提出的方案中云计算服务商可以使用代理重加密来承担在文件访问属性树重建的工作,特别是提出懒重加密,可以实现批量化的重建。

14.4　云服务传递的可用性保障

可用性作为信息安全的三要素(完整性、秘密性、可用性)之一,表现在云服务平台可以按与用户签订的协议要求,提供相应的服务质量。可用性保障一方面是采用技术手段,保障在云计算系统发生技术性故障或物理灾难时具有抗灾性,仍然可以提供基本质量的服务,这方面的技术手段包括容灾冗余备份、异地备份等,另一方面则保障云平台面对来自网络的恶意攻击时,仍能保障系统平稳地向外部用户提供服务。

上述的可用性保障的故障恢复与容灾方面,云计算平台本身具有天然的优势,因为云计算平台一般都是大规模的计算中心,这些计算中心从基础的设备建设到上层的服务器部署,网络部署都有相应的抗灾方案,因此云计算平台最主要的是防范通过公开网络对云计算平台发动的攻击。

除了传统的网络攻击,如黑客攻击、漏洞扫描、入侵等手段,对云平台威胁最大的是DDoS 攻击,DDoS(Distributed Denial of service,分布式拒绝服务攻击)是 DoS 的一种,当多个处于不同位置的攻击源同时向一个或多个目标发起攻击,致使目标机或网络无法提供正常服务,就称其为分布式拒绝服务攻击。与其他攻击方式利用系统不同,在风暴类型的DDoS 攻击中,有相当一部分是利用了 TCP/IP 协议的固有缺陷。

例如,SYN Flood 攻击是其中相当常见的一种。这种攻击方式通过发送大量伪造的TCP 连接请求,从而使得受害者 CPU 资源耗尽,最终出现拒绝服务现象。其原理是利用TCP 连接要经历 3 次握手,在第三次握手中,当客户端发出 ACK 消息,却没被服务器端收到的时间段内,就会生成一个半开连接,这种半开连接会直到握手完成或因系统超时(不同系统一般会设置不同的超时,通常为 70s 左右)丢弃该消息时才被释放。系统能接受的半开连接数量是有限的,如果有一个恶意的攻击者大量发送伪造的 TCP 连接请求,则会导致服务器半开连接堆栈溢出,并因无法接受新的连接请求而出现拒绝服务状态。

DDoS 攻击对基于网络传递服务的计算模式影响很大,特别是在云计算的环境下,有很多企业选择使用云服务及虚拟化数据中心,企业基础设施及存储大量数据的虚拟数据中心成为 DDoS 攻击的重要目标。由于多租户的普及,针对企业资源发起的 DDoS 攻击,还可能产生连锁反应,牵连采用该企业主机托管的租户。由于 DDoS 攻击是利用 TCP/IP 协议的固有缺陷,因此很难设计一个完善的解决方案,Bansidhar Joshi 等则提出一个回溯的寻找DDoS 攻击的方法,则基本的实现架构如图 14.7 所示。

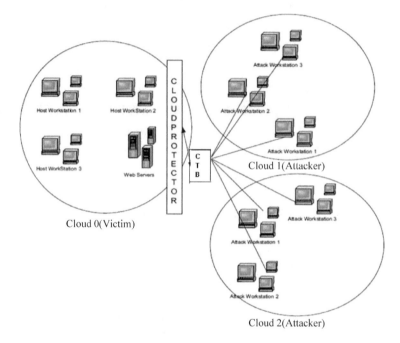

图 14.7　基于 CTB 的 DDoS 防御模型

这个方案实现的基本思路是在使用一个基于 SOA 的方式实现对 DDoS 攻击源的回溯技术方案,称为 CTB(Cloud Trace Back Architecture,云回溯架构),其中 CTB 是部署在云服务的边界路由器上,基本的功能使用的是 DPM(Deterministic Packet Marking,确定性的包标识)算法对进入云边界的所有数据包进行标识,使用 IP 数据包中的 ID 域和保留的区域放置 CTM(Cloud Trace Back Mark,云回溯标识)到数据包的包头中。每个进入边界的数据包都会加上标记,并且在传输过程中保留标记不变。

CTB 部署的位置在云计算服务平台的 Web 服务器前,如图 14.7 所示,因此一旦有DDoS 攻击发生,攻击者向云计算服务发送的数据包就会加上标记,传送给 Web 服务处理,Bansidhar Joshi 给出的方案中使用了 BP 神经网络的算法来检测和过滤 DDoS 攻击的数据包。一旦发生有 DDoS 攻击存在,即可使用回溯算法,根据攻击包中标识,找到攻击的源点,从而阻止 DDoS 攻击的进一步发生,在 DDoS 攻击产生重大的影响之前阻止攻击。

14.5　本 章 小 结

　　本章主要关注的内容是云计算中服务传递的安全问题,因为在云计算模式下,尤其是公有云环境下,所有的服务都是通过网络传递给远方的用户,因此在云计算服务的传递过程中,必然会面临来自网络的攻击。

　　本章主要介绍了云计算服务传递的 3 个方面,即服务传递的完整性与可信性、服务传递的访问控制及服务传递的可用性。由于云计算服务传递使用的架构核心是 Web 服务,自Web 服务提出以来,针对 Web 服务的安全问题已经有较多的研究,并有相应的安全解决技术标准,本章主要介绍了 WS-Security 的技术架构,并使用一个实例解释了 WS-Security 保障 SOAP 消息的完整性与可信性;云计算下的访问控制由于分布式的数据与计算模式、加上计算资源具有迁移能力,所以云计算的访问控制大部分将数据与访问控制属性相结合来实现,本章简介了 KP-ABE 的基于属性的加密算法,以及相关基于属性的云计算访问控制解决方案,对于服务的可用性保障,本章则介绍了针对 DDoS 攻击的回溯攻击点解决方案。

云计算的服务传递安全

第五篇

云计算编程实践

第 15 章　基于 Hadoop 系统编程

Hadoop 是 Apache 下的一个项目,由 HDFS、MapReduce、HBase、Hive 和 ZooKeeper 等成员组成。其中,HDFS 和 MapReduce 是两个最基础、最重要的成员。HDFS 是 Google GFS 的开源版本,一个高度容错的分布式文件系统,它能够提供高吞吐量的数据访问,适合存储海量(PB 级)的大文件(通常超过 64MB)。Map 负责将数据打散,Reduce 负责对数据进行聚集,用户只需要实现 Map 和 Reduce 两个接口,即可完成 TB 级数据的计算,常见的应用包括日志分析和数据挖掘等数据分析应用。另外,还可用于科学数据计算。

15.1　Hadoop 在国内的应用情况

基于 Hadoop 的应用已经开始遍地开花,尤其是在互联网领域。北京有淘宝和百度,深圳有腾讯,杭州有网易等。淘宝是在国内最先使用 Hadoop 的公司之一,而百度赞助了 HyperTable 的开发,通信设备提供商华为公司也在 Hadoop 应用上投入大量资源,取得相当大的进展。

随着互联网的发展,新的业务模式不断涌现,Hadoop 的应用也开始从互联网公司向其他领域拓展,比如电信行业、电子商务领域等。中国移动研究院就推出了基于 Hadoop 的大云用友有云计算实验室,部分借鉴 Hadoop 的思想和技术。首信、易宝支付使用 Hadoop 解决性能瓶颈。中软、中科软根据一些客户需求也使用 Hadoop 解决问题,比如新华网 CMS 与全文检索。

Hadoop 的强项在于对海量数据的分析以及复杂业务逻辑的处理。国内外著名的互联网公司使用 Hadoop 都做了什么呢? 下面谈 2011 年初,Hadoop 在大规模数据处理领域的具体应用。

1) Hadoop 在淘宝集群的应用

(1) 总容量为 9.3PB,利用率 77.09%。

(2) 共有 1100 台机器。

(3) 每天处理约 18 000 道 Hadoop 作业。

(4) 用户数 474 人,用户组 38 个。

(5) 约 18 000 道作业/天,扫描数据:约 500TB/天,用户数 474 人,用户组 38 个。

2) Hadoop 在阿里巴巴的应用

其用于处理商业数据的排序,并将其应用于阿里巴巴的 ISearch 搜索引擎、垂直商业搜索引擎。

(1) 节点数:15 台机器的构成的服务器集群。

(2) 服务器配置:8 核 CPU,16GB 内存,1.4TB 硬盘容量。

3）Hadoop 在百度的应用

其主要应用于日志分析，同时使用它做一些网页数据库的数据挖掘工作。

（1）节点数：10～500 个节点。

（2）周数据量：3000TB。

4）Hadoop 在 Facebook 的应用

其主要应用于存储内部日志的复制，作为一个源用于处理数据挖掘和日志统计，使用了两个集群：

（1）一个由 1100 台节点组成的集群，包括 8800 核 CPU（即每台机器 8 核）和 12 000TB 的原始存储（即每台机器 12TB 硬盘）。

（2）一个由 300 台节点组成的集群，包括 2400 核 CPU（即每台机器 8 核）和 3000TB 的原始存储（即每台机器 12TB 硬盘）。

在此基础上开发了基于 SQL 语法的项目——HIVE。

5）Hadoop 在 Twitter 的应用

使用 Hadoop 用于存储微博数据、日志文件和许多中间数据。

使用基于 Hadoop 构件的 Cloudera's CDH2 系统，存储压缩后的数据文件（LZO 格式）。

6）Hadoop 在雅虎的应用

其主要用于支持广告系统及网页搜索。

（1）机器数：25 000，CPU：8 核。

（2）集群机器数：4000 个节点　（2×4CPU boxes w 4×1TB disk & 16GB RAM）。

15.2　Hadoop 的安装

目前很多资料讲授在 Windows 的 Cygwin 环境中进行，但是 Hadoop 原始设计就是在 Linux 下安装使用的，在 Windows 下通过 Cygwin 安装也无非是模拟 Linux 环境下安装 Hadoop。真正要学习 Hadoop，在 Linux 下肯定效果最好。本节介绍在 Linux 环境下 3 种 Hadoop 安装模式，分别是本机模式、伪分布式模式和集群模式。

15.2.1　Linux 下 Hadoop 本机模式

本机安装环境，操作系统 Red Hat Enterprise Linux Server Release 6.0；Hadoop 版本 Hadoop-0.20.2，考虑到这是当前最成熟、稳定的版本；Java 开发环境，JDK 版本 jdk-6u25-Linux-i586-rpm。

1）安装 JDK 1.6

（1）JDK 安装包下载，复制到将要安装的目录下（如/usr/local/）。

（2）安装步骤如下：

① 获得运行权限，代码如下：

```
chmod +x jdk-6u25-linux-i586-rpm.bin
```

② 执行 bin 文件得到 rpm 文件，代码如下：

```
./jdk-6u25-linux-i586-rpm.bin
```

③ 获得运行权限,代码如下:

```
chmod + x jdk - 6u25 - linux - i586.rpm
```

④ 安装 JDK,代码如下:

```
rpm - ivh jdk - 6u25 - linux - i586.rpm
```

此时运行 Java-Version 或 Javac 可测试是否安装正确。

(3) 配置 JDK 环境变量。

环境变量配置有 3 种方法(分别是修改/etc/profile 文件、修改用户目录下的. bashrc 文件和直接在 Shell 下修改。这 3 种方法效果各有不同)。

① 打开文件 profile,代码如下:

```
vi /etc/profile
```

打开文件后,按 I 键,在文件后添加:

```
#set java environment
JAVA_HOME = /usr/java/jdk1.6.0_25
CLASSPATH = .: $ JAVA_HOME/lib/tools.jar
PATH = $ JAVA_HOME/bin: $ PATH
export JAVA_HOME CLASSPATH PATH
```

按 Esc 键,输入:wq 保存退出。

② 测试环境变量,代码如下:

```
source /etc/profile
echo $ JAVA_HOME
```

当然,也可以在/etc/profile.d 文件夹下新建文件 java. sh 将以上内容写入,然后运行以下程序:

```
chmod 755 /etc/profile.d/java.sh(此句或许不必要)
source /etc/profile.d/java.sh
```

也可重新登录,系统会自行载入/etc/profile.d 文件夹内所有文件。

2) 安装 Hadoop

(1) Hadoop 下载,并在本地目录安装压缩发布包,如 /usr/local(另一标准选项为 /opt 选的就是这个)。

(2) 安装,步骤如下:

① 解压压缩包,代码如下:

```
tar - xzvf hadoop - 0.20.2.tar.gz
```

② 若是用 root 用户运行上面程序的话,还需将 Hadoop 文件的拥有者改为 Hadoop 用户和组,代码如下:

```
chown - R hadoop:hadoop hadoop - 0.20.2
```

（3）配置 Hadoop 环境变量。

① 关于 JAVA_HOME 的配置上面已经完成，但对于 Hadoop 来说也可以在/opt/hadoop-0.20.2/conf/hadoop-env.sh 设置 JAVA_HOME 项（各有各的好处，比如在 Shell 中设置 JAVA_HOME，其他程序也可使用，而后者只需一次操作就能保证整个集群使用同一版本的 Java，所以建议两个位置均设置）代码如下：

```
export JAVA_HOME = /usr/java/jdk1.6.0_25
```

② 关于 HADOOP_HOME 的设置，可通过修改/etc/profile 文件，也可参照 JDK 环境变量配置的其他方法，代码如下：

```
#set hadoop environment
HADOOP_HOME = /opt/hadoop - 0.20.2
HADOOP_INSTALL = /opt/hadoop - 0.20.2
PATH = $PATH:$HADOOP_HOME/bin
export HADOOP_HOME HADOOP_INSTALL PATH
```

使配置生效：

```
#source /etc/profile
```

关于 HADOOP_INSTALL 和 HADOOP_HOME 效果是一样的，是版本和基于 Hadoop 的应用的原因，造成二者的并存，通常 hive 和 pig 都是使用 HADOOP_HOME 这个变量接口，因此建议对二者都进行设置，以避免不必要的麻烦。

③ 系统日志文件。默认日志文件存放在 $HADOOP_HOME/logs 目录下，建议修改为独立于 Hadoop 的安装目录，这样即使 Hadoop 升级之后安装路径发生变化，也不影响日志文件的目录，标准日志存放路径为/var/log/hadoop，实现方法是在 hadoop-env.sh 中加入以下一行：

```
export  HADOOP_LOG_DIR = /var/log/hadoop
```

注意用户 Hadoop 的权限。

（4）测试并判断 Hadoop 是否运行。

```
$ hadoop version
Hadoop 0.20.2
Subversion
https://svn.apache.org/repos/asf/hadoop/common/branches/branch - 0.20  - r 911707
Compiled by chrisdo on Fri Feb 19 08:07:34 UTC 2010
```

（5）配置文件。

Hadoop 的配置文件很多，这里只简单介绍 3 种较重要的配置文件。Hadoop 的每一个组件都使用一个 XML 文件配置，核心属性在 core-site.xml 中，HDFS 属性在 hdfs-site.xml 中，MapReduce 属性在 mapred-site.xml 中。这些文件都在 conf 子目录下（Hadoop 的早期版本只有一个站点配置文件 hadoop-site.xml）。

由于默认属性转为本机模式所设，且无需运行任何守护进程，因此在本机模式下无需更多操作。

3) 样例运行

```
1. $ mkdir input
2. $ cp conf/ * .xml input
3. $ bin/hadoop jar hadoop－0.20.2－examples.jar grep input output dfs[a－z.]+'
4. $ cat output/ *
   1       dfsadmin
```

15.2.2 Linux 下 Hadoop 伪分布模式

Hadoop 可以在单节点上以伪分布式模式运行,此时每一个 Hadoop 守护进程都作为一个独立的 Java 进程运行,运行环境和单机相似。

1) 配置文件的修正

(1) 编辑 /opt/hadoop-0.20.2/conf/core-site.xml,代码如下:

```
1. <?xml version = "1.0"?>
2. <?xml－stylesheet type = "text/xsl" href = "configuration.xsl"?>
3. <! -- Put site－specific property overrides in this file. -->
4. < configuration >
5.   < property >
6.     < name > fs.default.name </name >
7.     < value > hdfs://localhost:9000 </value >
8.   </property >
9. </configuration >
```

(2) 编辑 /opt/hadoop-0.20.2/conf/hdfs-site.xml,代码如下:

```
1. <?xml version = "1.0"?>
2. <?xml－stylesheet type = "text/xsl" href = "configuration.xsl"?>
3. <! -- Put site－specific property overrides in this file. -->
4. < configuration >
5.   < property >
6.     < name > dfs.replication </name >
7.     < value > 1 </value >
8.   </property >
9. </configuration >
```

(3) 编辑 /opt/hadoop-0.20.2/conf/mapred-site.xml,代码如下:

```
1. <?xml version = "1.0"?>
2. <?xml－stylesheet type = "text/xsl" href = "configuration.xsl"?>
3. <! -- Put site－specific property overrides in this file. -->
4. < configuration >
5.   < property >
6.     < name > mapred.job.tracker </name >
7.     < value > localhost:9001 </value >
8.   </property >
9. </configuration >
```

基于 Hadoop 系统编程

2）配置 SSH

如前所述，在伪分布模式下工作时必须启动守护进程，而启动守护进程的前提是已经安装 SSH。Hadoop 并不严格区分伪分布模式和全分布模式，它只是在启动集群主机集（由 Slaves 文件定义）的守护进程：SSH-ing 到各个主机并启动一个守护进程。在伪分布模式下，（单）主机就是本地计算机，因此伪分布也可视作全分布的一个特例。需要指出的是，必须保证用户能够配置 SSH 到本地主机，并且不输入密码即可登录。

（1）首先确保 SSH 已经安装，且正在运行，可通过以下代码进行测试：

```
$ rpm - p sshd
```

如果已经安装，则会出现 SSH 的版本信息；如果没有安装则需要下载安装，代码如下：

```
$ sudo apt - get install ssh
```

（2）基于空口令创建一个新的 SSH 密钥，已启动无密码登录，代码如下：

```
1.  $ ssh-keygen - t rsa - P '' - f ~/.ssh/id_rsa
2.  $ cat ~/.ssh/id_rsa.pub >> ~/.ssh/authorized_keys
3.  $ ssh localhost
```

如果成功，则无需输入密码。如果不成功，则用命令 ssh-copy-id 来解决。至于原因，在 Linux 下某些特殊文件能否起作用与其权限有着密切的关系，authorized_keys 文件的权限值必须是 600 才能生效，这与其安全性可能有关，毕竟其他用户是不能随意看到这一密钥文件的。使用 ssh-copy-id 不仅会把本地主机的公钥复制到远程主机的 authorized_keys 文件上，还能给远程主机的用户主目录（home）和~/.ssh、~/.ssh/authorized_keys 设置合适的权限。步骤如下：

① 用 ssh-key-gen 在本地主机上创建公钥和密钥，代码如下：

```
$ ssh-key-gen - t rsa - P '' - f ~/.ssh/id_rsa
```

② 用 ssh-copy-id 把公钥复制到远程主机上，代码如下：

```
$ ssh-copy-id - i ~/.ssh/id_rsa.pub localhost
```

③ 直接登录远程主机，代码如下：

```
$ ssh localhost
```

SSH 公钥检查是一个重要的安全机制，可以防范中间人劫持等黑客攻击。但是在特定情况下，严格的 SSH 公钥检查会破坏一些依赖 SSH 协议的自动化任务，就需要一种手段能够绕过 SSH 的公钥检查。SSH 连接远程主机时，会检查主机的公钥。如果是第一次检查该主机，会显示该主机的公钥摘要，提示用户是否信任该主机：

```
The authenticity of host '10.11.3.61(10.11.3.61)' can't be established.
RSA key fingerprint is 5a:8e:00:2f:a3:e4:cf:d1:f9:29:b8:24:e7:36:28:cd.
Are you sure you want to continue connecting (yes/no)?
```

当选择 yes，就会将该主机的公钥追加到文件 ~/.ssh/known_hosts 中。当再次连接该主机时,就不会再提示该问题了。

省去连接时进行公钥确认:在首次连接服务器时,会弹出公钥确认的提示。这会导致某些自动化任务,由于初次连接服务器而导致自动化任务中断。或者由于 ~/.ssh/known _hosts 文件内容清空,导致自动化任务中断。

SSH 客户端的 StrictHostKeyChecking 配置指令,可以实现当第一次连接服务器时,自动接受新的公钥。只需要修改 /etc/ssh/ssh_config 文件,包含下列代码:

```
$ vi /etc/ssh/ssh_config
StrictHostKeyChecking no
```

或者使用以下代码:

```
$ ssh IP – oUserKnownHostsFile = /dev/null – oStrictHostKeyChecking = no
```

也可执行 Expect 命令完成上述操作,但在集群搭建时为方便起见,修改配置文件最为妥当,在 Hadoop 启动时虽然不是第一次 SSH 登录,但依然会因为这个问题导致 Slaves 上的服务启动失败,在 Log 中可以看到程序一直无法联系到主机。

3) 格式化 HDFS 文件系统

```
Format a new distributed – filesystem:
$ hadoop namenode – format
```

4) 启动和终止守护进程

```
Start the hadoop daemons:
$ bin/start – all.sh
```

如果运行上述命令出现错误,多半是 3 个核心配置文件出现错误,导致一些参数路径无法正确取得。

```
The hadoop daemon log output is written to the ${HADOOP_LOG_DIR} directory (defaults to
${HADOOP_HOME}/logs).
Browse the web interface for the NameNode and the JobTracker; by default they are available at:
• NameNode – http://localhost:50070/
• JobTracker – http://localhost:50030/
Copy the input files into the distributed filesystem:
$ hadoop fs – put hadoop – 0.20.2/conf input
$ hadoop fs – ls input
Run some of the examples provided:
$ hadoop jar hadoop – 0.20.2/hadoop – 0.20.2 – examples.jar grep input output 'a[a – z.] + '
Examine the output files:
Copy the output files from the distributed filesystem to the local filesytem and examine them:
$ hadoop fs – get output output
$ cat output/ *
```

或者

```
View the output files on the distributed filesystem:
$ hadoop fs – cat output/ *
```

基于 Hadoop 系统编程

```
When you're done, stop the daemons with:
$ stop-all.sh
```

15.2.3 Linux 下 Hadoop 集群模式

本节介绍了安装、配置和管理有实际意义的 Hadoop 集群,其规模只有 3 个节点。

1) 规划

通常,集群里的一台机器被指定为 NameNode,另一台不同的机器被指定为 JobTracker。这些机器是 masters。余下的机器既作为 DataNode 也可作为 TaskTracker。这些机器是 slaves。

当只有 3 个节点时可将 NameNode 与 JobTracker 指定为同一台机器,因此需准备:一台 master,两台 slaves,并配置每台机器的/etc/hosts,保证各台机器之间通过机器名可以互访,例如:

```
$ vi /etc/hosts
    10.64.56.76    node1(master)
    10.64.56.77    node2(slave1)
    10.64.56.78    node3(slave2)
```

主机信息如表 15.1 所列。

表 15.1 主机信息

机器名	IP 地址	作　　用
node1	192.168.1.1	NameNode、JobTracker
node2	192.168.1.2	DataNode、TaskTracker
node3	192.168.1.3	DataNode、TaskTracker

2) 配套软件设置

按照伪分布模式配置一台虚拟机,保证其配置正确。在其基础上做以下修改:

(1) SSH 的配置。

对于 SSH 在无密钥登录的基础上必须进行额外设置,以保证在第一次 SSH 登入时无以下类似提问:

```
The authenticity of host '10.11.3.61 (10.11.3.61)' can't be established.
RSA key fingerprint is 5a:8e:00:2f:a3:e4:cf:d1:f9:29:b8:24:e7:36:28:cd.
Are you sure you want to continue connecting (yes/no)?
```

为了方便下面操作将修改每个结点/etc/ssh/ssh_config 文件,具体方法如下:

将/etc/ssh/ssh_config 里的 StrictHostKeyChecking 改成 no,接着在 master 上将 key 产生并复制到其他 node 上:

```
[root@localhost src]# ssh-keygen -t rsa -f ~/.ssh/id_rsa -P ""
[root@localhost src]# cp ~/.ssh/id_rsa.pub ~/.ssh/authorized_keys
[root@localhost src]# scp -r ~/.ssh node2:~/
[root@localhost src]# scp -r ~/.ssh node3:~/
```

（2）防护墙设置。

这步设置必须在 root 用户下进行：

```
# service iptables stop
Flushing firewall rules: [ OK ]
Setting chains to policy ACCEPT: filter [ OK ]
Unloading iptables modules: [ OK ]
```

假如防火墙并未关闭，那么 Slave 会在 9 次尝试链接 Master 后报出以下错误：

```
ERROR org.apache.Hadoop.hdfs.server.datanode.DataNode: java.io.IOException: Call to master/
192.168.0.180:9000 failed on local exception: java.net.NoRouteToHostException: No route
to host
```

即在集群启动之初，Datanode 向 Namenode 注册时失败了，在 Datanode 端查看异常信息会看到以上信息。

3）配置文件修正

（1）编辑 /opt/hadoop-0.20.2/conf/core-site.xml，代码如下：

```
1.   <?xml version = "1.0"?>
2.   <?xml - stylesheet type = "text/xsl" href = "configuration.xsl"?>
3.   <! -- Put site - specific property overrides in this file. -->
4.   < configuration >
5.     < property >
6.       < name > fs.default.name </name>
7.       < value > hdfs://node1:9000 </value>
8.     </property>
9.   </configuration>
```

（2）编辑 /opt/hadoop-0.20.2/conf/hdfs-site.xml，代码如下：

```
1.   <?xml version = "1.0"?>
2.   <?xml - stylesheet type = "text/xsl" href = "configuration.xsl"?>
3.   <! -- Put site - specific property overrides in this file. -->
4.   < configuration >
5.     < property >
6.       < name > dfs.replication </name>
7.       < value > 2 </value>
8.     </property>
9.   </configuration>
```

（3）编辑 /opt/hadoop-0.20.2/conf/mapred-site.xml，代码如下：

```
1.   <?xml version = "1.0"?>
2.   <?xml - stylesheet type = "text/xsl" href = "configuration.xsl"?>
3.   <! -- Put site - specific property overrides in this file. -->
4.   < configuration >
5.     < property >
6.       < name > mapred.job.tracker </name>
7.       < value > node1:9001 </value>
```

```
8.    </property>
9.    </configuration>
```

若还要设置其他参数请参照只读的默认配置：

```
src/core/core - default.xml,
src/hdfs/hdfs - default.xml
src/mapred/mapred - default.xml.
```

（4）配置 Masters 和 Slaves 主从节点。

配置 conf/masters 和 conf/slaves 来设置主从节点。注意最好使用主机名（hostname），以保证机器之间通过主机名可以互相访问，每个主机名一行，代码如下：

```
$ vi masters:
node1
$ vi slaves:
node2
node3
```

配置结束后，关闭虚拟机，通过 VMware 上克隆工具克隆两台同样的虚拟机，这样就免去了另行配置环境的麻烦。为了在 Windows 主机端对虚拟机进行管理，将 3 台虚拟机网络都设置为 Host-only 模式，但要配置静态 IP 地址，以防止 IP 的动态变化。

4）Hadoop 集群环境测试

（1）格式化 HDFS 分布式文件系统，代码如下：

```
$ hadoop namenode - format
```

（2）启动所有节点，代码如下：

```
$ bin/start - all.sh
```

（3）测试。

① 浏览 NameNode 和 JobTracker 的网络接口，它们的地址默认值为：

```
NameNode - http://node1:50070/
JobTracker - http://node1:50030/
```

② 使用 netstat -nap 命令查看端口 9000 和 9001 是否正在使用，代码如下：

```
$ netstat - nap | grep 9000
$ netstat - nap | grep 9001
```

③ 使用 jps 命令查看进程。要想检查守护进程是否正在运行，可以使用 jps 命令（这是用于 JVM 进程的 ps 实用程序）。这个命令列出 5 个守护进程及其进程标识符。

④ 将输入文件复制到分布式文件系统，代码如下：

```
$ hadoop fs - mkdir input
$ hadoop fs - put /opt/hadoop - 0.20.2/conf/ * input
```

⑤ 运行发行版提供的示例程序,代码如下:

```
$ hadoop jar/opt/hadoop－0.20.2/hadoop－0.20.2－examples.jar grep input output 'dfs[a－z.]
+'
```

⑥ 查看运行结果,代码如下:

```
$ hadoop fs － cat output/*
3        dfs.class
2        dfs.period
1        dfs.file
1        dfs.replication
1        dfs.servers
1        dfsadmin
1        dfsmetrics.log
```

⑦ 终止守护进程,代码如下:

```
$ stop－all.sh
```

15.3 基于 Eclipse 3.3(Windows XP) 的 Hadoop 集群开发环境

上一节已经介绍了 Hadoop 集群的搭建,本节将要介绍在 Windows XP 的 Eclipse 3.3 上构建连接 Hadoop 的集群开发环境。

(1) Eclipse 安装 Hadoop 插件。

Eclipse 使用 3.3 版本,安装文件是 eclipse-jee-europa-winter-win32.zip,根据网上的资料,其他版本可能会出现问题。在 Hadoop 的安装包中带有 Eclipse 的插件,在\contrib\eclipse-plugin\hadoop-0.20.2-eclipse-plugin.jar 中,将此文件复制到 eclipse 的 plugins 中。安装成功后在 Project Explorer 中会有一个 DFS Locations 的标志,如图 15.1 所示。

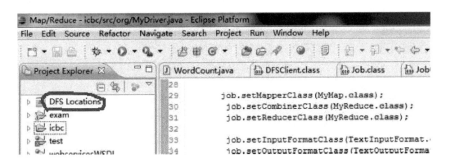

图 15.1 安装成功界面

在 Windows→Preferences 里会多一个 Hadoop Map/Reduce 的选项,选中该选项,然后在右边的表单中,把下载的 Hadoop 根目录选中,如图 15.2 所示。

这时能看到以上两点,就说明插件安装成功了。

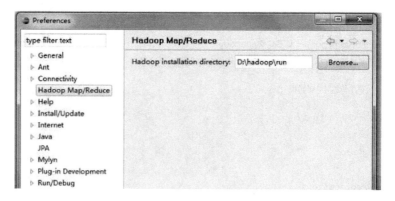

图 15.2 选中 Hadoop 根目录

(2) Hadoop 连接参数配置。

如图 15.3 所示,打开 Map/Reduce Locations 视图,在左上角有个大象的标志。

图 15.3 Map/Reduce Locations 视图

在单击大象图标后弹出的对话框进行参数的添加,如图 15.4 所示。

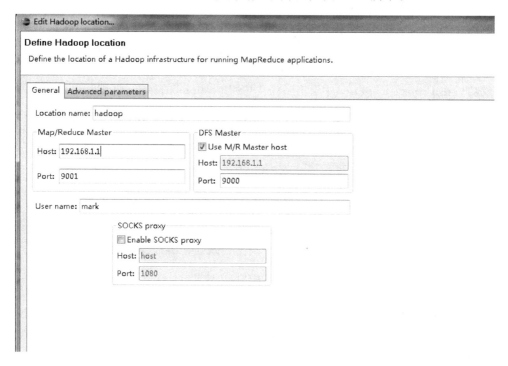

图 15.4 设置参数

location name：任意填写。

Map/Reduce Master 框中：

Host 就是 jobtracker 的 IP。

Port 就是 jobtracker 的 port，这里填 9001。

这两个参数就是 mapred-site.xml 中 mapred.job.tracker 里面的 IP 和 port。

DFS Master 框中：

Host 是 Namenode 的 IP。

Port 就是 Namenode 的 port，这里填 9000。

这两个参数就是 core-site.xml 中 fs.default.name 里面的 IP 和 port。

User name：这是连接 Hadoop 的用户名。

下面的不用填，单击 Finish 按钮，此时这个视图中就有了一条记录。

重新启动 Eclipse，然后重新编辑刚才建立的那个连接记录，如图 15.5 所示，在上一步里填写的 General 选项卡，现在设置 Advance Parameter tab 选项卡。

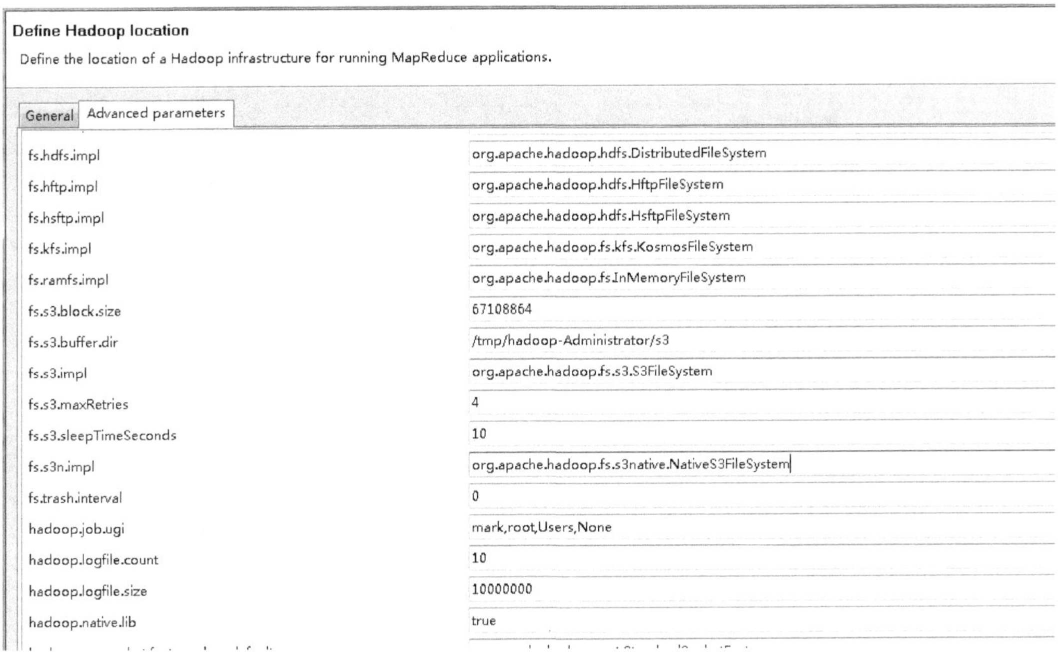

Define Hadoop location
Define the location of a Hadoop infrastructure for running MapReduce applications.

General	Advanced parameters	
fs.hdfs.impl	org.apache.hadoop.hdfs.DistributedFileSystem
fs.hftp.impl	org.apache.hadoop.hdfs.HftpFileSystem
fs.hsftp.impl	org.apache.hadoop.hdfs.HsftpFileSystem
fs.kfs.impl	org.apache.hadoop.fs.kfs.KosmosFileSystem
fs.ramfs.impl	org.apache.hadoop.fs.InMemoryFileSystem
fs.s3.block.size	67108864
fs.s3.buffer.dir	/tmp/hadoop-Administrator/s3
fs.s3.impl	org.apache.hadoop.fs.s3.S3FileSystem
fs.s3.maxRetries	4
fs.s3.sleepTimeSeconds	10
fs.s3n.impl	org.apache.hadoop.fs.s3native.NativeS3FileSystem
fs.trash.interval	0
hadoop.job.ugi	mark,root,Users,None
hadoop.logfile.count	10
hadoop.logfile.size	10000000
hadoop.native.lib	true

图 15.5　设置 Advanced parameters 选项卡

在 hadoop.job.ugi 右边的文本框中填写 mark，root，Users，None。mark 是 Hadoop 安装集群所使用的用户名。

然后单击 Finish 按钮就连上了。

连接上的标志如图 15.6 所示。

（3）写一个 wordcount 程序，并在 Eclipse 里测试。

在 Eclipse 中建一个 Map/Reduce 工程，如图 15.7 所示。

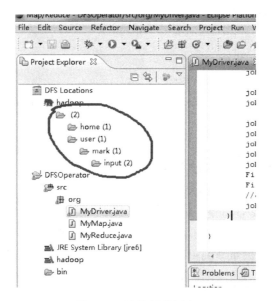

图 15.6　连接好的标志

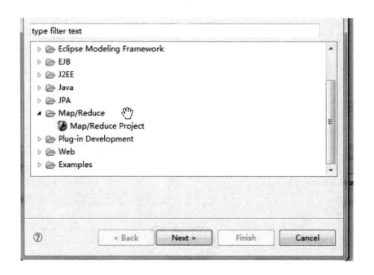

图 15.7　建立 Map/Reduce 工程

然后在这个工程下面添加 Java 类 MyMap.java，代码如下：

```
package org;

import java.io.IOException;
import java.util.StringTokenizer;

import org.apache.hadoop.io.IntWritable;
import org.apache.hadoop.io.Text;
import org.apache.hadoop.mapreduce.Mapper;
```

```java
public class MyMap extends Mapper < Object, Text, Text, IntWritable > {
    private final static IntWritable one = new IntWritable(1);
    private Text word;

    public void map(Object key, Text value, Context context) throws IOException, InterruptedException{
        String line = value.toString();
        StringTokenizer tokenizer = new StringTokenizer(line);
        while(tokenizer.hasMoreTokens()){
            word = new Text();
            word.set(tokenizer.nextToken());
            context.write(word, one);
        }
    }

}
```

添加 MyReduce.java 类的代码如下：

```java
package org;

import java.io.IOException;

import org.apache.hadoop.io.IntWritable;
import org.apache.hadoop.io.Text;
import org.apache.hadoop.mapreduce.Reducer;

public class MyReduce extends Reducer < Text, IntWritable, Text, IntWritable > {
    public void reduce ( Text key, Iterable < IntWritable > values, Context context ) throws
IOException, InterruptedException{
        int sum = 0;
        for(IntWritable val:values){
            sum + = val.get();
        }
        context.write(key, new IntWritable(sum) );
    }
}
```

添加 MyDriver 类的代码如下：

```java
package org;

import java.io.IOException;

import org.apache.hadoop.conf.Configuration;
import org.apache.hadoop.fs.Path;
import org.apache.hadoop.io.IntWritable;
import org.apache.hadoop.io.Text;

import org.apache.hadoop.mapred.JobClient;
```

基于 Hadoop 系统编程

```
import org.apache.hadoop.mapreduce.Job;
import org.apache.hadoop.mapreduce.lib.input.FileInputFormat;
import org.apache.hadoop.mapreduce.lib.input.TextInputFormat;
import org.apache.hadoop.mapreduce.lib.output.FileOutputFormat;
import org.apache.hadoop.mapreduce.lib.output.TextOutputFormat;

public class MyDriver {

    /**
     * @param args
     */
    public static void main(String[] args) throws Exception, InterruptedException{
        Configuration conf = new Configuration();
        Job job = new Job(conf,"Hello Hadoop");
        job.setJarByClass(MyDriver.class);
        job.setMapOutputKeyClass(Text.class);
        job.setMapOutputValueClass(IntWritable.class);

        job.setOutputKeyClass(Text.class);
        job.setOutputValueClass(IntWritable.class);

        job.setMapperClass(MyMap.class);
        job.setCombinerClass(MyReduce.class);
        job.setReducerClass(MyReduce.class);
        job.setInputFormatClass(TextInputFormat.class);
        job.setOutputFormatClass(TextOutputFormat.class);
        FileInputFormat.setInputPaths(job, new Path(args[0]));
        FileOutputFormat.setOutputPath(job, new Path(args[1]));
        //JobClient.runJob(conf);
        job.waitForCompletion(true);
    }

}
```

（4）进入 c:\windows\system32\drivers\etc 目录，打开 Hosts 文件，加入以下代码：

`192.168.1.1 NameNode`

IP 是 Master 的 IP，NameNode 是 Master 的机器名。

（5）设置 MyDriver 类的执行参数，也就是输入/输出参数，要指定输入/输出的文件夹，如图 15.8 所示。

input 就是输入文件存放路径，本例中要保证 input 目录中有要进行 wordcount 的文本文件，output 就是 MapReduce 后处理的数据结果输出的路径。

（6）执行 Run on Hadoop 命令，如图 15.9 所示。

（7）最后到 output 里去看一下程序执行结果（如图 15.10 所示）。

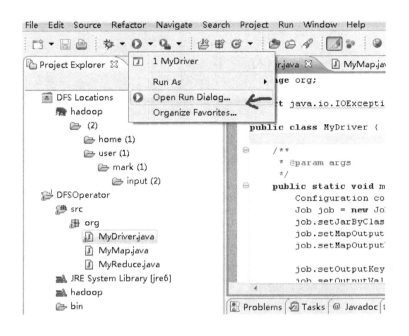

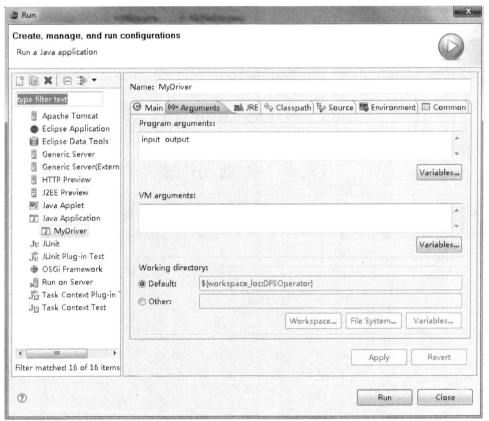

图 15.8　设置 MyDriver 类的执行参数

基于 Hadoop 系统编程

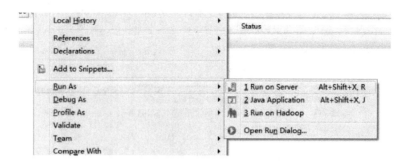

图 15.9　执行 Run on Hadoop 命令

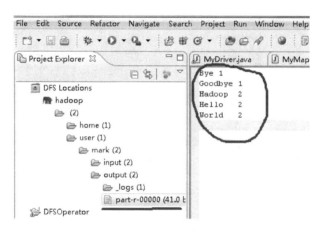

图 15.10　执行结果

15.4　本章小结

　　本章介绍了基于 Hadoop 的编程，内容包括 Hadoop 的应用、Hadoop 单机安装、Hadoop 伪分布式安装以及基于 Eclipse 3.3（Windows XP）的 Hadoop 集群开发环境。

第 16 章　　GAE 实验

16.1　GAE 概述

GAE 是 Google 推出的重要的云计算 PaaS 平台。在该平台中，Google 提供一整套开发组件，用户通过这些组件能够轻松地在本地构建和调试网络应用。GAE 与普通的网络 Web 应用服务器不同的是，GAE 的目标是同时面向多用户提供应用的宿主服务，GAE 更侧重于应用的可扩展性，当用户的数量大幅上升的时候，Web 应用仍然可以保持其服务性能。在 GAE 之前这些工作都是由 Web 应用的开发人员自己维护来保障应用的扩展性，GAE 将这类工作交由后台 GAE 架构来解决。GAE 中驻留的应用会自动实现扩展，当用户迅速增加时，应用会分配更多的资源来获取性能上的提升。当然，用户使用 GAE 的资源来部署实现自己的应用，需要按一定的资源使用量来支付费用。

从架构上看，GAE 主要分 3 个部分，即运行时环境、数据库及可扩展服务。APP Engine 接收来自用户客户端的请求后，首先会查看 URL 的域名，然后由 APP Engine 选择一个服务器来处理这个请求，APP Engine 会在多个服务器中选择能最快响应的服务器，把请求转发给它，再返回响应数据给用户。运行时自处理请求时开始，到请求结束时终止。运行时除了分发 Web 请求外，还能提供后台的安全保障，为各应用提供"沙箱"，每个应用只能读自己文件系统内的数据。

GAE 提供了两种不同的运行时，一种为 Python 环境，另一种是 Java 环境。Java 环境运行基于 Java 6 虚拟机（JVM）的应用程序。可以使用 Java 编程语言，或大多数 JVM 中可编译或运行的语言开发应用程序，如 PHP（使用 Quercus）、Ruby（使用 JRuby）等。在书中考虑到 Java 应用比较普遍，因此选用 Java 作为实验的 GAE 运行时环境。

本章关于 GAE 的实验主要有 3 个部分内容，第一部分是 GAE 开发平台的搭建，第二部分是使用 GAE 进行开发一个基础的 Web 服务，该 Web 服务对 Google 用户的登录管理，第三部分是使用 GAE 提供 App Engine 数据存储服务。

16.2　GAE for Java 开发平台的搭建

GAE for Java 也即使用 Java 运行时环境的 GAE 开发平台，其搭建主要分两个部分，一个部分是安装 JDK，另一部分是安装 GAE Java SDK，其过程分别如下：

16.2.1　JDK（Java 开发包，Java Development Kit）安装

JDK 可以从官方网站（http://www.oracle.com/technetwork/java/javase/downloads/

index. html)下载,如图 16.1 所示,单击 DOWNLOAD 按键后,进入 JDK 的下载选择页面(注：由于版本更新的关系,读者可能看到的界面与图 16.1 所示不完全一致,请选择最新的 JDK 版本)。下载页面有多项选择,请选中图 16.2 所示的椭圆形红框中的单选按钮。由于本书默认的开发环境是使用 32 位的 Windows XP 平台,因此选择图 16.2 下方所示的方形红框中的下载项。

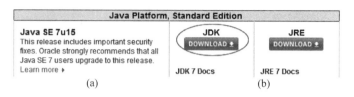

图 16.1　JDK 下载的页面

Product / File Description	File Size	Download
Linux x86	106.64 MB	jdk-7u15-linux-i586.rpm
Linux x86	92.97 MB	jdk-7u15-linux-i586.tar.gz
Linux x64	104.77 MB	jdk-7u15-linux-x64.rpm
Linux x64	91.68 MB	jdk-7u15-linux-x64.tar.gz
Mac OS X x64	143.75 MB	jdk-7u15-macosx-x64.dmg
Solaris x86 (SVR4 package)	135.52 MB	jdk-7u15-solaris-i586.tar.Z
Solaris x86	91.94 MB	jdk-7u15-solaris-i586.tar.gz
Solaris SPARC (SVR4 package)	135.92 MB	jdk-7u15-solaris-sparc.tar.Z
Solaris SPARC	95.26 MB	jdk-7u15-solaris-sparc.tar.gz
Solaris SPARC 64-bit (SVR4 package)	22.92 MB	jdk-7u15-solaris-sparcv9.tar.Z
Solaris SPARC 64-bit	17.59 MB	jdk-7u15-solaris-sparcv9.tar.gz
Solaris x64 (SVR4 package)	22.53 MB	jdk-7u15-solaris-x64.tar.Z
Solaris x64	14.96 MB	jdk-7u15-solaris-x64.tar.gz
Windows x86	88.75 MB	jdk-7u15-windows-i586.exe
Windows x64	90.4 MB	jdk-7u15-windows-x64.exe

图 16.2　选择适当的 JDK 版本下载

　　下载完成后,双击下载的 EXE 文件,安装过程很简单,单击"下一步"按钮即可安装。安装完成后,比较复杂的部分是配置 JDK 的环境变量,环境变量是告诉系统和其他应用软件 JDK 的安装位置,以便系统和应用可以根据这些参数来访问 JDK,获得 JDK 的支持。

　　右键单击 XP 桌面上"我的电脑"图标,在弹出的快捷菜单中选择"属性"命令,在弹出的对话框上单击"高级"选项卡,如图 16.3(a)所示,单击"环境变量"按钮,出现如图 16.3(b)所示对话框。

　　单击"新建"按钮,创建新的系统变量,首先 JAVA _HOME(注意大小写及下划线),表示 Java SDK 的安装目录,在本书的例子中,安装目录是 C:\Program Files\Java\jdk1.7.0_15,因此如图 16.4(a)所示设置,读者可以把 JAVA _HOME 的变量值设置成自己的安装路径,也可以从文件管理器中直接复制路径到该项中,如图 16.4(b)所示。

　　接下来新建 CLASSPATH 系统变量,该变量保存在 JDK 中 Java 文件所在的目录中,设置其值为%JAVA_HOME%\lib;%JAVA_HOME%\jre\lib。

　　最后,修改 Path 环境变量,用来保存在 JDK 中编译等工具的安装目录,该变量在系统中已有,不用新建,在图 16.3(b)中的"系统变量"列表框中找到该变量,双击后在已有的 Path 参数值后,;%JAVA_HOME%\bin;%JAVA_HOME%\jre\bin;(注意前面的分号)。

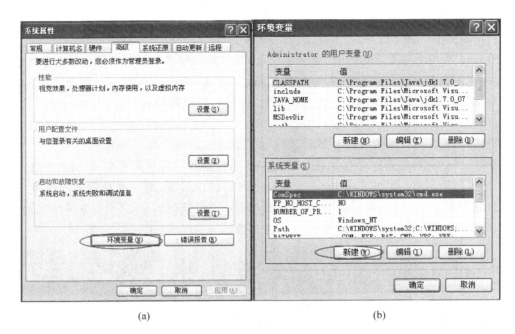

图 16.3　环境变量的设定

图 16.4　创建并设置 JAVA_HOME 系统变量

　　设置上述变量名及变量值时,一定要注意,切换到英文的输入状态,不能在中文输入法的状态下输入这些值,否则会出错。设置完成后可以测试一下,打开 Windows 的命令行窗口(单击"开始"→"运行"命令,在弹出的窗口中输入 cmd 并按 Enter 键),输入 java -version后按 Enter 键,若能显示 javac 的帮助信息,说明 JDK 安装成功,如图 16.5 所示。

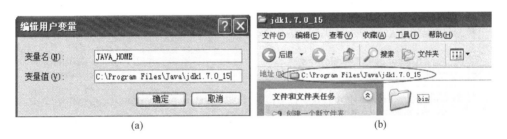

图 16.5　Java 安装后测试

16.2.2　Eclipse、Google 插件及 Google SDK 的安装

　　GAE SDK 的安装有两种方式:一种是直接从官方网站上下载 SDK 安装包进行安装,另一种是先安装 Eclipse,然后再通过 Eclipse 的功能从 Google 网站上下载并安装 Google

提供的插件。第二种方式使用 Eclipse 开发比较方便,Google 提供的插件实现了多种便于开发的相关操作,包括项目的基本框架、目录的安排等。

Eclipse 是一个开放源代码的、基于 Java 的可扩展开发平台。同样可以从其官方网站上下载,其下载页面地址为 http://www.eclipse.org/downloads/,Eclipse 下载有很多不同的版本可供选择,如图 16.6 所示,请选择下载 Eclipse IDE for Java EE Developers,下载时请注意其版本号,如图 16.6 中椭圆圈所示,因为 GAE 的 Eclipse 插件与 Eclipse 的版本关联很密切,读者在自行配置开发平台时,请一定要注意这两者的版本兼容。

下载后的 Eclipse 是一个压缩包,无需安装,直接解压缩到想要安装 Eclipse 的目标文件夹,即可使用。第一次打开 Eclipse,会询问工作目录的设置,请设置成所需的目录,可选中下面的 Use this as the default and do not ask again 复选框,以免每次打开都要提示。如图 16.7 所示,之后就可以进入到 Eclipse 的主界面。

图 16.6　Eclipse 的下载页面

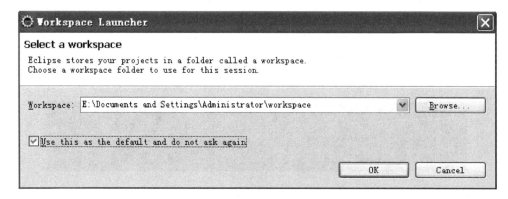

图 16.7　设置工作目录

安装完 Eclipse 后,接下来安装 Google Plugin for Eclipse,请注意这两者的版本兼容,在本书中使用的 Eclipse 版本是 4.2,因此必须要使用对应的 Google 插件版本,应是 Google Plugin for Eclipse 4.2,与 Eclipse 各版本兼容的插件版本可以在 Google 官方网站上查询到。4.2 版本的 Eclipse 对应的链接为 http://dl.google.com/eclipse/plugin/4.2。在 Eclipse 中选择 Help 菜单,然后选择 Install New Software...命令,并将上述链接(或你使用的 Eclipse 对应插件的链接)设置到弹出对话框的 Work with 框中,如图 16.8 所示,然后单击"Add"按钮,弹出 Add Repository 对话框,其中 Name 文本框不用填写,直接单击 OK 按钮。注意,此时要保持网络连通。

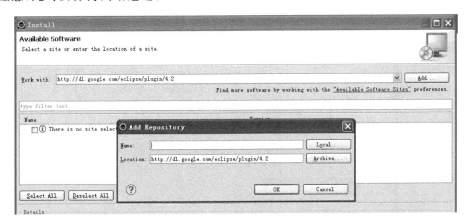

图 16.8　使用 Eclipse 安装 Google 插件

Eclipse 会列出可安装的 Google,如图 16.9 所示,请确保至少选择图中所勾选的复选框,其一为 Google Plugin for Eclipse,另一个则是 Google 的 SDKs。选择完成后,单击两次 Next 按钮,会出现一个版权声明的界面,选择其中的 I accept the terms of the license agreements,接受版权声明,即开始安装,再次注意这时一定要保持网络通畅,以便 Eclipse 从 Google 网站上下载 SDK 和插件,下载与安装过程可能比较耗时,其中询问是否要安装软件,单击"是"按钮,如图 16.10 所示。安装完成后重启 Eclipse 即可。

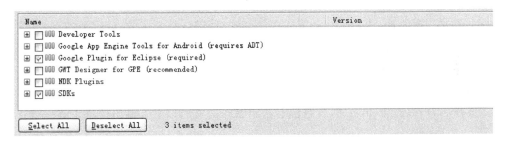

图 16.9　安装选择

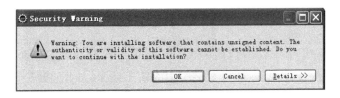

图 16.10　安装插件的安全警告

第16章

GAE 实验

下面创建一个 GAE 的项目,熟悉与测试 GAE 开发环境。在 Eclipse 中选择 File 菜单,再选择 New 命令,出现很多项目选择,请选择 Project 选项,出现一个对话框,如图 16.11 所示,在该对话框中找到 Google 项,单击打开,出现 Web Application Project 并选中,如图 16.11 所示。

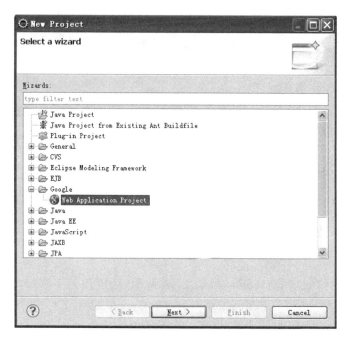

图 16.11　新建 GAE 项目

此时出现项目设置对话框,其中有两个需要输入的,一个是项目名称(Project name),请选择你喜欢的名称,一个是包名称(Package),可按输入项的提示,设定一个类似的名称。还有一个需要注意的是,图 16.12 椭圆框中的复选框,默认是勾选的,请取消勾选,这项要使用 GWT,前面没有安装。

设置完成后,单击 Finish 按钮,结束创建。现在来测试一下项目,选择菜单 Run,再选中 Run As 命令,出现 3 个选择,请选择作为 Web Application 运行,该选择项前有 G 字样的图标。选择后,可以在 Eclipse 的控制台上看到编译的输出信息。输出信息中有一行:

INFO: Server default is running at http://localhost:8888/

该行指明,服务运行在本地机的 8888 端口上。最后,会显示以下一行:

INFO: Server default is running at http://localhost:8888/

表明本项目编译生成的 Web 应用已在本地机器上运行成功。下面打开 IE 浏览器,在其中输入上述 Web 应用的地址,即可看出应用的输出结果,如图 16.13 所示,此时 GAE 的开发环境已安装成功。

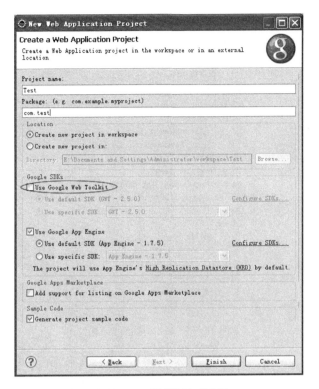

图 16.12　项目设置对话框

图 16.13　GAE 默认 Web 应用的输出页面

16.3　使用 GAE for Java 开发一个 Web 应用

本次实验的目标是使用 GAE 开发一个 Web 应用，这个 Web 应用首先为用户显示一个欢迎页面，该页面上有当前的系统时间和一个注册或登录用户的链接，如图 16.14 所示，当用户单击这个链接时，如果用户并没有登录，则显示用户登录的界面。如果用户有登录则显示一条退出的链接，如图 16.14 和图 16.15 所示。

图 16.14　用户的欢迎页面与登录页面

图 16.15　用户登录后的页面

接着上次实验所创建的项目 Test,接下来在项目窗口看一下 GAE 的 Web 应用基本框架,GAE 在创建项目时安排的项目结构如图 16.16 所示。

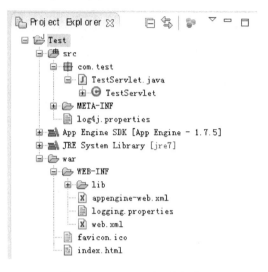

图 16.16　GAE 项目的架构

下面简单介绍一下这个架构。在这个架构中可以看到一共可分为 4 个目录,即 src、App Engine SDK、JRE System Library 和 war。其中,src 是源程序目录,从图 16.16 中可以看到目录中有一个 TestServlet. java 的源程序文件,而 App Engine SDK、JRE System Library 这两个是 SDK,Java 运行时提供的类库,而 war 目录中包含的是完整的应用程序的最终内容,所有 Java 应用的文件,包括编译好的 Java 类、配置文件及一些静态文件,都要组织在一个标准的目录结构中,称为 Web 应用文档(Web Application Archive),简称为 war。

在 war/WEB-INF/lib/目录中有两个文件需要注意,其中一个是 web. xml,这个文件是整个 Web 应用的配置文件,如本应用的 selvet 配置、初始化参数配置等都在该文件中,还有另一个文件,即 war/WEB-INF/appengine-web. xml,这个文件是 GAE 的配置文件,内容是 GAE 指定的应用名、版本以及应用的一些相关属性。

Eclipse 从 src 目录编译源代码,并自动将已编译好的类文件放在 war 目录的 WEB-INF/class/目录下,这个目录在默认情况下被 Eclipse 的包资源管理隐藏,因此在图上看不到。Eclipse 自动把 src/META-INF/ 中的内容复制到 war/WEB-INF/classes/META-INF/中。

双击 src 目录中的 testTestServlet. java 文件,可以看到由 GAE 生成的源代码,具体如下:

```
package com.test;

import java.io.IOException;
import javax.servlet.http. * ;

@SuppressWarnings("serial")
public class TestServlet extends HttpServlet {
    public void doGet(HttpServletRequest req, HttpServletResponse resp)
```

```
        throws IOException {
            resp.setContentType("text/plain");
            resp.getWriter().println("Hello, world");
        }
    }
```

从上述的源代码中可以看出，Test 项目的应用是由 TestServlet 类提供的，而该类继承自 HttpServlet，是一个标准的 JAVA Servlet 服务。从该类实现的 doGet 函数中，但用户使用 GET 方法来访问该 Servlet 时，即通过 resp 对象，返回 Hello、world 字符串，也即是第一次实验时测试代码生成的页面。

```
package com.test;

import java.io.IOException;
import java.io.PrintWriter;
import java.text.SimpleDateFormat;
import java.util.Date;
import java.util.SimpleTimeZone;
import javax.servlet.http.*;
import com.google.appengine.api.users.User;
import com.google.appengine.api.users.UserService;
import com.google.appengine.api.users.UserServiceFactory;

@SuppressWarnings("serial")
public class TestServlet extends HttpServlet {
  public void doGet(HttpServletRequest req, HttpServletResponse resp) throws IOException {

    SimpleDateFormat fmt = new SimpleDateFormat("yyyy-MM-dd hh:mm:ss.SSSSSS");
    fmt.setTimeZone(new SimpleTimeZone(0, ""));

    UserService userService = UserServiceFactory.getUserService();
    User user = userService.getCurrentUser();
    String navBar;

    if (user != null) {
        navBar = "<p>Welcome, " + user.getNickname() + "! You can <a href=\"" +
        userService.createLogoutURL("/") +
        "\">sign out</a>.</p>";
    } else {
        navBar = "<p>Welcome! <a href=\"" + userService.createLoginURL("/") +
        "\">Sign in or register</a> to customize.</p>";
    }

    resp.setContentType("text/html");
    PrintWriter out = resp.getWriter();
    out.println(navBar);
    out.println("<p>The time is: " + fmt.format(new Date()) + "</p>");
    }
}
```

上述程序中，先生成了一个 SimpleDateFormat 类，设定日期与时间格式，然后使用该

setTimeZone 方法设定时区。在本例中设定的是 UTC 时区,所以页面上显示的时间与用户的本地时间不一致,这将在下例中调整。

随后本例中使用 Google 提供的 UserServiceFactory 生成一个 UserService 类,使用 Google Account 提供的 com. google. appengine. api. users 软件包,其使用 UserServiceFactory 类的 getUserService()方法,通过返回一个 UserService 实例,然后调用其方法 getCurrentUser(),这将返回一个 User 对象,如果当前的用户没有登录,则返回一个 null,再使用 User 对象的 getEmail()方法返回当前 user 的 E-mail 地址。UserService 类的 createLoginURL() 和 createLogoutURL()方法生成当前用户到其 Google Accounts 的 URL。如果当前应用运行在 App Engine 中,则用户登录与退出的 URL 则会跳到真实的 Google Account 地址。

再输入上述的代码后,在 Eclipse 中选择 RUN 菜单,按上次实验的步骤把该项目作 Web Application 运行,即可看到前述的登录页面测试登录过程。

16.4 使用 GAE for Java 实现数据存储与访问

从实验二中可以看出,当用户访问 Web 服务页面的时候,页面上的时间是不正确的,原因很简单,在格式化时间时,设定的时区为 UTC,作为一个 Web 服务面向众多的用户,应该提供给用户设定特定时区的功能,并存储用户时区的设定,这就要用到 GAE for Java 来实现数据存储与访问,与传统的关系型数据库的使用不同,GAE 的数据存储主要是使用有关存储方面的标记来操纵对象。

App Engine SDK 提供了两个标准的访问接口来访问数据存储,即 Java Data Objects (JDO) 2.3 及 the Java Persistence API (JPA) 1.0。在本例中将使用 JPA 的接口来存储用户的时区设置。当然本例也可以扩展开来,实现更多用户自定义属性的设定。JPA 需要一个配置文件用来指定 JPA 的实现,这个文件 GAE 插件已经生成好,为 src/META-INF/persistence. xml,插件会在项目进行编译时把这个文件自动复制过去。

Web 与数据存储的交互使用对象为 EntityManager,由 EntityManagerFactory 类方法生成,一般来说,最好是一个 servlet 一个工厂实例,可以把工厂实例封装在封装类的静态成员里。下面首先要创建一个 EMF. java 来获得 EntityManager 实例,如图 16.17 所示,在 Test 项目下的 src 目录上单击右键,弹出菜单,选择 New→Class 命令,以创建一个新类,弹出如图 16.18 所示的类对话框,需要注意的是包,必须是本项目的包,即 com. test,另一个是在 Modifiers 选项中选择 final,不需再继承。

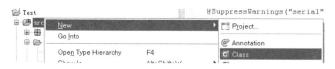

图 16.17 新建一个类

创建完成后,进入 EMF. java 的编辑窗口,输入下列代码:

```
package com.test;

import javax.persistence.EntityManagerFactory;
```

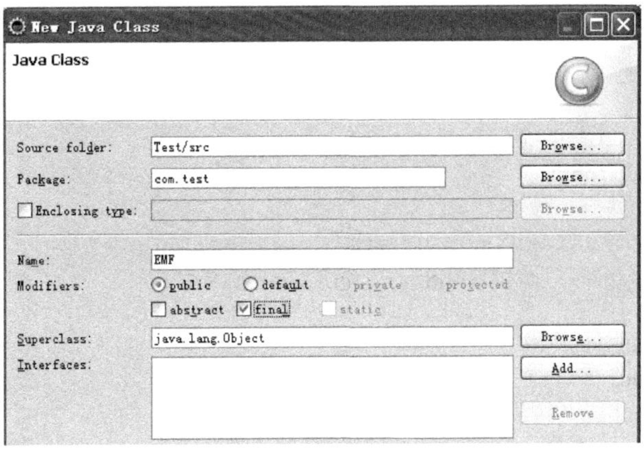

图 16.18　创建 EMF 类

```
import javax.persistence.Persistence;

public final class EMF {
    private static final EntityManagerFactory emfInstance =
        Persistence.createEntityManagerFactory("transactions-optional");
    private EMF() {}
    public static EntityManagerFactory get() {
        return emfInstance;
    }
}
```

接下来要准备一个 UserPrefs 类，该类用以存储用户设定的信息，包括上述的时区。同样，按上述创建类的过程创建 UserPrefs.java，不过该类不要选择 final 项，其代码如下：

```
package com.test;

import javax.persistence.Basic;
import javax.persistence.Entity;
import javax.persistence.EntityManager;
import javax.persistence.Id;
import com.google.appengine.api.users.User;
import com.test.EMF;
import com.test.UserPrefs;

@Entity(name = "UserPrefs")

public class UserPrefs {
    @Id
        private String userId;
        private int tzOffset;
    @Basic
        private User user;

    public UserPrefs(String userId) {
        this.userId = userId;
```

```
        }
        public String getUserId() {
            return userId;
        }
        public int getTzOffset() {
            return tzOffset;
        }
        public void setTzOffset(int tzOffset) {
            this.tzOffset = tzOffset;
        }
        public User getUser() {
            return user;
        }
        public void setUser(User user) {
            this.user = user;
        }
        public static UserPrefs getPrefsForUser(User user) {
            UserPrefs userPrefs = null;
            EntityManager em = EMF.get().createEntityManager();
            try {
                userPrefs = em.find(UserPrefs.class, user.getUserId());
                if (userPrefs == null) {
                    userPrefs = new UserPrefs(user.getUserId());
                    userPrefs.setUser(user);
                }
            } finally {
                em.close();
            }
            return userPrefs;
        }
        public void save() {
            EntityManager em = EMF.get().createEntityManager();
            try {
                    em.persist(this);
                } finally {
                    em.close();
                }
        }

}
```

该代码中需要注意的是几个标注,JPA 正是使用这些标注来实现对象的存取,其中:

① @Entity。用以声明这个类是可持久化的类,其中的 name 参数指定了将在 JPA 查询中使用名字,一般就是类的名字。

② @Basic。在本例的 user 属性前缀以该标记,因为 JPA 并不默认这个属性是可持久化的。JPA 中默认 String 和 int 是可持久化的。

③ @Id。标识一个对象的主键,与传统的关系型数据库不同,主键不是一个域与记录,而是在一个对象被保存时就不变的属性。同类的每个对象应该有不同的 Id。

在该类的 UserPrefs getPrefsForUser 方法中,通过刚创建的 EMF 类来获得一个

EntityManager 实例,通过这个实例在 UserPrefs 类的对象中查找当前用户的 Id,该 Id 来自于 user. getUserId()的方法,如果查询结果为空,则生成一个新的 UserPref,并设置这个UserPref 实例为当前用户的设定。在 save()方法中,将调用该 EntityManager 实例的方法persist 来存储该对象。

完成上面两个类后,就可以修改第二次实验中的代码了,具体如下:

```java
package com.test;


import java.io.IOException;
import java.io.PrintWriter;
import java.text.SimpleDateFormat;
import java.util.Date;
import java.util.SimpleTimeZone;
import javax.servlet.http.*;
import com.google.appengine.api.users.User;
import com.google.appengine.api.users.UserService;
import com.google.appengine.api.users.UserServiceFactory;


import com.test.UserPrefs;

@SuppressWarnings("serial")

public class TestServlet extends HttpServlet {
public void doGet(HttpServletRequest req, HttpServletResponse resp)
throws IOException {
    SimpleDateFormat fmt = new SimpleDateFormat("yyyy-MM-dd hh:mm:ss.SSSSSS");
    UserService userService = UserServiceFactory.getUserService();
    User user = userService.getCurrentUser();
    String navBar;
    String tzForm;

    if (user == null) {
        navBar = "<p>Welcome! <a href=\"" + userService.createLoginURL("/") +
        "\">Sign in or register</a> to customize.</p>";
        tzForm = "";
        fmt.setTimeZone(new SimpleTimeZone(0, ""));
    } else {
        UserPrefs userPrefs = UserPrefs.getPrefsForUser(user);
        int tzOffset = 0;
        if (userPrefs != null) {
            tzOffset = userPrefs.getTzOffset();
        }

        navBar = "<p>Welcome, " + user.getEmail() + "! You can <a href=\"" +
                userService.createLogoutURL("/") + "\">sign out</a>.</p>";
        tzForm = "<form action=\"/prefs\" method=\"post\">" +
            "<label for=\"tz_offset\">" +
            "Timezone offset from UTC (can be negative):" +
            "</label>" +
```

```
                "< input name = \"tz_offset\" id = \"tz_offset\" type = \"text\" size = \"4\" " +
                "value = \"" + tzOffset + "\" />" +
                "< input type = \"submit\" value = \"Set\" />" +
                "</form>";
            fmt.setTimeZone(new SimpleTimeZone(tzOffset * 60 * 60 * 1000, ""));
        }

        resp.setContentType("text/html");
        PrintWriter out = resp.getWriter();
        out.println(navBar);
        out.println("< p > The time is: " + fmt.format(new Date()) + "</p>");
        out.println(tzForm);
    }

}
```

从上面的代码可以看出,在这个 servlet 中,先判断当前用户是否为空,如果不为空,则查询该用户的属性设定,如果查询有结果,则取出时区设定,设定好用户的时区。如果没有则生成一个表单 tzForm,这个表单会提示用户输入时区,然后重新格式化时区并显示出来。下面就是这个表单提交数据的服务 servlet 代码:

```
package com.test;

import java.io.IOException;
import javax.servlet.http.HttpServlet;
import javax.servlet.http.HttpServletRequest;
import javax.servlet.http.HttpServletResponse;
import com.google.appengine.api.users.User;
import com.google.appengine.api.users.UserService;
import com.google.appengine.api.users.UserServiceFactory;
import com.test.UserPrefs;

@SuppressWarnings("serial")
public class PrefsServlet extends HttpServlet {
public void doPost(HttpServletRequest req, HttpServletResponse resp) throws IOException {

        UserService userService = UserServiceFactory.getUserService();
        User user = userService.getCurrentUser();
        UserPrefs userPrefs = UserPrefs.getPrefsForUser(user);
        try {
            int tzOffset = new Integer(req.getParameter("tz_offset")).intValue();
            userPrefs.setTzOffset(tzOffset);
            userPrefs.save();
        } catch (NumberFormatException nfe) {
        // User entered a value that wasn't an integer. Ignore for now.
        }
        resp.sendRedirect("/");
    }
}
```

在这个 servlet 中,只接受了用户提交的时区设定数字,然后在当前用户的 userPrefs 设定好后调用 save 方法存储。

由于新增了 servlet,因此还需要在项目的 web.xml 中配置该 servlet,其配置内容如下:

```
< servlet >
    < servlet - name > prefs </ servlet - name >
    < servlet - class > com. test. PrefsServlet </ servlet - class >
</ servlet >
< servlet - mapping >
< servlet - name > prefs </ servlet - name >
    < url - pattern >/prefs </ url - pattern >
</ servlet - mapping >
< security - constraint >
    < web - resource - collection >
        < web - resource - name > prefs </ web - resource - name >
        < url - pattern >/prefs </ url - pattern >
    </ web - resource - collection >
    < auth - constraint >
        < role - name > * </ role - name >
    </ auth - constraint >
</ security - constraint >
```

完成后保存,并按前述方式编译运行该项目,即可实现测试功能,如图 16.19、图 16.20
所示,即使用户单击 sign out 链接退出,再使用同一用户名进入系统,仍然可见时间是正
常的。

图 16.19 设定新用户的时区   图 16.20 设定后用户的时间显示正常了

16.5 本 章 小 结

本章介绍了 GAE,描述了 GAE 开发平台的搭建,使用 GAE 开发一个基础的 Web 服
务,是使用 GAE 提供 App Engine 数据存储服务的相关方法。

参 考 文 献

[1] Anderson J. Computer Security Technology Planning Study, Air Force Electronic Systems Division, Report ESD-TR-73-51, 1972, http://seclab. cs. ucdavis. edu/projects/history/.

[2] Ateniese G, Burns R, Curtmola R, Herring J, Kissner L, Peterson Z, Song D. Provable Data Possession at Untrusted Stores. CryptologyePrint Archive. Report 2007/202, 2007, http://eprint. iacr. org/.

[3] Ateniese G, Pietro R D, Mancini L V, Tsudik G. Scalable Andefficient Provable Data Possession, in Proc. of SecureComm'08, 2008.

[4] Ateniese G, Burns R, Curtmola R, Herring J, Kissner L, Peterson Z, Song D. Provable Data Possession at Untrusted Stores. In ACM CCS'07, 598-609. ACM, 2007.

[5] Ateniese G, Fu K, Green M, Hohenberger S. Improved Proxy Re-encryption Schemes with Applications to Secure Distributed Storage, in Proc. of NDSS'05, 2005.

[6] Agrawal R, Kiernan J, Srikant R, Xu Y. Order-preserving Encryption for Numeric Data, Proceedings of the 2004ACM SIGMOD International Conference on Management of Data(SIGMOD'04). Paris, France, 2004:563-574.

[7] Blaze M, Bleumer G, Strauss M. Divertible Protocols and Atomic Proxy Cryptography, in Proc. of EUROCRYPT'98, 1998.

[8] Boneh D, Lynn B, Shacham H. Short Signatures from the Weil pairing, in C. Boyd, editor, Advances in Cryptology-ASIACRYPT 2001, Volume 2248 of Lecture Notes in Computer Science, 514-532. Springer-Verlag, Dec2001.

[9] Boldyreva A, Chenette N, Lee Y, O'Neill A. Order-preserving Symmetric Encryption, Proceedings of the 28th Annual International Conference on Advances in Cryptology (Eurocrypt 2009). Cologne, Germany, 2009:224-241.

[10] Brodkin J. Gartner: Seven Cloud-computing Security Risks. http://www. networkworld. com/news/2008/070208-cloud. html, 2008.

[11] Cong Wang, Qian Wang, Kui Ren. Privacy-Preserving Public Auditing for Data Storage Security in Cloud Computing. INFOCOM, 2010 Proceedings IEEE, 1-9.

[12] Dirk Kuhlmann, Rainer Landfermann, Hari V. Ramasamy, Matthias Schunter, Gianluca Ramunno, Davide Vernizzi. An Open Trusted Computing Architecture—Secure Virtual Machines Enabling Userdefined Policy Enforcement. Technical Report RZ 3655, IBM Research, 2006.

[13] Di Vimercati S D C, Foresti S, Jajodia S, Paraboschi S, Samarati P. Over-encryption: Management of Access Control Evolution on Outsourced Data, in Proc. of VLDB'07, 2007.

[14] Donald E, Joseph R. XML_Signature Syntax and Proeessing. W3C Reeornrnendation, February, 2002. http://www. w3. org/TR/xmldsig-core/.

[15] Geambasu R, Kohno T, Levy A, Levy H M. Vanish: Increasing Data Privacy with Self-Destructing Data. In Proc. of USENIX Security Symposium, Aug 2009.

[16] Gerald J, Popek Robert P, Goldberg. Formal Requirements for Virtualizable Third Generation Architectures. Communications of the ACM. Volume 17 Issue 7, July 1974, 412-421.

[17] Google App Engine. http://code. google. com/appengine/.

[18] Goyal V, Pandey O, Sahai A, Waters B. Attribute-based Encryption for Fine-grained Access Control

of Encrypted Data，in Proc. Of CCS'06，2006.

[19] Harnik D，Pinkas B，Shulman-Peleg A. Side Channels in Cloudservices，the Case of Deduplication in Cloud Storage. IEEE Security and Privacy Magazine，Special Issue of Cloud Security，2010.

[20] Jason Carolan，Steve Gaede. Introduction to Cloud Computing Architecture. SUN Microsystems Inc. ，1-40，June 2009.

[21] Juels A，Kaliski B S Jr. Pors：Proofs of Retrievability for Iarge Files. In ACM CCS'07，584-597. ACM，2007.

[22] Kallahalla M，Riedel E，Swaminathan R，Wang Q，Fu K. Scalable Secure File Sharing on Untrusted Storage，in Proc. of FAST'03，2003.

[23] Liu M，Ding X. On Trustworthiness of CPU Usage Metering and Accounting. Proc. 1st Int'l Workshop Security and Privacy in Cloud Computing（ICDCSSPCC10）. IEEE Press，2010，82-91.

[24] Mell P，Grance T. The NISTDefinition of Cloud Computing. USNat'l Inst. of Science and Technology，2011，http：//csrc. nist. gov/publications/nistpubs/800-145/SP800-145，pdf.

[25] Mousa Alfalayleh，Ljiljana BrankovicAn. Overview of Security Issues and Techniques in Mobile Agents. Communications and Multimedia Security. 2005，Volume 175/2005，59-78.

[26] Payne B D，Sharif M，Wenke Lee. Lares：An Architecture for Secure Active Monitoring Using Virtualization，Security and Privacy，2008. SP 2008. IEEE Symposium on，233-247.

[27] Perlman R. File System Design with Assured Delete. In Isoc Ndss，2007.

[28] Pieter H. Hartel，Luc Moreau. Formalizing the Safety of Java，the Java Virtual Machine，and Java Card. ACM Computing Surveys，Volume 33 Issue 4，December 2001，517-558.

[29] Qin Liu，Guojun Wang，Jie Wu. An Efficient Privacy Preserving Keyword Search Scheme in Cloud Computing，CSE'09. International on Computational Science and Engineering，2009. Vancouver，Canada，2009：715-720.

[30] Sailer R，Zhang X，Jaeger T，van Doorn L. Design and Implementation of a TCG-based Integrity Measurement Architecture. In Proceedings of the USENIX Security Symposium，2004.

[31] Schneier Y B. 应用密码学——协议、算法与C源程序. 北京：机械工业出版社，2000.

[32] Security Guidance for Critical Areasof Focus in Cloud Computing. Cloud Security Alliance. Dec. 2009，https：//cloudsecurityalliance. org/csaguide. pdf.

[33] Shacham H，Waters B. Compact Proofs of Retrievability，in Proc. of Asiacrypt 2008，vol. 5350，Dec 2008，90-107.

[34] Shacham H，Waters B. Compact Proofs of Retrievability. In ASIACRYPT'08，90-107. Springer-Verlag，2008.

[35] Shai Halevi，et al. Proofs of Ownership in Remote Storage Systems，CCS '11 Proceedings of the 18th ACM Conference on Computer and Communications Security，ACM New York，NY，USA，2011.

[36] Shah M A，Swaminathan R，Baker M. Privacy-preserving Auditand Extraction of Digital Contents. Cryptology ePrint Archive. Report，2008/186，2008，http：//eprint. iacr. org/.

[37] Shah M A，Baker M，Mogul J C，Swaminathan R. Auditing Tokeep Online Storage Services Honest，in Proc. of HotOS'07. Berkeley，CA，USA：USENIX Association，2007，1-6.

[38] Song D X，Wagner P，Perrig P. Practical Techniques for Searches on Encrypted Data，Proceedings of the 2000IEEE Symposium on Security and Privacy，Berkeley，California，USA，2000；44-55.

[39] Tim M，Subra K，Shahed L. Cloud Security and Privacy. USA：O'Reilly & Associates，2009.

[40] Wang Q，Wang C，Li J，Ren K，Lou W，Enabling Public Verifiability and Data Dynamics for Storage Security in Cloud Computing，in Proc. of ESORICS'09，Saint Malo，France，Sep，2009.

[41] Wei-Tek，et al. Service-Oriented Cloud Computing Architecture. Information Technology：New

253

Generations (ITNG)，2010 Seventh International Conference on ，684-689.

[42] Yujuan Tan，et al. SAM：A Semantic-Aware Multi-tiered Source De-duplication Framework for Cloud Backup. Parallel Processing (ICPP). 2010 39th International Conference，13-16 Sept. 2010，614-623.

[43] 冯登国,张敏,张妍,徐震.云计算安全研究.2011,01.

[44] 冯登国,张敏,张妍,徐震.云计算安全研究.软件学报,2011,22(1):71-83.

[45] 胡栋.Linux VMM 内存管理子系统研究与实现.成都:电子科技大学,2006.

[46] 黄汝维,桂小林,余思,庄威.云环境中支持隐私保护的可计算加密方法,计算机学报,Vol. 34 No. 12,2011, 2391-2402.

[47] 雷葆华,饶少阳,江峰,王峰.云计算解码.北京:电子工业出版社,2011.

[48] 刘鹏.云计算.二版.北京:电子工业出版社,2011.

[49] 雷万云.云计算技术、平台及应用案例.北京:清华大学出版社,2011.

[50] 王鹏涛.虚拟化技术在集群中的应用.西安电子科技大学.软件工程,2010.

[51] 吴朱华.云计算核心技术剖析.北京:人民邮电出版社,2011.

[52] 虚拟化与云计算小组.云计算宝典:技术与实践.北京:电子工业出版社,2011.

[53] 徐强,王振江.云计算应用开发实践.北京:机械工业出版社,2012.

[54] 徐永.基于 XEN 的弹性云平台的研究.武汉:武汉理工大学,2010.

[55] 朱建新.趋于云计算的虚拟服务器集群.南通大学学报:自然科学版,2009,1,22-25.

[56] 曾龙海，张博锋，张丽华，何冰，吴耿锋，徐炜民.基于云计算平台的虚拟集群构建技术研究.微电子学与计算机,2010, 27(8),31-35.

图 书 资 源 支 持

❖❖❖

　　感谢您一直以来对清华版图书的支持和爱护。为了配合本书的使用,本书提供配套的素材,有需求的用户请到清华大学出版社主页(http://www.tup.com.cn)上查询和下载,也可以拨打电话或发送电子邮件咨询。

　　如果您在使用本书的过程中遇到了什么问题,或者有相关图书出版计划,也请您发邮件告诉我们,以便我们更好地为您服务。

❖❖❖

我们的联系方式:

地　　址:北京海淀区双清路学研大厦 A 座 707

邮　　编:100084

电　　话:010－62770175－4604

资源下载:http://www.tup.com.cn

电子邮件:weijj@tup.tsinghua.edu.cn

QQ:883604(请写明您的单位和姓名)

用微信扫一扫右边的二维码,即可关注清华大学出版社公众号"书圈"。

扫一扫
资源下载、样书申请
新书推荐、技术交流